中国科学技术大学研究生教育创新计划项目经费支持

一流规划教材

研究生系列教材
电子信息

编码理论

CODING THEORY

周武旸　编著

U0190348

中国科学技术大学出版社

内容简介

本书以信道编码的发展历程为主线，全面介绍了编码的理论与技术，从最初的线性分组码、循环码、BCH码，到3G/4G通信系统中使用的卷积码、Turbo码，再到5G通信系统中使用的LDPC码和极化码。书中给出了大量的编解码示例，通过详细的计算过程，帮助读者更准确地把握相关内容，理解编解码算法的核心思想。

本书可作为信息与通信工程等相关专业的研究生课程教材。

图书在版编目(CIP)数据

编码理论 / 周武旸编著. -- 合肥 ：中国科学技术大学出版社，2025. 2. --（中国科学技术大学一流规划教材）. -- ISBN 978-7-312-06208-7

Ⅰ. O157. 4

中国国家版本馆 CIP 数据核字第 20256K1C96 号

编码理论

BIANMA LILUN

出版 中国科学技术大学出版社
安徽省合肥市金寨路96号，230026
http://press.ustc.edu.cn
http://zgkxjsdxcbs.tmall.com

印刷 合肥市宏基印刷有限公司

发行 中国科学技术大学出版社

开本 787 mm×1092 mm 1/16

印张 13.75

字数 352千

版次 2025年2月第1版

印次 2025年2月第1次印刷

定价 48.00元

前　　言

目前有不少关于信道编码技术的优秀书籍，如 Lin Shu 的《Error Control Coding：Fundamentals and Applications》（第 2 版）和《Fundamentals of Classical and Modern Error-Correcting Codes》、Todd K. Moon 的《Error Correction Coding：Mathematical Methods and Algorithms》、Stephen B. Wicker 的《Error Control Systems for Digital Communication and Storage》等，它们的内容比较完整，理论推导严谨，但内容过多，且很多没有包含较新的极化码内容。当然，也有不少专门针对特定编码的书籍，如《Fundamentals of Convolutional Coding》《Turbo Codes：Principles and Applications》《Polar Codes：A Non-Trivial Approach to Channel Coding》等。这些书籍可以作为相关领域科研人员的参考书，但不适合作为教材。笔者在教授"编码理论"课程时，注意到学生的基础各不相同，有些学生没有学过"信息论"，有些学生跨专业在学这门课，因此，授课内容的难度把控及使用教材的选择就非常重要。多年的教学，深受教材缺乏之苦，这是笔者写本书的初衷。

本书从内容上涵盖了主要的信道编码方式，从线性分组码、循环码、BCH 码、卷积码、Turbo 码，到目前 5G 系统正在使用的 LDPC 码、极化码，作为教材，本书对基本编解码方法进行了阐述。另外，为了便于学生理解，笔者根据多年教学经验，通过大量的例子来阐明相关算法，尽量少用公式。

笔者水平有限，写作时间更是仓促，敬请读者针对书中的不足之处提出宝贵建议和指导意见，以便改进。

目　　录

第1章　绪　　论

在数字通信系统中，从信源产生码元到信宿恢复该码元，会经历不同的编码处理过程，如图 1.1 所示。

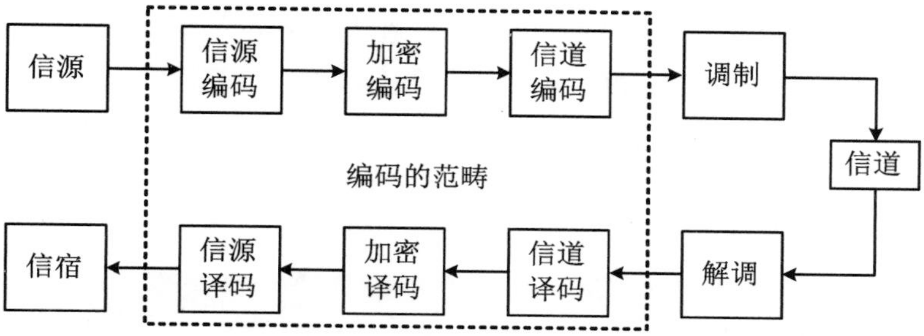

图 1.1　数字通信系统中的编码

从图 1.1 中可以看出，编码理论研究可包括信源编码、加密编码和信道编码三个部分，每一个部分的内容及作用都是不同的，具体为：

- 信源编码：通过压缩信源数据中的冗余，提高传输的有效性。
- 加密编码：通过对有效信息的隐藏处理，提高传输的安全性。
- 信道编码：通过对数据码元增加冗余，提高传输的可靠性。

本书主要对信道编码技术进行介绍，不涉及信源编码和加密编码的内容。

1.1　信道编码的发展过程

差错控制编码技术是适应数字通信抗噪声干扰的需要而诞生和发展起来的，1948 年，信息论创始人 Claude Elwood Shannon（图 1.2）在《贝尔系统技术》杂志上发表了论文《通信的数学理论》[1]，1949 年，Shannon 发表了另一篇著名的论文《噪声下的通信》[2]。这两篇论文阐明了通信的基本问题，给出了通信系统的模型，提出了信息量的数学表达式，并解决了信道容量、信源统计特性、信源编码、信道编码等一系列基本技术问题，成为信息论的奠基性著作，标志着信息与编码理论这一学科的创立。

Shannon 在信道编码定理中指出：对于有噪信道，只要信息传输速率 R 小于信道容量

图 1.2 Claude Elwood Shannon (1916—2001)

C，就存在一种信道编码方式，使得误码率可以任意小，从而实现可靠传输。虽然 Shannon 为大家指明了方向，但并没有给出实现可靠通信的信道编码构造方案，因此，一直以来，无数学者致力于寻找能够逼近或达到香农容量的信道编码方案，这使得编码领域的研究蓬勃发展。

Richard Wesley Hamming（图 1.3）和 Marcel Jules Edouard Golay（图 1.4）提出了第一个实用的信道编码方案[3-4]——汉明码编码方案，汉明码以发明者 Richard Wesley Hamming 的名字进行命名。20 世纪 40 年代晚期，Hamming 在贝尔实验室工作，使用贝尔模型 V 电脑，由于输入端是打孔卡，当发生读取错误时，特殊代码将发现错误并闪灯，提醒操作者手动纠正该错误。如果没有操作者在场，机器只会简单地转移到下一个工作，不会纠正错误。为了解决该问题，他提出的方法是将输入数据每 4 个比特分为一组，然后通过计算这些信息比特的线性组合来得到 3 个校验比特，然后将得到的 7 个比特送入计算机。计算机通过采用一定的算法，不仅能够检测到是否有错误发生，而且还可以找到发生单个比特错误的位置，即能够纠正 7 个比特中所发生的单个比特错误，这种编码方法就是线性分组码的基本思想。

图 1.3 Richard Wesley Hamming (1915—1998)

图 1.4 Marcel Jules Edouard Golay (1902—1989)

汉明码的思想在当时虽然比较先进，但也有缺点：一是编码效率比较低，每 7 个编码比特中只有 4 个信息比特；二是纠错能力不足，只能纠正单错。为此，Golay 提出了两种改进的编码方案。一种方案是二元 Golay 码，信息比特每 12 个分为一组，编码生成 11 个冗余校验比特，相应的译码算法可以纠正 3 个错误。虽然编码码率没有汉明码高，但纠错能力更强。另一种方案是三元 Golay 码，它的操作对象是三元而非二元数字。三元 Golay 码是将每 6 个三元符号分为一组，编码生成 5 个冗余校验符号，这样三元 Golay 码可以纠正 2 个错误。在这种方案中，Golay 将二元编码拓展到三元编码，为高阶域编码迈出了探索的第一步。Golay 码曾应用于美国航空航天局（National Aeronautics and Space Administration，NASA）的旅行者 1 号，将成百张木星和土星的彩色照片带回地球。

汉明码和 Golay 码都是将 q 元信息码元按每 k 个分为一组，然后通过编码得到 $r=n-$

k 个冗余校验码元，最后组成码长为 n 的码字，如图 1.5 所示。由于每个冗余校验码元都是若干(最多 k 个)信息码元的线性组合，因此这种编码方法被称为线性分组码。

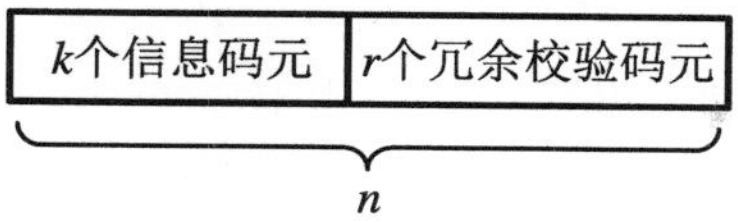

图 1.5　线性分组码的基本构成

线性分组码一般用 (n,k) 表示，编码码率为

$$R = \frac{k}{n} \tag{1.1}$$

Reed-Muller 码是一类能够纠正多个错误的码字。1954 年 David E. Muller(图 1.6)提出了一种新的代数编码方法[5]，同年 Irving S. Reed 提出了一种基于大数逻辑的硬判决译码算法[6]，称为 Reed-Muller 码，简记为 RM 码。RM 码参数配置灵活，是编码领域继汉明码和 Golay 码之后的重要突破，且由于其构造方法简单、结构特性优美，适用于多种软判决和硬判决译码算法，在 20 世纪六七十年代得到了深入研究，取得了许多代数和几何结构特性。1969—1977 年，RM 码在火星探测方面得到了极为广泛的应用。在 20 世纪八九十年代，研究者发现 RM 码具有很好的网格(trellis)结构，能够使用一些高效的软判决译码算法。2008 年提出的极化码可看作 RM 码的近亲，它们都源自相同的方形矩阵。

1957 年 Eugene Prange(图 1.7)提出了循环码[7]的概念，循环码也称为循环冗余校验(Cyclic Redundancy Check，CRC)码，是线性分组码的一种。顾名思义，循环指的是码集合中的任一有效码字，经过任意位的循环移位后，仍然是码集合中的一个有效码字。这种循环特性简化了编译码结构，通过使用移位寄存器能够有效降低物理实现复杂度。另外，循环码有比较完整的代数结构，便于构造和分析。由于译码器的复杂度随纠错能力的增加而呈指数增加，通常 CRC 码用于纠正只有单错的情况，因此常用于检错而非纠错。

图 1.6　David E. Muller (1924—2008)

图 1.7　Eugene Prange (1918—2006)

BCH 码是循环码的一个子集，分别由 Alexis Hocquenghem(图 1.8)在 1959 年[8]、Bose 和 Ray-Chaudhuri 研究组在 1960 年[9]几乎同时提出，按照他们名字的首字母取名 BCH 码。BCH 码与循环码的最大区别在于：循环码是设计得到码集合以后，才知道该码字的纠错能力；而 BCH 码是将纠错能力作为设计参数之一，得到的码集合一定具备该纠错能力。二元 BCH 码的码字长度为 $n = 2^m - 1$，其中 m 为正整数，纠错能力 $t < (2^m - 1)/2$。

图 1.8 Alexis Hocquenghem (1908—1990)

1960 年，Reed 和 Solomon 将 BCH 码扩展到非二元的情形，得到了 RS(Reed-Solomon)码[10]。1967 年，Berlekamp 给出了一个非常有效的译码算法[11]后，RS 码得到了广泛的应用。此后，RS 码在 CD/DVD 播放器、光纤通信中得到了很好的应用。

虽然线性分组码在理论分析和数学描述方面已经非常成熟，并且在实际的通信系统中得到了广泛的应用，但分组码固有的缺陷大大限制了它的进一步发展。第一，由于分组码是面向数据块的，因此，在译码过程中必须等待整个码字全部接收到之后才能开始进行译码。当数据块较长时，引入的系统延时是非常大的。第二，分组码要求精确的帧同步，即需要对接收码字或帧的起始符号时间和相位精确同步。第三，大多数基于代数的分组码的译码算法都是硬判决算法，而不是对解调器输出未量化信息的软判决算法，从而造成了一定程度的增益损失，因此，虽然代数编码在理论上日趋成熟，但距离逼近香农容量的目标还差得很远。受到 Shannon 利用概率对信息进行数学建模的启发，研究者转而对概率编码(又称随机编码)开展研究。代数编码的中心目标是寻找能够最大化最小汉明距离的编码方案，而概率编码则更加专注于寻找平均性能最优的编码方案[12]。典型的概率编码包括卷积码、乘积码、级联码、Turbo 码以及低密度奇偶校验码等。

图 1.9 Peter Elias (1923—2001)

卷积码是 1955 年由 Peter Elias(图 1.9)首次提出的[13]，改善了线性分组码存在的缺点。它与分组码的区别在于：① 卷积码具有记忆性，当前的编码输出不仅与当前的信息序列有关，而且与之前的信息序列有关；② 卷积码不是面向数据块的，而是面向数据流的，即编译码过程是连续进行的，特别适用于时延约束条件较高的场景；③ 相比线性分组码，卷积码的纠错性能更优越。早期的卷积码译码算法有序贯译码算法和门限译码算法，序贯译码算法是 1961 年由 Wozencraft 和 Reiffen 提出的[14]，后来由 Fano 和 Jelinek 分别进行了改进[15-16]，该算法是基于码字树图结构的一种次优概率译码算法。门限译码算法是 1963 年由 Massey 提出的[17]，利用码字的代数结构进行代数译码。1967 年，Viterbi 提出了 Viterbi 译码算法[18]，它是基于码字网格结构的一种最大似然译码算法，是一种最优译码算法。在 Viterbi 译码算法提出之后，卷积码在通信系统中得到了极为广泛的应用，如 2G、3G、4G、商业卫星通信系统等。

在信道编码定理的指引下，人们一直致力于寻找能满足现代通信业务要求、结构简单、性能优越的好码，并在分组码、卷积码等基本编码方法和最大似然译码算法的基础上，提出了许多构造好码及简化译码复杂性的方法，乘积码、代数几何码、低密度奇偶校验(Low Density Parity Check，LDPC)码、分组-卷积级联码等编码方法，以及逐组最佳译码、软判决译码等译码方法，其中对纠错码发展贡献比较大的有级联码、LDPC 码和软判决译码等。值得一提的是，虽然 LDPC 码在 1962 年就由 Robert Gallager(图 1.10)提出[19]，但由于当时的计算能力有限，直到1996年才由MacKay重新发现[20]，现在已广泛应用于5G、卫星通信等系统中。

虽然软判决译码、级联码都对信道编码的设计和发展产生了重大影响，但是其增益与Shannon理论极限始终存在2～3 dB的差距。1993年，在瑞士日内瓦召开的国际通信会议（IEEE ICC'93）上，Claude Berrou（图1.11）、Glavieux和Thitimajshima受涡轮发动机的启发，提出了Turbo码[21]，由于它很好地应用了Shannon信道编码定理中的随机性编、译码条件，从而获得了几乎接近Shannon理论极限的译码性能。仿真结果表明，在采用长度为65536的随机交织器并迭代译码18次的情况下，在信噪比$E_b/N_0 \geqslant 0.7$ dB并采用二进制相移键控（BPSK）调制时，编码码率为1/2的Turbo码在加性高斯白噪声（Additive White Gaussian Noise，AWGN）信道上的误比特率BER$\leqslant 10^{-5}$，达到了与Shannon极限仅相差0.7 dB的优异性能（1/2编码码率的Shannon极限是0 dB），远远超过了当时其他编码方式的性能，轰动了信息和编码领域，吸引了广泛的关注，对编码理论的研究产生了深远的影响，曾广泛应用于3G、4G等通信系统中。1995年，Wiberg发现，Turbo码和LDPC码都是"在稀疏图上的码"，Turbo码的树形网格图和LDPC码的Tanner图都是因子图的体现，它们各自的迭代后验概率（A Posterior Probability，APP）译码方案都是和积（Sum-Product，SP）算法的体现，开启了研究人员对纠错码因子图的研究[22]。

图1.10　Robert Gallager(1931—　)

图1.11　Claude Berrou(1951—　)

2008年，土耳其学者Erdal Arikan（图1.12）提出了极化码（Polar code）[23]，从理论上第一次严格证明了在二进制对称信道（Binary Symmetric Channel，BSC）下，极化码可以"达到"香农容量，且编译码复杂度低。从某种意义上说，极化码"理论上"解决了70多年来信息论和编码领域一直想要解决的问题。2016年11月18日，在3GPP RAN1 87次会议中，华为公司倡导的极化码成为5G增强型移动宽带（Enhanced Mobile Broadband，eMBB）场景下控制信道编码方案，美国高通公司倡导的LDPC码为数据信道编码方案。

图1.12　Erdal Arikan(1958—　)

此外，多级编码（Multilevel Coding，MLC）[24]、比特交织编码调制（Bit-interleaved Coded Modulation，BICM）[25]等技术也受到了关注。在现有编码技术上，

结合机器学习(Machine Learning,ML)、人工智能(Artificial Intelligence,AI)等方式的智能信道编码方法也有很多学者在研究。

1.2 为什么要进行信道编码

假设一个编码系统(虚线)和一个未编码系统(实线)的性能如图 1.13 所示,横坐标是信噪比,纵坐标是误码率,可以看出,在相同信噪比 SNR_1 下,未编码系统的性能为 P_{b1},编码系统的性能为 P_{b2},因为 $P_{b1} > P_{b2}$,因此信道编码能够具有更好的差错性能。在相同误码率 P_{b3} 下,未编码系统需要的信噪比为 SNR_3,而编码系统需要的信噪比为 SNR_2,因为 $SNR_2 < SNR_3$,这意味着编码系统可用更小的发射功率即可得到与未编码系统相同的误码率。当然,获取这些好处的代价就是带宽的增加。

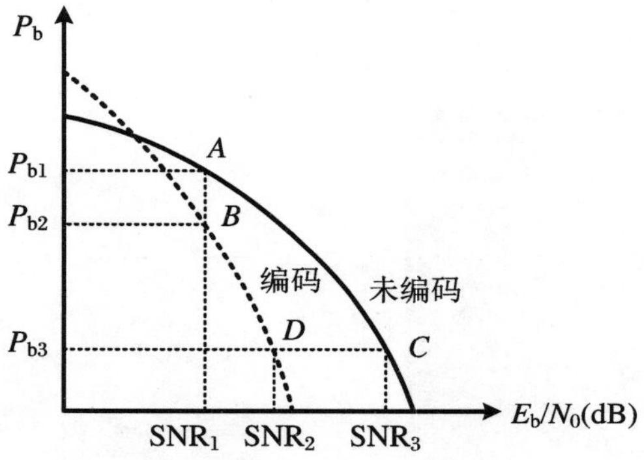

图 1.13 编码与未编码系统性能的比较

1.3 简单的信道编码

差错控制编码的基本原理,是在信息码元序列中附加一些校验码元,在两者之间建立某种校验关系,当这种校验关系因传输错误而受到破坏时,可以被发现和纠正。不同的编码方法,有不同的检错和纠错能力。一般来说,付出的代价越大,检(纠)错的能力就越强。这里所说的代价,指的是增加校验码元的多少。例如,在编码序列中,若每两个信息码元就有一个校验码元,则这种编码的多余度为 1/3,或者说,这种编码的编码码率为 2/3。可见,差错控制编码以降低信息传输速率来换取可靠性的提高。

1.3.1　差错控制方式

常用的差错控制方式有三种：检错重发、前向纠错和混合纠错，如图 1.14 所示。

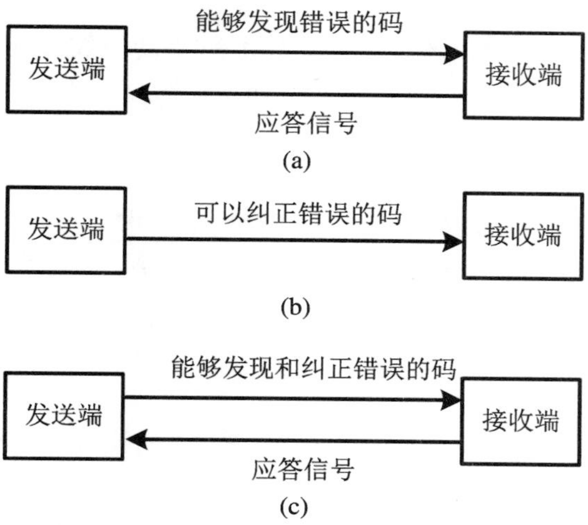

图 1.14　常见的差错控制方式

· 检错重发方式，又称为自动重发请求（Automatic Repeat reQuest，ARQ）：发送端发送能够发现错误的码字，接收端判断传输过程中是否有错误发生。如果发现错误，接收端把判决结果反馈给发送端，发送端会将错误的信息重发一次。如果没有发现错误，接收端仍把结果反馈给发送端，发送端无须重发，如图 1.14(a)所示。在这种方式中，接收端无论是否正确接收，都需要给发送端反馈信息。

· 前向纠错方式（Forward Error Correction，FEC）：发送端发送能够纠正错误的码字，接收端将自动纠正传输中的错误，如图 1.14(b)所示。在这种方式中，接收端不需要反馈，仅仅是发送端到接收端的单向传输，因此，若传输错误过多，超出了接收端的纠错能力，接收端就无能为力了。在数字通信系统中，主要采用的就是该方式，也是本书讲述的内容。

· 混合纠错方式（Hybrid Error Correction，HEC）：发送端发送既能纠错，又能检错的码字。若传输的错误在接收端的纠错能力范围以内，则自动纠错，不再反馈任何信息给发送端；若错误个数超过了纠错能力，接收端检测出来后，反馈给发送端要求重发，如图 1.14(c)所示。这种方式融合了前两种的优点，既减少了一定的反馈开销，又保证了差错性能。

差错控制编码的目标是：

· 具有较强的纠错能力。

· 传输效率要高（即尽量减少冗余度）。

· 快速高效的编解码算法。

一般来说，冗余度越高，纠错能力越强，但传输效率就越低，因此这两个目标是矛盾的，需要折中考虑。

1.3.2 几种简单的检错码

1. 奇偶校验码

在信息码元后面附加一个校验码元，使得码组中“1”的个数为奇数或偶数。接收端检测时，对各码元进行模 2 加运算，其结果为 0 或 1，如果传输过程中任何一位发生错误，就会使校验条件不满足，但当有偶数个错误发生时，这种编码就无能为力了。

例如：信息码元序列 $\boldsymbol{A}=[1\ \ 0\ \ 1\ \ 1\ \ 0\ \ 1]$，序列 $\boldsymbol{B}=[0\ \ 1\ \ 1\ \ 0\ \ 0\ \ 1]$，编码后希望“1”的个数为偶数，则编码序列 $\boldsymbol{A}'=[1\ \ 0\ \ 1\ \ 1\ \ 0\ \ 1\ \ 0]$，$\boldsymbol{B}'=[0\ \ 1\ \ 1\ \ 0\ \ 0\ \ 1\ \ 1]$。如果发生一位错误，则不满足各码元模加结果为 0 的规则；若发生偶数个错误，比如 $\boldsymbol{A}''=[\underline{0}\ \ \underline{1}\ \ 1\ \ 1\ \ 0\ \ 1\ \ 0]$，则检测不出错误。

2. 行列校验码

针对奇偶校验码中无法检测偶数个错误的问题，行列校验码对行和列都进行校验。在图 1.15(a)中，对两个码字的行与列均进行校验，增加一个校验位。若一个码字发生偶数个错误，如图 1.15(b)所示，行校验无法检测出来，但列校验能够有效检测。若两个码字的错误位置刚好形成一个矩形，如图 1.15(c)所示，则无法进行有效检测。

1 0 1 1 0 1	0
0 1 1 0 0 1	1
1 1 0 1 0 0	1

(a) 行列监督

$\underline{0}$ $\underline{1}$ 1 1 0 1	0
0 1 1 0 0 1	1
$\underline{1}$ $\underline{1}$ 0 1 0 0	1

(b) 错误监督1

$\underline{0}$ $\underline{1}$ 1 1 0 1	0
$\underline{1}$ $\underline{0}$ 1 0 0 1	1
$\underline{1}$ $\underline{1}$ 0 1 0 0	1

(c) 错误监督2

图 1.15

3. 恒比码

码字中“1”和“0”的数目保持恒定比例的码，接收端接收时检测该比例是否仍然成立来判断是否发生传输错误。比如，设定好编码序列中“1”的个数与“0”的个数比例为 1/2，若码字为[0　0　1　1　0　0　0　1　0]，当接收码字为[0　$\underline{1}$　$\underline{0}$　1　0　0　0　1　0]时，虽然满足比例，仍会判断传输无错。

参考文献

[1] Shannon C E. A mathematical theory of communication[J]. The Bell System Technical Journal, 1948,27(3):379-423.

[2] Shannon C E. Communication in the presence of noise[J]. Proceedings of the Institute of Radio Engineers,1949,37(1):10-21.

[3] Hamming R W. Error detecting and error correcting codes[J]. The Bell System Technical Journal, 1950,29(2):147-160.

[4] Golay M J E. Notes on digital coding[J]. Proceedings of the Institute of Radio Engineers,1949,37

(6):657.

[5] Muller D E. Application of Boolean algebra to switching circuit design and to error detection[J]. Transactions of the IRE Professional Group on Electronic Computers,1954,3:6-12.

[6] Reed I S. A class of multiple-error-correcting codes and the decoding scheme[J]. IRE Transactions on Information Theory,1954,4:38-49.

[7] Prange E. Cyclic error-correcting codes in two symbols[J]. Air Force Cambridge Research Center, 1957.

[8] Hocquenghem A. Codes correcteurs d'erreurs[J]. Chiffers,1959,2:147-156.

[9] Bose R C,Ray-Chaudhuri D K. On a class of error correcting binary group codes[J]. Information and Control,1960,3(1):68-79.

[10] Reed I S, Solomon G. Polynomial codes over certain finite fields[J]. Journal of the Society for Industrial and Applied Mathematics,1960,8(2):300-304.

[11] Jacobs I,Berlekamp E. A lower bound to the distribution of computation for sequential decoding [J]. IEEE Transactions on Information Theory,1967,13(2):167-174.

[12] 李燕. 基于极化谱的高性能极化编码构造理论研究[D].北京:北京邮电大学,2022.

[13] Elias P. Coding for noisy channels[J]. IRE International Convention Record,1955,4:37-46.

[14] Wozencraft J, Reiffen B. Sequential decoding[M]. Cambridge: the Technology Press of the MIT, 1961.

[15] Fano R. A heuristic discussion of probabilistic decoding[J]. IEEE Transactions on Information Theory,1963,9(2):64-74.

[16] Jelinek F. Fast sequential decoding algorithm using a stack[J]. IBM Journal of Research and Development,1969,13(6):675-685.

[17] Massey L. Threshold decoding[M]. Cambridge: MIT Press,1963.

[18] Viterbi A. Error bounds for convolutional codes and an asymptotically optimum decoding algorithm [J]. IEEE Transactions on Information Theory,1967,13(2):260-269.

[19] Gallager R. Low-density parity-check codes[J]. IRE Transactions on Information Theory,1962,8 (1):21-28.

[20] MacKay D, Neal R. Near Shannon limit performance of low density parity check codes[J]. Electronics Letters,1996,32(18):1645-1646.

[21] Berrou C, Glavieux A, Thitimajshima P. Near Shannon limit error-correcting coding and decoding: Turbo-codes[C]. IEEE International Conference on Communications (ICC),Geneva,Switzerland,May 23-26,1993:1064-1070.

[22] 申怡飞. 极化码译码算法与实现研究[D]. 南京:东南大学,2022.

[23] Arikan E. Channel polarization: a method for constructing capacity-achieving codes[C]. IEEE International Symposium on Information Theory(ISIT),Toronto,Canada,July 6-11,2008.

[24] Wachsmann U, Fischer R, Huber J. Multilevel codes: theoretical concepts and practical design rules[J]. IEEE Transactions on Information Theory,1999,45(5):1361-1391.

[25] Caire G, Taricco G, Biglieri E. Bit-Interleaved coded modulation[C]. 1997 IEEE International Conference on Communications, Montreal, Canada, June 08-12,1997:1463-1467.

第2章　基本理论

本章对各类码字的编解码过程中经常用到的概念、定理、算法等进行集中介绍，以便更高效地阅读相关内容。

2.1　基本信道模型及其信道容量

信息从一方向另一方传递的过程中，如果信道条件不理想，比如叠加了噪声和干扰，则在接收方就不能准确地恢复信息。通过在发送方对信息进行信道编码，接收方能够更好地恢复信息，提高了传输的可靠性，但牺牲了传输的有效性。在完全理想，即没有干扰、没有噪声的信道条件下，传输过程中信息不会出错，也就没必要进行信道编码。

不同的信道具有不同的传输特性，对应的信道容量也不同。由信息论的知识可知，信道容量是由输入和输出的最大互信息量决定的[1]，即

$$C = \max_{p(x)} I(X;Y) \quad (\text{比特/符号}) \tag{2.1}$$

其中 X 和 Y 分别代表信道的输入和输出，$p(x)$ 是 X 的概率密度函数，$I(X;Y)$ 为变量 X 和 Y 的平均互信息，其定义将根据具体信道类型（离散无记忆信道、连续信道等）的不同有所区别。注意：C 的单位是比特/符号，若平均传输一个符号需要 t 秒，则信道单位时间内平均传输的最大信息量（即最大信息传输速率）为 $C_t = C/t$。

2.1.1　离散无记忆信道

离散无记忆信道（Discrete Memoryless Channel，DMC）的含义包含两方面：① 离散信道是指输入输出信号在幅度和时间上的取值是离散的；② 信道的输出只与信道当前时刻的输入有关，而与之前时刻的输入无关，即该信道是无记忆的。

若 DMC 的输入 X 和输出 Y 分别为 q 元符号和 Q 元符号，则输入变量 X 和输出变量 Y 之间的平均互信息 $I(X;Y)$ 定义为

$$I(X;Y) = \sum_{j=1}^{q}\sum_{i=1}^{Q} p(x_j)p(y_i \mid x_j)\log_2 \frac{p(y_i \mid x_j)}{p(y_i)} \tag{2.2}$$

其中 $p(x_j)$ 和 $p(y_i)$ 分别是 X 和 Y 的概率分布，$p(y_i \mid x_j)$ 是输入为 x_j、输出为 y_i 的转移

概率。

平均互信息 $I(X;Y)$ 是信道每传递一个符号所蕴含的平均信息量，信道容量 C 表示转移概率为 $p(y_i|x_j)$ 时信道所能传递的平均互信息的最大值。

例 2.1 假设信道的输入符号集为 X：$\{x_1,x_2,x_3,x_4\}$，输出符号集为 Y：$\{y_1,y_2,y_3,y_4\}$，其传递特性如图 2.1 所示，若输入符号等概率，求平均互信息 $I(X;Y)$。

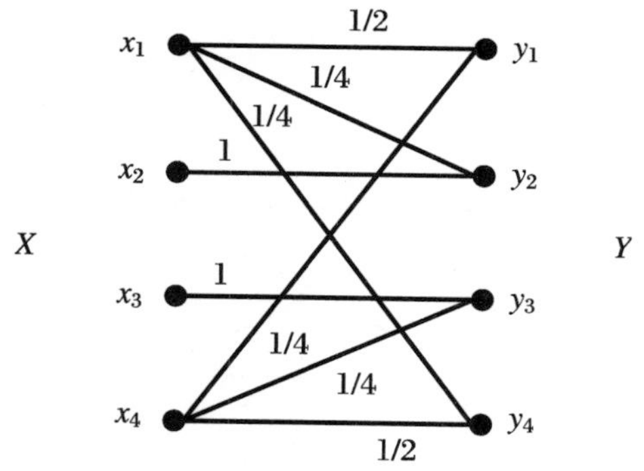

图 2.1 4 值输入 4 值输出的离散无记忆信道

我们知道，当输入符号等概率时，即 $p(x_j)=1/4(j=1,2,3,4)$。对应的输出 Y 的各符号概率可计算为

$$p(y_1)=p(x_1)p(y_1\mid x_1)+p(x_4)p(y_1\mid x_4)=\frac{1}{4}\cdot\frac{1}{2}+\frac{1}{4}\cdot\frac{1}{4}=\frac{3}{16}$$

$$p(y_2)=p(x_1)p(y_2\mid x_1)+p(x_2)p(y_2\mid x_2)=\frac{1}{4}\cdot\frac{1}{4}+\frac{1}{4}\cdot 1=\frac{5}{16}$$

$$p(y_3)=p(x_3)p(y_3\mid x_3)+p(x_4)p(y_3\mid x_4)=\frac{1}{4}\cdot 1+\frac{1}{4}\cdot\frac{1}{4}=\frac{5}{16}$$

$$p(y_4)=p(x_1)p(y_4\mid x_1)+p(x_4)p(y_4\mid x_4)=\frac{1}{4}\cdot\frac{1}{4}+\frac{1}{4}\cdot\frac{1}{2}=\frac{3}{16}$$

由式(2.2)可得

$$\begin{aligned}I(X;Y)&=\sum_{j=1}^{4}\sum_{i=1}^{4}p(x_j)p(y_i\mid x_j)\log_2\frac{p(y_i\mid x_j)}{p(y_i)}\\&=\frac{1}{4}\log_2\left(\frac{8}{3}\right)+\frac{1}{8}\log_2\left(\frac{4}{5}\right)+\frac{1}{8}\log_2\left(\frac{4}{3}\right)+\frac{1}{2}\log_2\left(\frac{16}{5}\right)\\&\approx 1.2\quad(\text{比特/符号})\end{aligned}$$

一定要注意：此时计算出的平均互信息并不是该信道的容量。信道容量 C 是信道的最大传输能力，是信道自身的特性，能使平均互信息达到信道容量 C 的信源，称为匹配信源。对于信道转移概率 $p(y_i|x_j)$ 给定的信道，输入符号的概率分布 $p(x_j)$ 是可变量，并不是输入符号等概率就能得到最大平均互信息[2]。

通过平均互信息对输入符号概率取偏导为 0，即

$$\frac{\partial I(X;Y)}{\partial p(x_j)}=0,\quad j=1,2,\cdots,q \tag{2.3}$$

以及

$$\sum_{j=1}^{q}p(x_j)=1 \tag{2.4}$$

可求出使得平均互信息最大化的输入符号概率分布,继而就可求得信道容量 C。由于这个计算比较复杂,我们就不深入探究了。

下面对两个比较简单的离散无记忆信道进行介绍:二进制对称信道(Binary Symmetric Channel,BSC)和二进制擦除信道(Binary Erasure Channel,BEC)。

1. BSC

在 BSC 中,信道的转移概率 $p(0|0)=p(1|1)=1-p, p(1|0)=p(0|1)=p$,如图 2.2 所示。

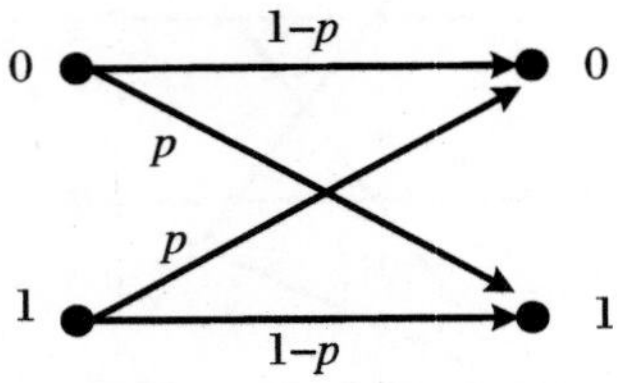

图 2.2 BSC

信源符号为 x_j,只有 0 和 1 两个值,输出 y_i 也只有 0 和 1 两个值,则该信道的平均互信息可计算为

$$I(X;Y)=\sum_{j=1}^{2}\sum_{i=1}^{2}p(x_j)p(y_i\mid x_j)\log_2\frac{p(y_i\mid x_j)}{p(y_i)} \tag{2.5}$$

可证明,当输入符号等概率($p(x_j=0)=p(x_j=1)=1/2$)时可使得平均互信息 $I(X;Y)$ 最大化,即

$$C=\max_{p(x)}I(X;Y)=1+p\log_2(p)+(1-p)\log_2(1-p) \tag{2.6}$$

2. BEC

在 BEC 中,信道的转移概率 $p(0|0)=p(1|1)=1-p, p(e|0)=p(e|1)=p$,如图 2.3所示,其中擦除符号 e 表示该比特未被接收。

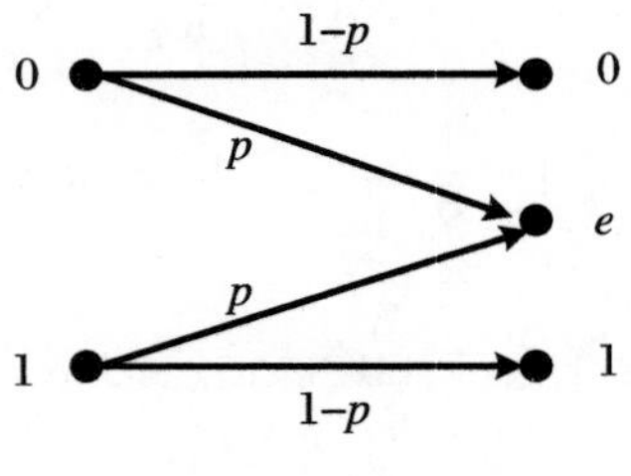

图 2.3 BEC

信源符号为 x_j,只有 0 和 1 这两个值,输出 y_i 有 0,1 和 e 共三个值,则该信道的平均互信息可计算为

$$I(X;Y)=\sum_{j=1}^{2}\sum_{i=1}^{3}p(x_j)p(y_i\mid x_j)\log_2\frac{p(y_i\mid x_j)}{p(y_i)} \tag{2.7}$$

可证明,当输入符号等概率($p(x_j=0)=p(x_j=1)=1/2$)时可使得平均互信息 $I(X;Y)$ 最大化,此时可求出各 $p(y_i)$ 为

$$p(y_i=0)=p(x_j=0)p(y_i=0\mid x_j=0)=\frac{1}{2}(1-p)$$

$$\begin{aligned}p(y_i=e)&=p(x_j=0)p(y_i=e\mid x_j=0)+p(x_j=1)p(y_i=e\mid x_j=1)\\&=\frac{1}{2}p+\frac{1}{2}p=p\end{aligned}$$

$$p(y_i=1)=p(x_j=1)p(y_i=1\mid x_j=1)=\frac{1}{2}(1-p)$$

信道容量可计算为

$$C=\max_{p(x)}I(X;Y)=1-p \tag{2.8}$$

由图2.4可以看出，对于BSC，其信道容量在错误转移概率 $p=0$ 时最大，$C=1$；随着 p 的增加，信道容量随之减小，在 $p=0.5$ 时达到最小，$C=0$；随着 p 的持续增加，信道容量也在增加，在 $p=1$ 时再次达到最大，$C=1$。这是因为，当错误转移概率 $p=0.5$ 时，接收方只能靠“猜”了，与抛硬币进行判决一样。而当 $p=1$ 时，到达接收方都是错的，那么接收方只需将0变为1、1变为0即可正确接收。

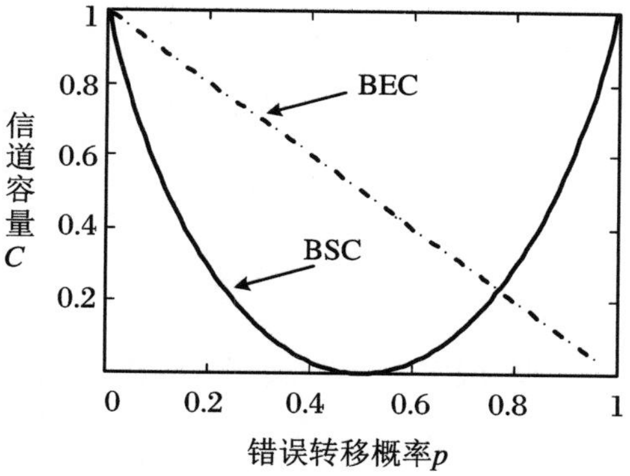

图2.4 BSC和BEC信道容量 C 随错误转移概率 p 的变化曲线

对于BEC，随着错误转移概率 p 的增加，接收方正确接收的概率不断下降，接收到擦除符号的概率不断增加，导致信道容量持续下降。

2.1.2 连续信道

我们主要介绍加性高斯白噪声（Additive White Gaussian Noise，AWGN）信道，其带限信道容量为

$$C=B\log_2\left(1+\frac{S}{N}\right)=B\log_2\left(1+\frac{S}{N_0B}\right)\quad(\text{bps}) \tag{2.9}$$

其中 B 为信道带宽（Hz），S 为信号的平均功率（W），N 为噪声功率（W），N_0 为噪声的单边功率谱密度，$N=N_0B$。

这就是著名的香农公式，当信号的平均功率持续增加时，信道容量 C 也持续增加；但当信道带宽 B 持续增加时，信道容量 $C\to1.44S/N_0$，如图2.5所示，这是因为噪声功率 $N=N_0B$ 也在持续增加。

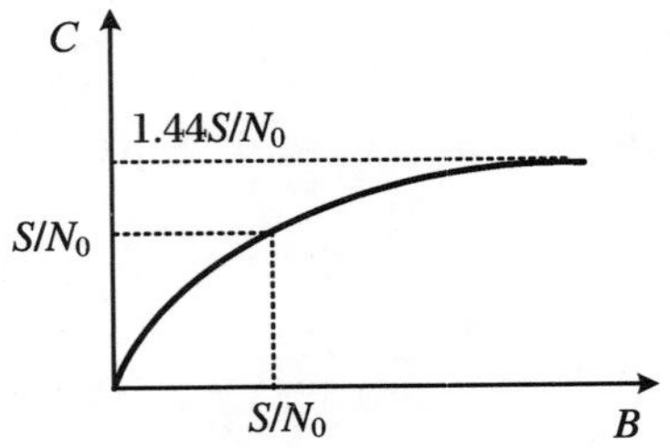

图 2.5 AWGN 的信道容量随信道带宽 B 的变化曲线

2.2 信道编码定理

1948 年,香农在《贝尔系统技术》杂志上发表了题为《通信的数学理论》的论文,文中指出:如果信息传输速率 R 小于信道容量 C,则总可以找到一种信道编码方法,让误码率达到任意小。比如对于分组码,其误码率满足

$$P_{\mathrm{E}} \leqslant 2^{-nE(R_{\mathrm{c}})} \tag{2.10}$$

其中 n 是分组码的码长,R_{c} 是编码码率,$E(R_{\mathrm{c}})$是关于 R_{c} 的正函数,完全由信道特性决定。

这就是著名的信道编码定理,该定理能够成立需要满足三个条件:① 码长应足够长;② 码字应足够随机化;③ 译码要采用最大似然译码。很不幸,这三个条件都是物理不可实现的,码长越长,译码复杂度越高(最大似然译码的复杂度随码长的增加呈指数增加)、处理时延越大,且码字也只能尽量随机化(但还是有确定变换关系的),因此,这些条件在实际系统中都受到约束。

虽然香农只是给出了信道编码的存在性定理,没有给出达到信道容量(香农限)的具体编解码方法,但给我们指明了研究方向,即构造随机长码和采用最大似然译码,这也成为编码领域研究人员孜孜不倦追求的目标。

2.3 硬判决译码与软判决译码

首先应该明确:硬判决译码和软判决译码并不是指译码器的输出值是硬信息(指判决之后产生的离散值,如 0,1 等)还是软信息(未经判决的连续值)。

在通信系统框图中,信道编码器的输出序列 $\boldsymbol{x}$ 通常是二进制序列(本书不讨论高阶编码情况),送给调制器进行调制发送。接收端的解调器如果进行“0”“1”判决,输出 $\boldsymbol{y}$ 也将是一个二进制序列,并作为输入送给译码器,如图 2.6 所示,译码器根据解调器输出的硬判决信息进行译码，简称为硬判决译码。

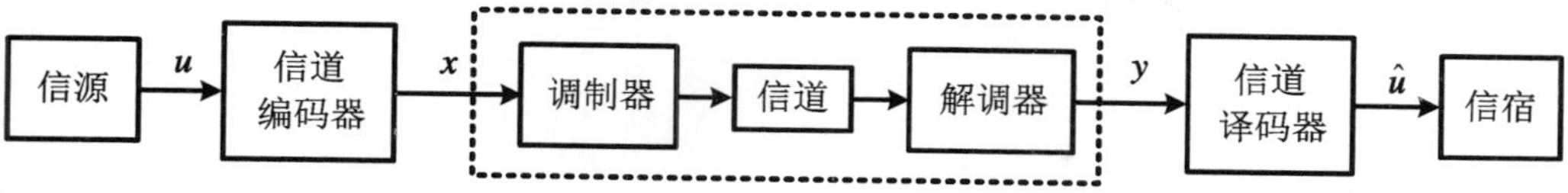

图 2.6 简化的通信系统框图

把 $\boldsymbol{x}$ 和 $\boldsymbol{y}$ 之间的调制器、信道、解调器看作一个等效信道，此时等效信道的输入 $\boldsymbol{x}$ 是二进制序列，输出 $\boldsymbol{y}$ 也是二进制序列，信道容量可计算为

$$C_{\text{hard}} = \max_{p(x)} I(\boldsymbol{x};\boldsymbol{y}) = \sum_{j=1}^{2}\sum_{i=1}^{2} p(x_j)p(y_i \mid x_j)\log_2\frac{p(y_i \mid x_j)}{p(y_i)} \tag{2.11}$$

与之相对应，如果解调器判决输出的不是"0""1"，而取自一个有限符号集，如$\{0_1, 0_2, 1_1, 1_2\}$，或者解调器不进行判决，而是直接将实际的连续值作为输入送给译码器。在这两种情况下，译码器根据这些信息进行译码，均为软判决译码。

此时等效信道的输入 $\boldsymbol{x}$ 是二元序列，输出 $\boldsymbol{y}$ 是离散序列，序列中的每个值都是有限符号集（假设为 Q）中的符号，如图 2.7 所示，输出的每个符号取自集合$\{0_1, 0_2, 1_1, 1_2\}$。

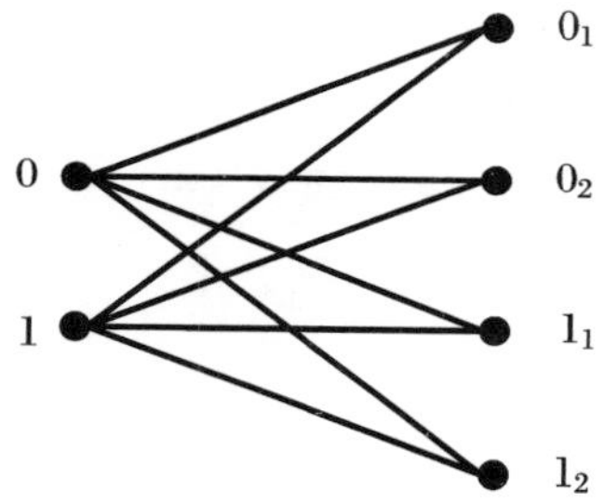

图 2.7 二进制输入、Q-ary 输出的离散信道

则信道容量可计算为

$$C_{\text{soft}} = \max_{p(x)} I(\boldsymbol{x};\boldsymbol{y}) = \sum_{j=1}^{2}\sum_{i=1}^{Q} p(x_j)p(y_i \mid x_j)\log_2\frac{p(y_i \mid x_j)}{p(y_i)} \tag{2.12}$$

若等效信道的输入 $\boldsymbol{x}$ 是二元序列，输出 $\boldsymbol{y}$ 是连续值，信道容量可计算为

$$C_{\text{soft}} = \max_{p(x)} I(\boldsymbol{x};\boldsymbol{y}) = \sum_{j=1}^{2}\int_{-\infty}^{+\infty} p(x_j)p(y \mid x_j)\log_2\frac{p(y \mid x_j)}{p(y)}\mathrm{d}y \tag{2.13}$$

解调器执行硬判决时，会丢失一些信息量，导致译码的正确性降低，但送给译码器的是"0""1"的二进制序列，译码器的译码复杂度比较低。软判决译码时，虽然译码复杂度会比较高，但会提升译码的正确性。

2.4 MAP与ML算法

在图2.6中，信息序列 $\boldsymbol{u}$ 经信道编码形成发送端的编码序列 $\boldsymbol{x}$，其中 $\boldsymbol{x}\in\boldsymbol{X}$ 的选择概率为 $P(\boldsymbol{x})$，$\boldsymbol{X}$ 是所有有效编码集合，信息序列 $\boldsymbol{u}$ 和编码序列 $\boldsymbol{x}$ 是一一对应的。接收端根据接收到的序列 $\boldsymbol{y}$ 来判决发送的信息序列，得到信息序列的估计 $\hat{\boldsymbol{u}}$（它所对应的编码序列为 $\hat{\boldsymbol{x}}$）。如果 $\hat{\boldsymbol{u}}=\boldsymbol{u}$，则 $\hat{\boldsymbol{x}}=\boldsymbol{x}$，表明没有译码错误。如果 $\hat{\boldsymbol{u}}\neq\boldsymbol{u}$，则 $\hat{\boldsymbol{x}}\neq\boldsymbol{x}$，表明产生了一个译码错误。注意，这里的错误是一个数据块（即一个序列，包含若干比特），不是一个比特。因此，译码后的块错误概率可计算为

$$P_{\text{block}}=\sum_{\boldsymbol{y}}P(\hat{\boldsymbol{x}}\neq\boldsymbol{x}\mid\boldsymbol{y})P(\boldsymbol{y})\tag{2.14}$$

其中 $P(\boldsymbol{y})$ 是接收序列 $\boldsymbol{y}$ 的概率，它是独立于译码器的，与采用哪种译码算法也没有关系，因为在译码模块之前就已经接收到了 $\boldsymbol{y}$。最小化 P_{block}，就意味着最小化 $P(\hat{\boldsymbol{x}}\neq\boldsymbol{x}\mid\boldsymbol{y})$，即最大化 $P(\hat{\boldsymbol{x}}=\boldsymbol{x}\mid\boldsymbol{y})$。

定理2.1 最小化 P_{block} 的判决准则是选择能使 $P(\boldsymbol{x}\mid\boldsymbol{y})$ 最大的那个 $\boldsymbol{x}$，即

$$\hat{\boldsymbol{x}}=\arg\max_{\boldsymbol{x}\in\boldsymbol{X}}P(\boldsymbol{x}\mid\boldsymbol{y})\tag{2.15}$$

这表明判决出的 $\hat{\boldsymbol{x}}$ 能够使后验概率 $P(\boldsymbol{x}\mid\boldsymbol{y})$ 最大化。

根据贝叶斯准则，式(2.15)可写成

$$\hat{\boldsymbol{x}}=\arg\max_{\boldsymbol{x}\in\boldsymbol{X}}P(\boldsymbol{x}\mid\boldsymbol{y})=\arg\max_{\boldsymbol{x}\in\boldsymbol{X}}\frac{P(\boldsymbol{y}\mid\boldsymbol{x})P(\boldsymbol{x})}{P(\boldsymbol{y})}\tag{2.16}$$

由于分母不依赖于 $\boldsymbol{x}$，式(2.16)可进一步写成

$$\hat{\boldsymbol{x}}=\arg\max_{\boldsymbol{x}\in\boldsymbol{X}}P(\boldsymbol{y}\mid\boldsymbol{x})P(\boldsymbol{x})\tag{2.17}$$

这就是最大后验概率（Maximum A Posteriori，MAP）准则。

如果所有先验概率 $P(\boldsymbol{x})$ 是相同的，该准则可简化为

$$\hat{\boldsymbol{x}}=\arg\max_{\boldsymbol{x}\in\boldsymbol{X}}P(\boldsymbol{y}\mid\boldsymbol{x})\tag{2.18}$$

这就是最大似然（Maximum Likelihood，ML）准则。

在先验概率相同的情况下，两种准则是等价的。

2.5 因子图与和积算法

在1981年Tanner的论文[3]中，介绍了一种可以用来表示码字的图形，称为Tanner图。Tanner图包含两类节点：码元（变量）节点和校验节点，然后通过边连接这两种不同的节点，并且同种节点间不能有直接的边连接。如果给定一个码字的码元数和它的校验方程，则用

Tanner图可以唯一地确定该码字。例如一个(7,4)线性分组码,其校验方程为

$$
\begin{array}{c} \\ \boldsymbol{H} = \end{array}
\begin{array}{c}
\begin{matrix} v_1 & v_2 & v_3 & v_4 & v_5 & v_6 & v_7 \end{matrix} \\
\begin{bmatrix} 1 & 1 & 1 & 0 & 1 & 0 & 0 \\ 1 & 1 & 0 & 1 & 0 & 1 & 0 \\ 1 & 0 & 1 & 1 & 0 & 0 & 1 \end{bmatrix}
\end{array}
\begin{array}{c} \\ s_1 \\ s_2 \\ s_3 \end{array}
\tag{2.19}
$$

其中 $v_1 \sim v_7$ 是变量节点,$s_1 \sim s_3$ 是校验节点。

该校验方程对应的 Tanner 图如图 2.8 所示,Tanner 图本质上是用码字的校验方程来表述码字。

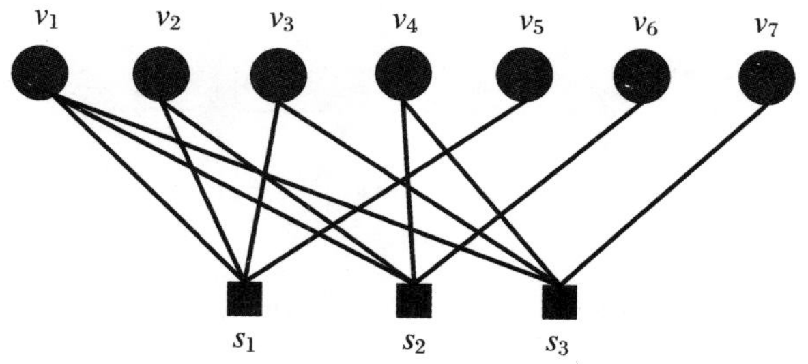

图 2.8　Tanner 图示例

2.5.1　消息传递算法

和积算法(Sum-Product Algorithm,SPA)作为一种通用的消息传递算法(Message Passing Algorithm,MPA),描述了因子图中顶点(变量节点和校验节点)处的信息计算公式,而在基于图的编译码系统中,我们首先需要理解的是顶点之间如何通过边来传递信息。

例 2.2　若干士兵排成一队列,如图 2.9(a)所示,每个士兵只能与他相邻的士兵交流,问如何才能使每个士兵都知道总人数?

(a) 排成队列的士兵

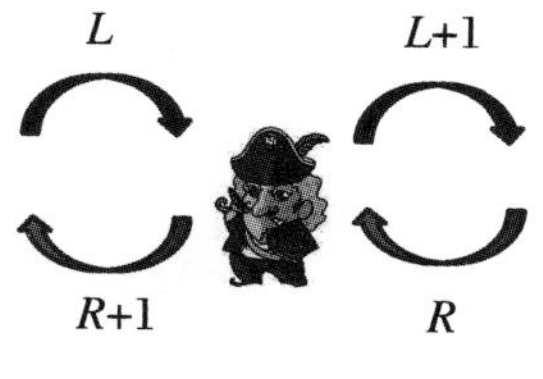

(b) 某个士兵消息传递

图 2.9

排成一排的士兵从两端同时报数,由图 2.9(b)可知,任一士兵(两端的除外)既能收到左边士兵的报数 L,也能收到右边士兵的报数 R,则整个队列中每个士兵都可计算出整个队列的人数为 $L+R+1$。

将上面的情况抽象成一般模型,如图 2.10 所示,图中每个点可看作一个士兵,对应到编码理论中则可看作因子图中对应的节点(如前述的变量节点和校验节点,或卷积码的 BCJR 算法中的状态点等)。

对应图 2.10,引入几个概念:先验信息 P、外信息 E 以及后验信息 A。在上例中,先验信息 P 表示每个士兵自身的数字 1,如图 2.10(a)所示;外信息 E 表示从其他相邻的士兵获

取的信息，如图 2.10(c)所示，即每个士兵的外信息均为 5；后验信息 $A=P+E$，在这里表示队列的总人数，即为 6。从图中可以看出，最后结果是通过前向计算和后向计算得到的。

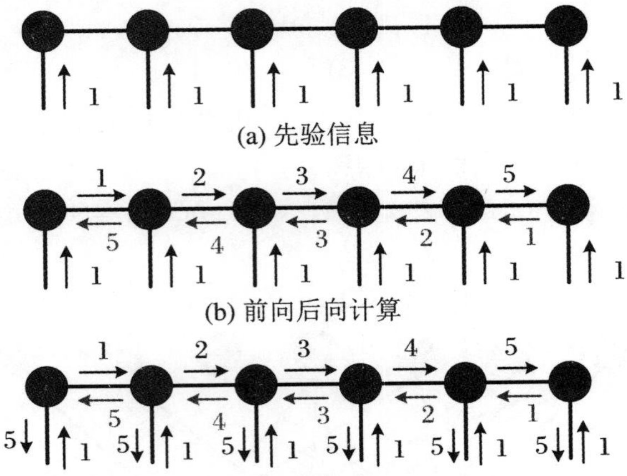

(a) 先验信息

(b) 前向后向计算

(c) 外信息

图 2.10　排成队列士兵的抽象模型

两个方向同时计算的前向/后向消息传递过程如图 2.11 所示，从图中可以看出，经过 5 步计算第 3、第 4 个士兵可以得到总人数($5+1=6$)，经过 6 步计算第 2、第 5 个士兵可以得到总人数，经过 7 步计算所有士兵均知道了总人数。

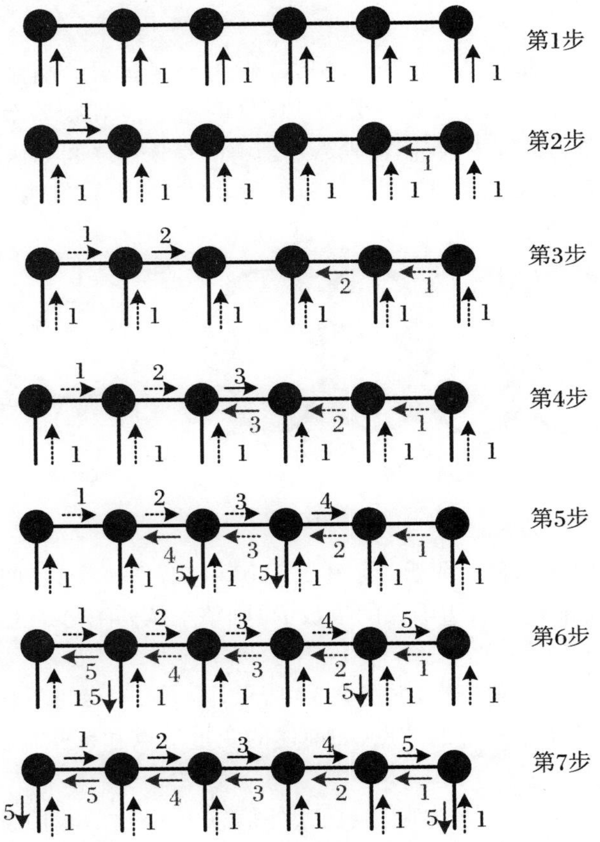

图 2.11　消息传递过程中的前向/后向计算

如果士兵没有按照队列排列，而是排成树状结构，如图 2.12(a)所示，那么每个人又该如何知道总人数呢？

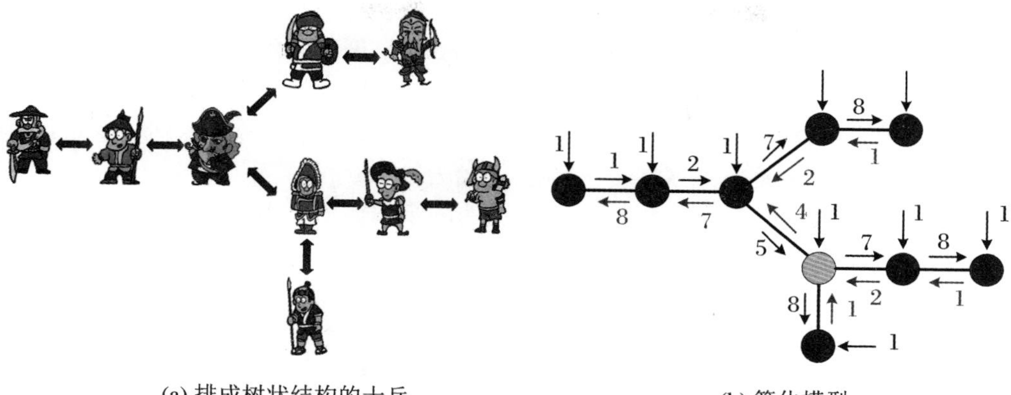

(a) 排成树状结构的士兵　　(b) 简化模型

图 2.12

图 2.12(a)与图 2.9(a)不同之处在于，有些士兵不止有 2 个相邻的士兵，可能有 3 个或更多。具体信息传递流程如图 2.12(b)所示，多个分支的端点同时进行报数，每个士兵同样可以获得其相邻士兵给他的外信息，同时加上自身的信息然后传递给相邻的士兵。在多个分支的汇聚点处，要收集多个分支的外信息，比如图 2.12(b)中的阴影节点，它收到两个外信息，一个是“1”，一个是“2”，则阴影节点传递的信息就为 1+2+1=4。

每个士兵节点的信息只需在所有其相邻节点上进行一次前向和后向的计算，则每个士兵就可知道总人数。这样的图有一个共同特点：所有节点构成一棵树，而树结构中是没有环路的，如果有环路结构，又该如何计算呢？如图 2.13(a)所示，士兵排成一个环路，对应的简化模型如图 2.13(b)所示。

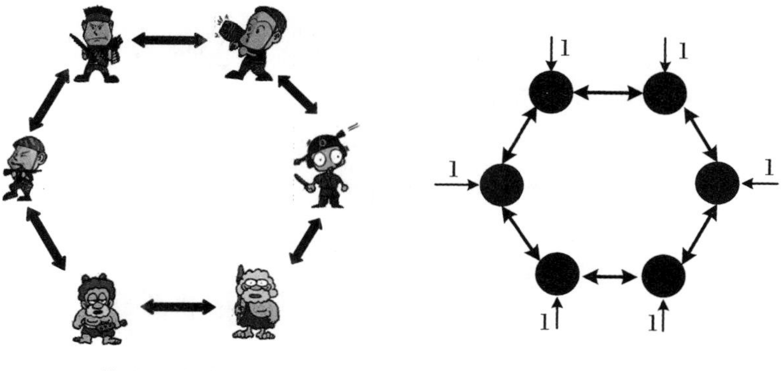

(a) 排成环路结构的士兵　　(b) 简化模型

图 2.13

由于有环路的存在，如果用上述信息更新方法来确定总人数，将会导致无法确定何时中止信息的传递，因此也就无法确定士兵人数。对应到编码理论，比如在设计 LDPC 码的校验矩阵时，应尽量避免校验矩阵对应的因子图中出现短环(如 4 循环、6 循环等)。

2.5.2 因子图

将前述消息传递算法中的节点构成的图(Tanner 图)更一般化就得到了因子图[4],因子图是一种用于描述多变量函数的"二部图"(bipartite graph)。一般来说,在因子图中存在两类节点:变量节点和对应的函数节点,变量节点所代表的变量是函数节点的自变量,在同类节点之间没有边直接相连。

例 2.3 全局函数 g 有 5 个自变量,它对应的因子图如图 2.14(a)所示,假定函数 g 可以分解成几个"局部函数"之积的形式,即

$$g(x_1,x_2,x_3,x_4,x_5)=f_A(x_1)f_B(x_2)f_C(x_1,x_2,x_3)f_D(x_3,x_4)f_E(x_3,x_5) \tag{2.20}$$

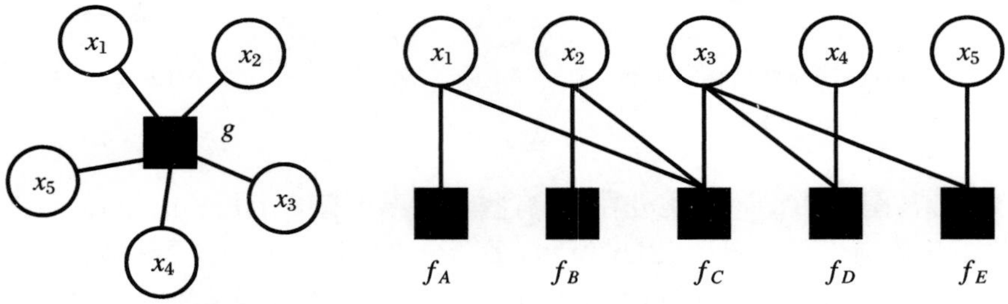

(a) 全局函数g的因子图 (b) 局部函数的因子图

图 2.14

则全局函数 g 分解为多个局部函数之积后对应的因子图如图 2.14(b)所示。局部函数节点与它相关联的自变量节点用边直接连接,它反映了全局函数 g 和局部函数之间的关系。

2.5.3 边缘函数

式(2.20)反映的是全局函数,但我们希望得到的往往是通过这个全局函数计算出的各个边缘函数。在实际应用中,例如人工神经网络的神经元互相关联,在计算它们各自参数的时候,就会使用边缘分布计算得到某一特定神经元(变量)的值。

例 2.4 在式(2.20)中求变量 x_1 的边缘函数 $\tilde{g}(x_1)$,为

$$\tilde{g}(x_1)=\sum_{x_2,x_3,x_4,x_5} g(x_1,x_2,x_3,x_4,x_5) \tag{2.21}$$

$\tilde{g}(x_1)$是函数 $g(x_1,x_2,x_3,x_4,x_5)$当变量为 $x_2\sim x_5$ 时的和函数。将式(2.20)代入式(2.21),得

$$\begin{aligned}\tilde{g}(x_1)&=\sum_{x_2}\sum_{x_3}\sum_{x_4}\sum_{x_5} f_A(x_1)f_B(x_2)f_C(x_1,x_2,x_3)f_D(x_3,x_4)f_E(x_3,x_5)\\&=f_A(x_1)\sum_{x_2}f_B(x_2)\sum_{x_3}f_C(x_1,x_2,x_3)\sum_{x_4}f_D(x_3,x_4)\sum_{x_5}f_E(x_3,x_5)\end{aligned} \tag{2.22}$$

如果我们定义

$$\sum_{\sim\{x_2\}} h(x_1,x_2,x_3) \triangleq \sum_{x_1}\sum_{x_3} h(x_1,x_2,x_3) \tag{2.23}$$

则式(2.22)可写为

$$\tilde{g}(x_1) = f_A(x_1)\sum_{\sim\{x_1\}}\left(f_B(x_2)f_C(x_1,x_2,x_3)\cdot\sum_{\sim\{x_3\}}f_D(x_3,x_4)\cdot\sum_{\sim\{x_3\}}f_E(x_3,x_5)\right) \tag{2.24}$$

如果是求 $\tilde{g}(x_3)$，则将 x_1,x_2,x_4,x_5 作为变量时 $g(x_1,x_2,x_3,x_4,x_5)$ 的和函数为

$$\begin{aligned}\tilde{g}(x_3) &= \sum_{x_1,x_2,x_4,x_5} g(x_1,x_2,x_3,x_4,x_5)\\ &= \sum_{\sim\{x_3\}} f_A(x_1)f_B(x_2)f_C(x_1,x_2,x_3)\cdot\sum_{\sim\{x_3\}}f_D(x_3,x_4)\cdot\sum_{\sim\{x_3\}}f_E(x_3,x_5)\end{aligned} \tag{2.25}$$

推广到一般情况，$\tilde{g}(x_i)$ 为

$$\tilde{g}(x_i) = \sum_{x_j} g(x_1,x_2,\cdots,x_i,\cdots,x_N) \tag{2.26}$$

其中 $i\in\{1,2,\cdots,N\}$，$\forall j\in\{1,2,\cdots,N\}\backslash\{i\}$。

对式(2.24)或式(2.25)的直接计算复杂度较高，简化的思想是基于将一个复杂任务分解成多个小任务，每个小任务对应到因子图上就是一个函数节点。这使得其计算时不需要来自因子图其他部分的信息，且传送其计算结果仅由这些局部函数的自变量来承担，从而简化了计算。例如在式(2.24)的计算中，定义

$$f_{\mathrm{I}}(x_3) = \sum_{x_5} f_E(x_3,x_5) \tag{2.27a}$$

$$f_{\mathrm{II}}(x_3) = \sum_{x_4} f_D(x_3,x_4) \tag{2.27b}$$

$$f_{\mathrm{III}}(x_3) = f_{\mathrm{I}}(x_3)\cdot f_{\mathrm{II}}(x_3) \tag{2.27c}$$

可得到

$$f_{\mathrm{IV}}(x_1,x_2) = \sum_{x_3} f_C(x_1,x_2,x_3)f_{\mathrm{III}}(x_3) \tag{2.27d}$$

$$f_{\mathrm{V}}(x_1) = \sum_{x_2} f_B(x_2)f_{\mathrm{IV}}(x_1,x_2) \tag{2.27e}$$

最终得到边缘函数

$$\tilde{g}(x_1) = f_A(x_1)\cdot f_{\mathrm{V}}(x_1) \tag{2.27f}$$

2.5.4 和积算法

和积算法本质上就是一种消息传递算法，它可从全局函数计算出各个不同的边缘函数。在人工智能、信号处理和数字通信等领域中涉及的一些算法，比如前向/后向算法、迭代解码算法、贝叶斯网络的置信传播算法等，都可看作和积算法的应用实例。

我们在前面求出了边缘函数 $\tilde{g}(x_1)$，其因子图如图 2.15(a)所示。因子图只包含了变量与函数的对应关系，而运算关系并没有得到明确、具体的可视化，因此人们又提出了表达式树图(expression trees)的概念，$\tilde{g}(x_1)$ 的表达式树图如图 2.15(b)所示。

从因子图到表达式树图的转换，应注意以下几点：

- 因子图中的每个变量节点用乘积运算符“⊗”代替。
- 因子图中的函数节点用“⊗—■f”运算符代替。

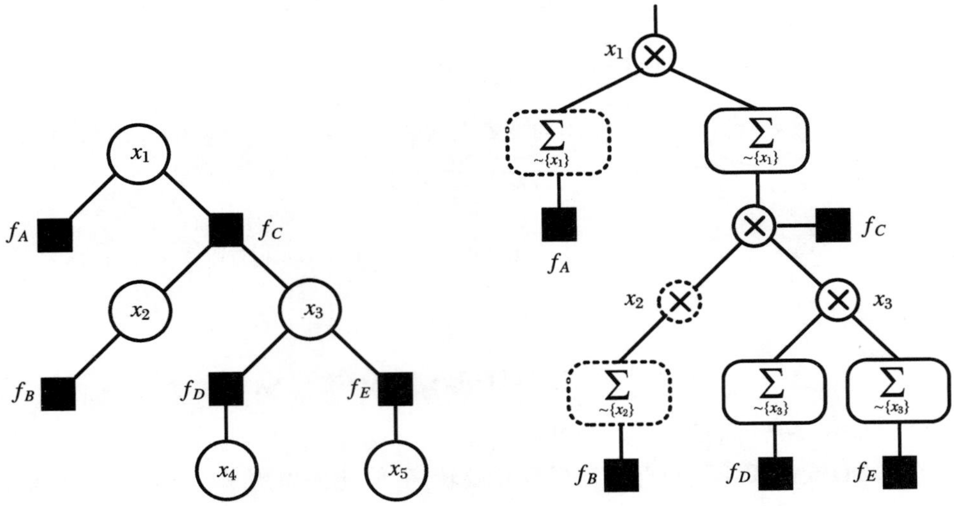

(a) 边缘函数$\tilde{g}(x_1)$的因子图　　(b) $\tilde{g}(x_1)$的表达式树图

图 2.15

- 在函数节点 f 和其父节点 x 之间插入“$\sum\limits_{\sim\{x\}}$”和式运算符。

没有操作对象的乘积运算符“⊗”可当作乘以 1 对待，或当它处在表达式树图的末端时，可以忽略；和式运算符“$\sum\limits_{\sim\{x\}}$”运用到只有一个自变量的函数中时，可以省略。

例如式(2.25)对应的因子图和表达式树图分别如图 2.16(a)和图 2.16(b)所示。

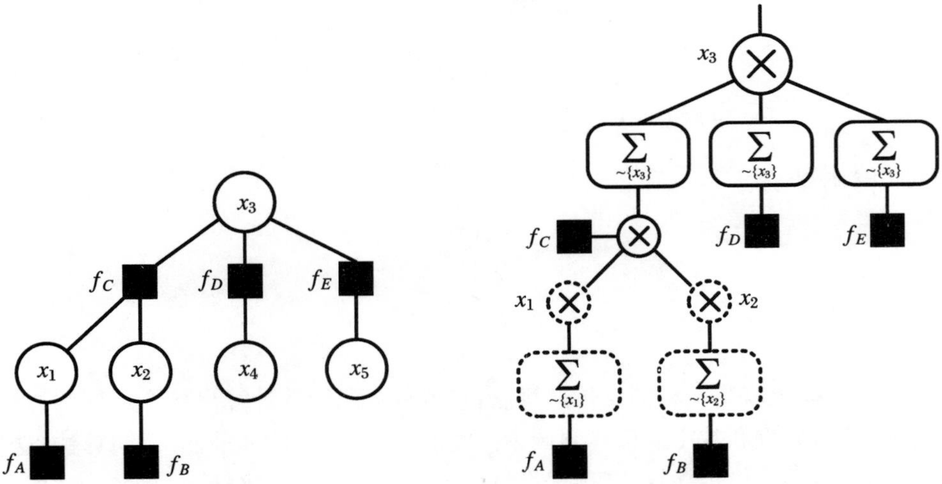

(a) 边缘函数$\tilde{g}(x_1)$的因子图　　(b) $\tilde{g}(x_1)$的表达式树图

图 2.16

在消息传递的过程中，需要计算不同的和与积，因此称为和积算法(Sum-Product Algorithm，SPA)，和积算法的更新如图 2.17 所示。

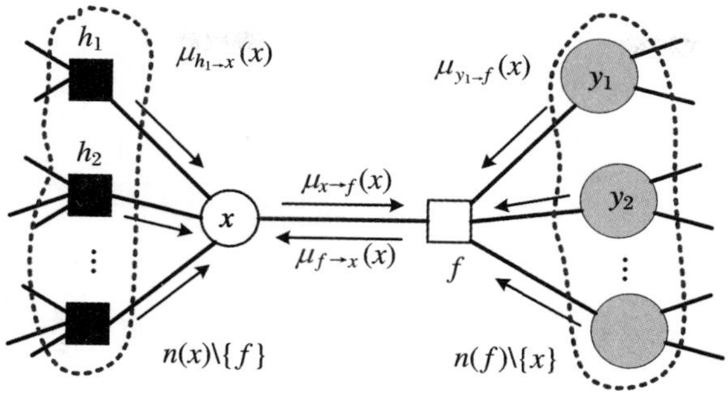

图 2.17 和积算法的消息更新

设 $\mu_{x\to f}(x)$表示从变量节点 x 到局部函数f 的消息,$\mu_{f\to x}(x)$表示从局部函数 f 到变量节点x 的消息,$n(v)$表示在因子图中给定节点 v 的邻居集合,则有

$$\mu_{x\to f}(x) = \prod_{h\in n(x)\backslash\{f\}} \mu_{h\to x}(x) \tag{2.28}$$

$$\mu_{f\to x}(x) = \sum_{\sim\{x\}} \Big(f(X)\cdot \prod_{y\in n(f)\backslash\{x\}} \mu_{y\to f}(x)\Big) \tag{2.29}$$

其中 $X=n(f)$是函数 f 的自变量集合。

例 2.5 在图 2.14(b)所示的因子图中,它对应的消息流如图 2.18 所示。

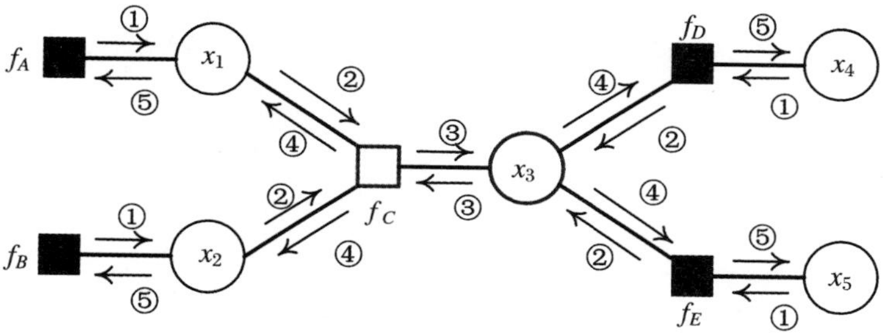

图 2.18 和积算法中的消息流

这些消息的产生有五步,在步骤①,局部函数节点 f_A 向变量节点x_1、f_B 向x_2 传送消息,变量节点 x_4 向局部函数节点 f_D、x_5 向 f_E 传送消息,分别为

$$\mu_{f_A\to x_1}(x_1) = \sum_{\sim\{x_1\}} f_A(x_1) = f_A(x_1)$$

$$\mu_{f_B\to x_2}(x_2) = \sum_{\sim\{x_2\}} f_B(x_2) = f_B(x_2)$$

$$\mu_{x_4\to f_D}(x_4) = 1$$

$$\mu_{x_5\to f_E}(x_5) = 1$$

在步骤②,变量节点 x_1 向局部函数节点 f_C、x_2 向 f_C 传送消息,局部函数节点 f_D 向变量节点x_3、f_E 向x_3 传送消息,分别为

$$\mu_{x_1\to f_C}(x_1) = \mu_{f_A\to x_1}(x_1)$$

$$\mu_{x_2\to f_C}(x_2) = \mu_{f_B\to x_2}(x_2)$$

$$\mu_{f_D\to x_3}(x_3) = \sum_{\sim\{x_3\}} (f_D(x_3,x_4)\cdot \mu_{x_4\to f_D}(x_4))$$

$$\mu_{f_E\to x_3}(x_3)=\sum_{\sim\{x_3\}}(f_E(x_3,x_5)\cdot\mu_{x_5\to f_E}(x_5))$$

在步骤③，f_C 向 x_3、x_3 向 f_C 传送消息，分别为

$$\mu_{f_C\to x_3}(x_3)=\sum_{\sim\{x_3\}}(f_C(x_1,x_2,x_3)\cdot\mu_{x_1\to f_C}(x_1)\cdot\mu_{x_2\to f_C}(x_2))$$

$$\mu_{x_3\to f_C}(x_3)=\mu_{f_D\to x_3}(x_3)\cdot\mu_{f_E\to x_3}(x_3)$$

步骤④：

$$\mu_{f_C\to x_1}(x_1)=\sum_{\sim\{x_1\}}(f_C(x_1,x_2,x_3)\cdot\mu_{x_3\to f_C}(x_3)\cdot\mu_{x_2\to f_C}(x_2))$$

$$\mu_{f_C\to x_2}(x_2)=\sum_{\sim\{x_2\}}(f_C(x_1,x_2,x_3)\cdot\mu_{x_3\to f_C}(x_3)\cdot\mu_{x_1\to f_C}(x_1))$$

$$\mu_{x_3\to f_D}(x_3)=\mu_{f_C\to x_3}(x_3)\cdot\mu_{f_E\to x_3}(x_3)$$

$$\mu_{x_3\to f_E}(x_3)=\mu_{f_C\to x_3}(x_3)\cdot\mu_{f_D\to x_3}(x_3)$$

步骤⑤：

$$\mu_{x_1\to f_A}(x_1)=\mu_{f_C\to x_1}(x_1)$$

$$\mu_{x_2\to f_B}(x_2)=\mu_{f_C\to x_2}(x_2)$$

$$\mu_{f_D\to x_4}(x_4)=\sum_{\sim\{x_4\}}(f_D(x_3,x_4)\cdot\mu_{x_3\to f_D}(x_3))$$

$$\mu_{f_E\to x_5}(x_5)=\sum_{\sim\{x_5\}}(f_E(x_3,x_5)\cdot\mu_{x_3\to f_E}(x_3))$$

我们计算某个边缘函数 $\tilde{g}(x_i)$，就等效为送给 x_i 所有消息的乘积，因此就可得到每个边缘函数，为

$$\tilde{g}(x_1)=\mu_{f_A\to x_1}(x_1)\cdot\mu_{f_C\to x_1}(x_1)$$

$$\tilde{g}(x_2)=\mu_{f_B\to x_2}(x_2)\cdot\mu_{f_C\to x_2}(x_2)$$

$$\tilde{g}(x_3)=\mu_{f_C\to x_3}(x_3)\cdot\mu_{f_D\to x_3}(x_3)\cdot\mu_{f_E\to x_3}(x_3)$$

$$\tilde{g}(x_4)=\mu_{f_D\to x_4}(x_4)$$

$$\tilde{g}(x_5)=\mu_{f_E\to x_5}(x_5)$$

本章小结

本章主要对基本信道模型及其信道容量、信道编码定理、硬判决与软判决译码、最大后验概率与最大似然算法、因子图与和积算法等做了简要的介绍，在后续课程内容学习中会经常用到这些概念。

习题

2.1 求以下离散信道的信道容量。

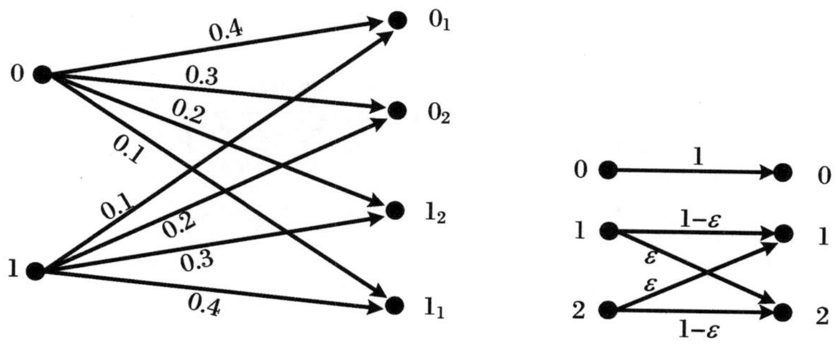

题图 2.1

2.2 证明在 AWGN 信道中，当信道带宽 B 持续增加时，信道容量 $C \to 1.44S/N_0$。

2.3 一个校验矩阵为 $\boldsymbol{H}=\begin{bmatrix}1&1&0&0&1&1&0&0\\0&1&1&1&0&1&0&0\\0&0&1&1&0&0&1&1\\1&0&0&1&0&1&1&0\end{bmatrix}$，请画出其 Tanner 图。

2.4 若全局函数可分解为若干个局部函数的乘积：

$$g(x_1,x_2,x_3,x_4,x_5)=f_A(x_1)f_B(x_1,x_2)f_C(x_2,x_3,x_4)f_D(x_4,x_5)$$

请画出因子图、边缘函数 $\tilde{g}(x_2)$ 的表达式树图，并写出 $\tilde{g}(x_2)$ 的表达式。

参考文献

[1] Cover T M, Thomas J A. Elements of information theory[M]. New York: John Wiley & Sons, Inc.,1991.

[2] 姜丹. 信息论与编码[M].2 版. 合肥:中国科学技术大学出版社,2004.

[3] Tanner R M. A recursive approach to low complexity codes[J]. IEEE Transactions on Information Theory,1981,27(5):533-547.

[4] Kschischang F R, Frey B R, Loeliger H A. Factor graphs and the sum: product algorithm[J]. IEEE Transactions on Information Theory,2001,47(2):498-519.

第 3 章　线性分组码

线性分组码是所有信道编码技术的基础，所以这一章主要对线性分组码的基本名词、生成矩阵、校验矩阵、如何编码和译码等内容进行阐述。

3.1　基本名词定义

• 分组码：将信息流分成固定长度为 k 的信息码元（block），并在信息码元后面添加 r 位校验码元，形成码长为 n 的编码序列，如图 3.1 所示，这种编码称为分组码，一般用 (n,k) 表示，编码码率 $R=k/n$。

• 线性分组码：若每个校验码元都是若干信息码元的某种线性组合，则这样的分组码称为线性分组码。

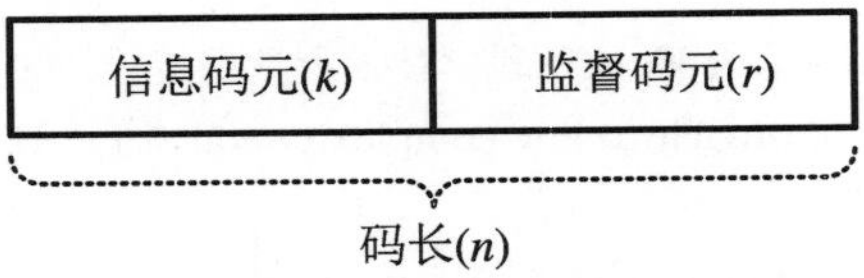

图 3.1　分组码的一般表示方式

• 汉明重量（Hamming weight）：指编码序列中非零码元的数目，也称为码重，记为 $w(\boldsymbol{c})$。

• 汉明距离（Hamming distance）：指两个等长编码序列之间对应位取值不同的数目，简称码距，记为 $d(\boldsymbol{c}_1,\boldsymbol{c}_2)$，可知 $d(\boldsymbol{c}_1,\boldsymbol{c}_2)=w(\boldsymbol{c}_1+\boldsymbol{c}_2)$，注意，这里“$\boldsymbol{c}_1+\boldsymbol{c}_2$”中的加号“+”是模加运算。

例如，码字 $\boldsymbol{c}_1=[1\quad 0\quad 1\quad 1]$，$\boldsymbol{c}_2=[0\quad 1\quad 0\quad 1]$，则 $w(\boldsymbol{c}_1)=3$，$w(\boldsymbol{c}_2)=2$，$d(\boldsymbol{c}_1,\boldsymbol{c}_2)=w(\boldsymbol{c})=3$，其中 $\boldsymbol{c}=\boldsymbol{c}_1+\boldsymbol{c}_2=[1\quad 0\quad 1\quad 1]+[0\quad 1\quad 0\quad 1]=[1\quad 1\quad 1\quad 0]$。

• 最小码距（$d_{\min}$）：指码集合中任意两个有效码字之间汉明距离的最小值，它关系着这种编码的检错和纠错能力。

(1) 为检测出 e 个错码，$d_{\min}\geqslant e+1$。

(2) 为纠正 t 个错码，$d_{\min}\geqslant 2t+1$。

(3) 为检测出 e 个错码，同时纠正 t 个错码，$d_{\min}\geqslant e+t+1$ 且 $e\geqslant t$。

例如，一个码集合，包含 3 个有效码字 C:($\boldsymbol{c}_1$,$\boldsymbol{c}_2$,$\boldsymbol{c}_3$)，其中 $\boldsymbol{c}_1=[1\quad 0\quad 1\quad 0]$，$\boldsymbol{c}_2=[0\quad 1\quad 0\quad 1]$，$\boldsymbol{c}_3=[1\quad 1\quad 1\quad 1]$，可计算出 $d(\boldsymbol{c}_1,\boldsymbol{c}_2)=4$，$d(\boldsymbol{c}_1,\boldsymbol{c}_3)=2$，$d(\boldsymbol{c}_2,\boldsymbol{c}_3)=2$，因此码集合的最小码距 $d_{\min}=2$，从而得出该码集合能够检错 1 位，但不具备纠错能力。

3.2　线性分组码的性质

线性分组码具有以下三个性质：

(1) 全零码字总是码集合中的一个有效码字。

(2) 码集合中任意两个有效码字之和仍然是该码集合中的一个有效码字。

(3) 码集合的最小码距，等于该码集合中非零码字的最小码重。

信道编码可表示为由编码前的信息码元空间 U^k 到编码后的码字空间 C^n 的一个映射 f，即 $f:U^k\to C^n$，编码码率为 $R=k/n$。

在二进制情况下，共有 2^k 个不同的信息组合，相应地，有 2^k 个不同的码字，称为许用码字，其余 2^n-2^k 个码字就称为禁用码字。

3.3　校验矩阵 *H* 和生成矩阵 *G*

下面以一个(7,4)线性分组码举例说明，其码字表示为

$$\boldsymbol{A}=[a_6\quad a_5\quad a_4\quad a_3\mid a_2\quad a_1\quad a_0] \tag{3.1}$$

其中前 4 位是信息码元，后 3 位是校验码元，且每一位校验码元都是前面若干信息码元的某种线性组合，不同的组合方式得到的码集合是不同的，其纠错和检错能力也是不同的。

例 3.1　我们定义约束方程组为

$$\begin{cases} a_2 = a_6 + a_5 + a_4 \\ a_1 = a_6 + a_5 + a_3 \\ a_0 = a_6 + a_4 + a_3 \end{cases} \tag{3.2}$$

一旦 4 位信息码元确定了，则相应的 3 位校验码元也是完全确定的。注意：式(3.2)所示的约束方程组是自己定义的，自己完全可以给出其他的约束定义，比如 $\begin{cases} a_2=a_6+a_5 \\ a_1=a_5+a_4 \\ a_0=a_4+a_3 \end{cases}$，只不过不同的约束，得到的码集合是不同的，因此，就可能会有不同的纠错能力。根据式(3.2)所示的约束关系，码集合中所有的码字可一一罗列，如表 3.1 所示。

表 3.1 一个(7,4)线性分组码集合中的所有有效码字

码字序号	信息码元				校验码元			码重
	a_6	a_5	a_4	a_3	a_2	a_1	a_0	
1	0	0	0	0	0	0	0	0
2	0	0	0	1	0	1	1	3
3	0	0	1	0	1	0	1	3
4	0	0	1	1	1	1	0	4
5	0	1	0	0	1	1	0	3
6	0	1	0	1	1	0	1	4
7	0	1	1	0	0	1	1	4
8	0	1	1	1	0	0	0	3
9	1	0	0	0	1	1	1	4
10	1	0	0	1	1	0	0	3
11	1	0	1	0	0	1	0	3
12	1	0	1	1	0	0	1	4
13	1	1	0	0	0	0	1	3
14	1	1	0	1	0	1	0	4
15	1	1	1	0	1	0	0	4
16	1	1	1	1	1	1	1	7

码长为 7 的二进制序列共有 $2^7=128$ 种不同的组合,但从以上码集合可以看出,有效码字只有 $2^4=16$ 个,其余 $2^7-2^4=128-16=112$ 种组合都是无效码字。比如第 1 号码字:0000000,一旦信息码元 0000 确定了,3 位校验码元 000 也完全确定,不会出现 0000001,0000010 等序列。再者,从表 3.1 中可以看出,除了全零码,其余非零码字的码重最小值为 3,可知该码集合的最小码重 $d_{\min}=3$,能够检错 2 位,纠错 1 位。

将式(3.2)所示的约束方程组变换一下形式,可得

$$\begin{cases}1\cdot a_6+1\cdot a_5+1\cdot a_4+0\cdot a_3+1\cdot a_2+0\cdot a_1+0\cdot a_0=0\\1\cdot a_6+1\cdot a_5+0\cdot a_4+1\cdot a_3+0\cdot a_2+1\cdot a_1+0\cdot a_0=0\\1\cdot a_6+0\cdot a_5+1\cdot a_4+1\cdot a_3+0\cdot a_2+0\cdot a_1+1\cdot a_0=0\end{cases}\tag{3.3}$$

这里要注意:将式(3.2)中某个码元移项时,如 $a_2=a_6+a_5+a_4$,不能出现 $a_6+a_5+a_4-a_2=0$,移项的操作相当于上式两边各加上该码元,且这种“加”是“模加”运算,即 $a_2+a_2=a_6+a_5+a_4+a_2=0$。如果某些码元没有出现,则对应的系数为 0,则可得到式(3.3)所示的约束方程组。将该方程组变换为矩阵形式,可得

$$\begin{bmatrix}1&1&1&0&1&0&0\\1&1&0&1&0&1&0\\1&0&1&1&0&0&1\end{bmatrix}\begin{bmatrix}a_6&a_5&a_4&a_3&a_2&a_1&a_0\end{bmatrix}^{\mathrm{T}}=\begin{bmatrix}0\\0\\0\end{bmatrix}\tag{3.4}$$

对式(3.4)进行解读:一个矩阵 $\boldsymbol{H}$ 乘以一个有效码字 $\boldsymbol{A}$ 的转置,其结果为零,即 $\boldsymbol{H}\cdot\boldsymbol{A}^{\mathrm{T}}=$

$\mathbf{0}^{\mathrm{T}}$，据此可作为接收码字是否出错的依据，如果接收的码字不是一个有效码字，则相乘的结果就不为零，因此

$$\boldsymbol{H}=\begin{bmatrix}1&1&1&0&1&0&0\\1&1&0&1&0&1&0\\1&0&1&1&0&0&1\end{bmatrix}\tag{3.5}$$

称为校验矩阵。将式(3.4)两边同时转置，可得

$$\boldsymbol{A}\cdot\boldsymbol{H}^{\mathrm{T}}=\mathbf{0}\tag{3.6}$$

矩阵 $\boldsymbol{H}$ 是一个 $r\times n$ 的矩阵，它的每行之间是线性无关的，将矩阵 $\boldsymbol{H}$ 分为两部分：

$$\boldsymbol{H}=\left[\begin{array}{cccc:ccc}1&1&1&0&1&0&0\\1&1&0&1&0&1&0\\1&0&1&1&0&0&1\end{array}\right]=[\boldsymbol{P}\quad \boldsymbol{I}_r]\tag{3.7}$$

能够写成如式(3.7)所示的校验矩阵称为典型校验矩阵($\boldsymbol{H}_{\mathrm{sys}}$)，其中 $\boldsymbol{P}=\begin{bmatrix}1&1&1&0\\1&1&0&1\\1&0&1&1\end{bmatrix}$ 是一个 $r\times k$ 阶的矩阵，$\boldsymbol{I}_r$ 是 r 阶的单位阵。如果校验矩阵 $\boldsymbol{H}$ 不是一个典型校验矩阵，可以通过初等行变换将它转换为典型校验矩阵。

例 3.2　将矩阵 $\boldsymbol{H}=\begin{bmatrix}0&0&1&0&1&1&1\\1&1&0&0&1&1&0\\1&0&0&1&0&1&1\end{bmatrix}$ 变换为典型校验矩阵 $\boldsymbol{H}_{\mathrm{sys}}$。

解　将矩阵 $\boldsymbol{H}$ 中的第 1 行＋第 2 行→第 2 行，就为：1110001，将矩阵 $\boldsymbol{H}$ 中第 1 行＋第 3 行→第 3 行，就为：1011100，此时矩阵为

$$\boldsymbol{H}'=\begin{bmatrix}0&0&1&0&1&1&1\\1&1&1&0&0&0&1\\1&0&1&1&1&0&0\end{bmatrix}$$

将矩阵 $\boldsymbol{H}'$ 中的第 1 行＋第 2 行＋第 3 行→第 1 行，就为：0111010，这时矩阵为

$$\boldsymbol{H}''=\begin{bmatrix}0&1&1&1&0&1&0\\1&1&1&0&0&0&1\\1&0&1&1&1&0&0\end{bmatrix}$$

将该矩阵的第 3 行移动到第 1 行，可得典型矩阵形式

$$\boldsymbol{H}_{\mathrm{sys}}=\begin{bmatrix}1&0&1&1&1&0&0\\0&1&1&1&0&1&0\\1&1&1&0&0&0&1\end{bmatrix}$$

将方程组(3.2)补充为下述方程组：

$$\begin{cases}a_6=a_6\\a_5=a_5\\a_4=a_4\\a_3=a_3\\a_2=a_6+a_5+a_4\\a_1=a_6+a_5+a_3\\a_0=a_6+a_4+a_3\end{cases}\tag{3.8}$$

再将式(3.8)写为矩阵形式：

$$\begin{bmatrix} a_6 \\ a_5 \\ a_4 \\ a_3 \\ a_2 \\ a_1 \\ a_0 \end{bmatrix} = \begin{bmatrix} 1 & 0 & 0 & 0 \\ 0 & 1 & 0 & 0 \\ 0 & 0 & 1 & 0 \\ 0 & 0 & 0 & 1 \\ 1 & 1 & 1 & 0 \\ 1 & 1 & 0 & 1 \\ 1 & 0 & 1 & 1 \end{bmatrix} \begin{bmatrix} a_6 \\ a_5 \\ a_4 \\ a_3 \end{bmatrix} \tag{3.9}$$

两边同时做转置，可得

$$\boldsymbol{A} = [a_6 \quad a_5 \quad a_4 \quad a_3] \begin{bmatrix} 1 & 0 & 0 & 0 & 1 & 1 & 1 \\ 0 & 1 & 0 & 0 & 1 & 1 & 0 \\ 0 & 0 & 1 & 0 & 1 & 0 & 1 \\ 0 & 0 & 0 & 1 & 0 & 1 & 1 \end{bmatrix} \tag{3.10}$$

其中$[a_6 \quad a_5 \quad a_4 \quad a_3]$是信息码元，一个信息码元序列和一个矩阵相乘得到编码序列，所以该矩阵

$$\boldsymbol{G} = \left[\begin{array}{cccc:ccc} 1 & 0 & 0 & 0 & 1 & 1 & 1 \\ 0 & 1 & 0 & 0 & 1 & 1 & 0 \\ 0 & 0 & 1 & 0 & 1 & 0 & 1 \\ 0 & 0 & 0 & 1 & 0 & 1 & 1 \end{array}\right] = [\boldsymbol{I}_k \quad \boldsymbol{Q}] \tag{3.11}$$

就称为生成矩阵，其中 $\boldsymbol{I}_k$ 是 k 阶单位阵，$\boldsymbol{Q} = \begin{bmatrix} 1 & 1 & 1 \\ 1 & 1 & 0 \\ 1 & 0 & 1 \\ 0 & 1 & 1 \end{bmatrix}$。能够写为式(3.11)所示的生成矩阵称为典型生成矩阵($\boldsymbol{G}_{\text{sys}}$)。如果生成矩阵 $\boldsymbol{G}$ 不是一个典型生成矩阵，可通过初等行变换将其变换为典型生成矩阵，这与前面典型校验矩阵的变换情况类似。

从得到式(3.7)和式(3.11)的过程可知，它们都是从式(3.2)所示的约束方程组变换而来的，具有 $\boldsymbol{Q} = \boldsymbol{P}^{\mathrm{T}}$ 的特性。这样，已知典型的校验矩阵或生成矩阵，就很容易得到典型的生成矩阵或校验矩阵。

3.4 线性分组码的编码

如果已经知道了生成矩阵 $\boldsymbol{G}$，对于给定的信息序列，则很容易得到对应的编码序列。

例 3.3 已知生成矩阵 $\boldsymbol{G} = \begin{bmatrix} 1 & 0 & 0 & 0 & 1 & 1 & 1 \\ 0 & 1 & 0 & 0 & 1 & 1 & 0 \\ 0 & 0 & 1 & 0 & 1 & 0 & 1 \\ 0 & 0 & 0 & 1 & 0 & 1 & 1 \end{bmatrix}$，信息序列 $\boldsymbol{M} = [1 \quad 0 \quad 1 \quad 1]$，则编码序列为

$$A = M \cdot G = [1 \quad 0 \quad 1 \quad 1]\begin{bmatrix} 1 & 0 & 0 & 0 & 1 & 1 & 1 \\ 0 & 1 & 0 & 0 & 1 & 1 & 0 \\ 0 & 0 & 1 & 0 & 1 & 0 & 1 \\ 0 & 0 & 0 & 1 & 0 & 1 & 1 \end{bmatrix} = [1 \quad 0 \quad 1 \quad 1 \quad 0 \quad 0 \quad 1]$$

用典型生成矩阵得到的编码码字称为系统码(没有特别说明,本章假设编码序列均是系统码形式),其特点是前面 k 位就是信息码元,优点是在接收端便于提取出信息码元。

一旦生成矩阵确定了,就可得到整个码集合,还可获悉该码的最小码距 $d_{\min}$,从而进一步知道该码的纠错、检错能力。

例 3.4　已知校验矩阵 $H = \begin{bmatrix} 1 & 0 & 0 & 1 & 1 & 1 \\ 0 & 1 & 0 & 0 & 1 & 1 \\ 0 & 0 & 1 & 1 & 0 & 1 \end{bmatrix}$,试求:

(1) 典型的校验矩阵 H_{sys} 和典型的生成矩阵 G_{sys};

(2) 码集合的所有有效码字;

(3) 该码的最小码距 $d_{\min}$ 和纠错、检错能力。

解　校验矩阵 H 是一个 $r \times n$ 的矩阵,所以这是一个(6,3)线性分组码。观察这个 H 矩阵,其形式具有一定的迷惑性,因为它前面是一个3阶单位阵,但我们要求典型校验矩阵的形式为 $H_{sys} = [P \quad I_r]$,即 r 阶单位阵的位置必须在矩阵的后半部分。

(1) 通过初等行变换,首先将矩阵 H 变换为 H_{sys}:

$$H = \begin{bmatrix} 1 & 0 & 0 & 1 & 1 & 1 \\ 0 & 1 & 0 & 0 & 1 & 1 \\ 0 & 0 & 1 & 1 & 0 & 1 \end{bmatrix} \xrightarrow{①+②\to②} \begin{bmatrix} 1 & 0 & 0 & 1 & 1 & 1 \\ 1 & 1 & 0 & 1 & 0 & 0 \\ 0 & 0 & 1 & 1 & 0 & 1 \end{bmatrix}$$

$$\xrightarrow{①+③\to③} \begin{bmatrix} 1 & 0 & 0 & 1 & 1 & 1 \\ 1 & 1 & 0 & 1 & 0 & 0 \\ 1 & 0 & 1 & 0 & 1 & 0 \end{bmatrix} \xrightarrow{①+②+③\to①} \begin{bmatrix} 1 & 1 & 1 & 0 & 0 & 1 \\ 1 & 1 & 0 & 1 & 0 & 0 \\ 1 & 0 & 1 & 0 & 1 & 0 \end{bmatrix}$$

$$\xrightarrow{\text{第①行移到第③行}} \begin{bmatrix} 1 & 1 & 0 & 1 & 0 & 0 \\ 1 & 0 & 1 & 0 & 1 & 0 \\ 1 & 1 & 1 & 0 & 0 & 1 \end{bmatrix} = H_{sys}$$

根据 G_{sys} 和 H_{sys} 的内在关系,很容易得到

$$G_{sys} = \begin{bmatrix} 1 & 0 & 0 & 1 & 1 & 1 \\ 0 & 1 & 0 & 1 & 0 & 1 \\ 0 & 0 & 1 & 0 & 1 & 1 \end{bmatrix}$$

(2) 因为是一个(6,3)线性分组码,信息码元 k 为3位,所以共有 $2^3 = 8$ 种不同的组合,结合 G_{sys},可得到该码集合的8个有效码字。

$$A = \begin{bmatrix} 0 & 0 & 0 \\ 0 & 0 & 1 \\ 0 & 1 & 0 \\ 0 & 1 & 1 \\ 1 & 0 & 0 \\ 1 & 0 & 1 \\ 1 & 1 & 0 \\ 1 & 1 & 1 \end{bmatrix} \cdot \begin{bmatrix} 1 & 0 & 0 & 1 & 1 & 1 \\ 0 & 1 & 0 & 1 & 0 & 1 \\ 0 & 0 & 1 & 0 & 1 & 1 \end{bmatrix} = \begin{bmatrix} 0 & 0 & 0 & 0 & 0 & 0 \\ 0 & 0 & 1 & 0 & 1 & 1 \\ 0 & 1 & 0 & 1 & 0 & 1 \\ 0 & 1 & 1 & 1 & 1 & 0 \\ 1 & 0 & 0 & 1 & 1 & 1 \\ 1 & 0 & 1 & 1 & 0 & 0 \\ 1 & 1 & 0 & 0 & 1 & 0 \\ 1 & 1 & 1 & 0 & 0 & 1 \end{bmatrix}$$

友情提示：在上面的矩阵相乘时，一定不要将左边矩阵的每一位与右边矩阵的对应位相乘相加，这样的处理方式容易出错，简便的方法是将生成矩阵中 $\boldsymbol{G}_{sys}$ 的每一行当作一个行向量，信息码元中哪一位为“1”，就对应于生成矩阵中哪个行向量参与模加运算。比如：信息码元为[0 1 1]，对应于生成矩阵的第 2 行和第 3 行做模加运算，即[0 1 0 1 0 1]+[0 0 1 0 1 1]=[0 1 1 1 1 0]。

(3) 观察前面得到的码集合，可知除了全零码，其余有效码字的码重最小值为 3，则该码集合的最小码重 $d_{min}=3$。该码具有检错 2 位，或纠错 1 位，或纠错 1 位同时检错 1 位的能力。

(n,k)线性分组码生成矩阵的一般表示方式[1]为

$$\boldsymbol{G}_{k\times n}=\begin{bmatrix}\boldsymbol{g}_{k-1}\\ \boldsymbol{g}_{k-2}\\ \vdots\\ \boldsymbol{g}_0\end{bmatrix}=\begin{bmatrix}g_{k-1,0} & g_{k-1,1} & \cdots & g_{k-1,n-1}\\ g_{k-2,0} & g_{k-2,1} & \cdots & g_{k-2,n-1}\\ \vdots & \vdots & \ddots & \vdots\\ g_{0,0} & g_{0,1} & \cdots & g_{0,n-1}\end{bmatrix} \tag{3.12}$$

k 位信息序列 $\boldsymbol{M}$ 可表示为

$$\boldsymbol{M}_{1\times k}=[m_{k-1}\quad m_{k-2}\quad\cdots\quad m_0] \tag{3.13}$$

编码序列可表示为

$$\begin{aligned}\boldsymbol{A}_{1\times n}=\boldsymbol{M}_{1\times k}\cdot\boldsymbol{G}_{k\times n}&=[m_{k-1}\quad m_{k-2}\quad\cdots\quad m_0]\cdot\begin{bmatrix}\boldsymbol{g}_{k-1}\\ \boldsymbol{g}_{k-2}\\ \vdots\\ \boldsymbol{g}_0\end{bmatrix}\\ &=m_{k-1}\cdot\boldsymbol{g}_{k-1}+m_{k-2}\cdot\boldsymbol{g}_{k-2}+\cdots+m_0\cdot\boldsymbol{g}_0\end{aligned} \tag{3.14}$$

由式(3.14)可以看出，一个编码序列是生成矩阵 $\boldsymbol{G}$ 中各行向量的线性组合，且每个行向量也都是一个有效的编码序列。

例 3.5 一个(6,3)线性分组码的生成矩阵为 $\boldsymbol{G}=\begin{bmatrix}1&1&1&0&0&1\\1&1&0&1&1&0\\1&0&1&0&1&0\end{bmatrix}$，求：

(1) 典型生成矩阵 $\boldsymbol{G}_{sys}$；

(2) 列出由 $\boldsymbol{G}$ 得到的所有有效码字；

(3) 列出由 $\boldsymbol{G}_{sys}$ 得到的所有有效码字；

(4) 比较(2)和(3)的结果，说明什么问题？

解 (1) 通过矩阵的初等行变换，我们可得到典型生成矩阵为

$$\boldsymbol{G}_{sys}=\begin{bmatrix}1&0&0&1&0&1\\0&1&0&0&1&1\\0&0&1&1&1&1\end{bmatrix}$$

(2) 由 $\boldsymbol{G}$ 可得到 8 个有效码字，分别对应于信息序列 000～111，为

000000， 101010， 110110， 011100， 111001， 010011， 001111， 100101

(3) 由 $\boldsymbol{G}_{sys}$ 得到的 8 个有效码字为

000000， 001111， 010011， 011100， 100101， 101010， 110110， 111001

(4) 通过观察(2)和(3)的结果，我们发现由生成矩阵 $\boldsymbol{G}$ 和 $\boldsymbol{G}_{sys}$ 得到的码集合是相同的，只不过相同的码字对应着不同的信息序列。

例 3.6 一个(6,3)线性分组码的生成矩阵为 $G=\begin{bmatrix}1&1&1&0&0&1\\1&1&0&1&1&0\\1&0&1&0&1&0\end{bmatrix}$,求:

(1) 运用列变换和行变换求出典型生成矩阵 G_{sys};

(2) 列出由 G 得到的所有有效码字;

(3) 列出由 G_{sys} 得到的所有有效码字;

(4) 比较(2)和(3)的结果,说明什么问题?

解 (1) 通过矩阵的列变换,可得到典型生成矩阵为

$$G_{sys}=\begin{bmatrix}1&0&0&1&1&1\\0&1&0&0&1&1\\0&0&1&1&0&1\end{bmatrix}$$

(2) 由 G 可得到 8 个有效码字,分别对应于信息序列 000～111,为

000000, 101010, 110110, 011100, 111001, 010011, 001111, 100101

(3) 由 G_{sys} 得到的 8 个有效码字为

000000, 001101, 010011, 011110, 100111, 101010, 110100, 111001

(4) 可以看出,由这两个生成矩阵得到的有效码字是不同的。在线性代数知识中,我们知道,解线性方程组只能用初等行变换,才能保证同解,求矩阵的逆矩阵也只能用初等行变换(如左右式 $A|E$)。

由式(3.14)可知,生成矩阵 G,通过初等行变换,比如交换某两行 $g_{k-1}\leftrightarrow g_{k-2}$,如式(3.15)所示,根据 G' 得到的编码集合仍是这些矩阵行向量 g_0～g_{k-1} 的线性组合,相当于信息序列中交换码元 m_{k-1} 和 m_{k-2} 的位置,再与生成矩阵 G 相乘,如式(3.16)所示,可见两式具有相同的计算结果。

$$\begin{aligned}A'_{1\times n}&=M_{1\times k}\cdot G'_{k\times n}=[m_{k-1}\quad m_{k-2}\quad\cdots\quad m_0]\cdot\begin{bmatrix}g_{k-2}\\g_{k-1}\\\vdots\\g_0\end{bmatrix}\\&=m_{k-1}\cdot g_{k-2}+m_{k-2}\cdot g_{k-1}+\cdots+m_0\cdot g_0\end{aligned}\tag{3.15}$$

$$\begin{aligned}A''_{1\times n}&=M'_{1\times k}\cdot G_{k\times n}=[m_{k-2}\quad m_{k-1}\quad\cdots\quad m_0]\cdot\begin{bmatrix}g_{k-1}\\g_{k-2}\\\vdots\\g_0\end{bmatrix}\\&=m_{k-2}\cdot g_{k-1}+m_{k-1}\cdot g_{k-2}+\cdots+m_0\cdot g_0\end{aligned}\tag{3.16}$$

在式(3.12)所示的生成矩阵 G 中,编码集合可计算为

$$\begin{aligned}A&=[m_{k-1}\quad m_{k-2}\quad\cdots\quad m_0]\cdot\begin{bmatrix}g_{k-1,0}&g_{k-1,1}&\cdots&g_{k-1,n-1}\\g_{k-2,0}&g_{k-2,1}&\cdots&g_{k-2,n-1}\\\vdots&\vdots&\ddots&\vdots\\g_{0,0}&g_{0,1}&\cdots&g_{0,n-1}\end{bmatrix}\\&=[m_{k-1}g_{k-1,0}+m_{k-2}g_{k-2,0}+\cdots+m_0g_{0,0}\quad m_{k-1}g_{k-1,1}+m_{k-2}g_{k-2,1}+\cdots+m_0g_{0,1}\quad\cdots]\end{aligned}\tag{3.17}$$

交换 $\boldsymbol{G}$ 中前两列变为 $\boldsymbol{G}'$，得

$$\boldsymbol{G}'_{k\times n}=\begin{bmatrix} g_{k-1,1} & g_{k-1,0} & \cdots & g_{k-1,n-1} \\ g_{k-2,1} & g_{k-2,0} & \cdots & g_{k-2,n-1} \\ \vdots & \vdots & \ddots & \vdots \\ g_{0,1} & g_{0,0} & \cdots & g_{0,n-1} \end{bmatrix} \tag{3.18}$$

编码集合可计算为

$$\begin{aligned} \boldsymbol{A}' &= [m_{k-1} \quad m_{k-2} \quad \cdots \quad m_0]\cdot \begin{bmatrix} g_{k-1,1} & g_{k-1,0} & \cdots & g_{k-1,n-1} \\ g_{k-2,1} & g_{k-2,0} & \cdots & g_{k-2,n-1} \\ \vdots & \vdots & \ddots & \vdots \\ g_{0,1} & g_{0,0} & \cdots & g_{0,n-1} \end{bmatrix} \\ &= [m_{k-1}g_{k-1,1}+m_{k-2}g_{k-2,1}+\cdots+m_0g_{0,1} \quad m_{k-1}g_{k-1,0}+m_{k-2}g_{k-2,0}+\cdots+m_0g_{0,0} \quad \cdots] \end{aligned} \tag{3.19}$$

比较式(3.17)和式(3.19)可见，$\boldsymbol{A}$ 和 $\boldsymbol{A}'$ 不是相同的码集合。

因此，可以这样理解：生成矩阵中初等行变换对应于信息序列的对应变换，而列变换改变了校验方程。

例 3.7 已知线性分组码的生成矩阵为 $\boldsymbol{G}$，校验矩阵为 $\boldsymbol{H}$，证明 $\boldsymbol{G}\cdot\boldsymbol{H}^{\mathrm{T}}=\boldsymbol{0}$。

证明 由式(3.12)可知，生成矩阵

$$\boldsymbol{G}=\begin{bmatrix} \boldsymbol{g}_{k-1} \\ \boldsymbol{g}_{k-2} \\ \vdots \\ \boldsymbol{g}_0 \end{bmatrix}=\begin{bmatrix} g_{k-1,0} & g_{k-1,1} & \cdots & g_{k-1,n-1} \\ g_{k-2,0} & g_{k-2,1} & \cdots & g_{k-2,n-1} \\ \vdots & \vdots & \ddots & \vdots \\ g_{0,0} & g_{0,1} & \cdots & g_{0,n-1} \end{bmatrix}$$

矩阵 $\boldsymbol{G}$ 中的每个行向量 $\boldsymbol{g}_i$ 都是码集合中的一个有效码字，根据校验矩阵 $\boldsymbol{H}$ 的性质可知，$\boldsymbol{g}_i\cdot\boldsymbol{H}^{\mathrm{T}}=\boldsymbol{0}$，因此 $\boldsymbol{G}\cdot\boldsymbol{H}^{\mathrm{T}}=\boldsymbol{0}$。

前面学习了由生成矩阵 $\boldsymbol{G}$ 得到编码集合(共有 2^k 个码字)的过程，下面观察一下由校验矩阵 $\boldsymbol{H}$ 作为生成矩阵得到的编码集合(共有 2^{n-k} 个码字)具有怎样的性质。

例 3.8 假设一个生成矩阵如式(3.11)所示，为

$$\boldsymbol{G}=\begin{bmatrix} 1 & 0 & 0 & 0 & 1 & 1 & 1 \\ 0 & 1 & 0 & 0 & 1 & 1 & 0 \\ 0 & 0 & 1 & 0 & 1 & 0 & 1 \\ 0 & 0 & 0 & 1 & 0 & 1 & 1 \end{bmatrix}$$

由该生成矩阵，我们可以得到一个编码集合，如表 3.1 所示，为方便观察，重新整理为表 3.2。

表 3.2 由式(3.11)所示的生成矩阵 G 得到的编码集合

码字序号	编码码字	码字序号	编码码字
1	0000000	9	1000111
2	0001011	10	1001100
3	0010101	11	1010010
4	0011110	12	1011001
5	0100110	13	1100001

续表

码字序号	编码码字	码字序号	编码码字
6	0101101	14	1101010
7	0110011	15	1110100
8	0111000	16	1111111

生成矩阵 $\boldsymbol{G}$ 对应的校验矩阵为 $\boldsymbol{H}=\begin{bmatrix}1&1&1&0&1&0&0\\1&1&0&1&0&1&0\\1&0&1&1&0&0&1\end{bmatrix}$，把该校验矩阵当作生成矩阵得到的码集合如表 3.3 所示。

表 3.3　由校验矩阵 H 得到的码集合

码字序号	编码码字	码字序号	编码码字
1	0000000	5	1110100
2	1011001	6	0101101
3	1101010	7	0011110
4	0110011	8	1000111

表 3.2 所示码集合中的任一码字(例如序号 14 的码字 $\boldsymbol{a}$)都与表 3.3 所示码集合中的任一码字(例如序号 6 的码字 $\boldsymbol{b}$)正交，即

$$\boldsymbol{a}=[1\quad 1\quad 0\quad 1\quad 0\quad 1\quad 0],\quad \boldsymbol{b}=[0\quad 1\quad 0\quad 1\quad 1\quad 0\quad 1]$$

则两个向量的内积 $\boldsymbol{a}\cdot\boldsymbol{b}^{\mathrm{T}}=0$。

码长 n 的空间维度为 n 维，由生成矩阵 $\boldsymbol{G}$ 得到的编码集合 C 子空间为 k 维(是 (n,k) 的线性分组码，共有 2^k 个码字)，由校验矩阵 $\boldsymbol{H}$ 得到的编码集合 $C^{\perp}$ 子空间为 $n-k$ 维(可看作 $(n,n-k)$ 的线性分组码，共有 2^{n-k} 个码字)，C 和 $C^{\perp}$ 互为对偶码。

3.5　线性分组码的译码

3.5.1　校正子 S 和错误图样 E

发送端生成的编码序列 $\boldsymbol{A}$(由信息序列 $\boldsymbol{M}$ 生成的系统码)经过信道后，受噪声和干扰的影响可能会造成传输错误($\boldsymbol{E}$)，导致接收端接收到的码序列为 $\boldsymbol{B}$，如图 3.2 所示。

因此，接收序列 $\boldsymbol{B}$ 为

$$\boldsymbol{B}=\boldsymbol{A}+\boldsymbol{E}\tag{3.20}$$

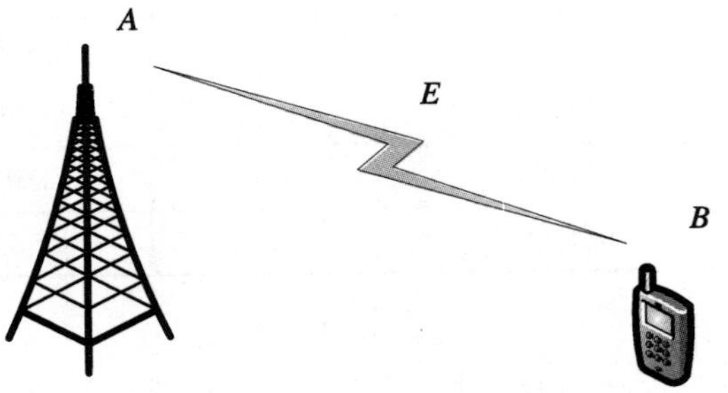

图 3.2 发送序列和接收序列示意图

错误图样 $\boldsymbol{E}=[e_{n-1} \quad e_{n-2} \quad \cdots \quad e_1 \quad e_0]$和序列 $\boldsymbol{A}$,$\boldsymbol{B}$ 都是 $1\times n$ 的行向量,其中

$$e_i=\begin{cases}0, & b_i=a_i\\1, & b_i\neq a_i\end{cases} \tag{3.21}$$

在接收端,$\boldsymbol{B}$ 是接收到的序列,是已知量,生成矩阵 $\boldsymbol{G}$ 或校验矩阵 $\boldsymbol{H}$ 是系统设计参数,也是已知的,译码的任务就是根据这些已知信息,恢复出发送序列 $\boldsymbol{A}$,并进而得到原始发送的信息序列 $\boldsymbol{M}$。从式(3.20)可见,如果求出序列 $\boldsymbol{E}$,则发送序列 $\boldsymbol{A}$ 就可求解出来:

$$\boldsymbol{A}=\boldsymbol{B}+\boldsymbol{E} \tag{3.22}$$

注意:式(3.22)不要写为 $\boldsymbol{A}=\boldsymbol{B}-\boldsymbol{E}$,因为这里的运算都是模加运算。

定义伴随式(或称为校正子)$\boldsymbol{S}$ 为

$$\boldsymbol{S}\triangleq\boldsymbol{B}\cdot\boldsymbol{H}^{\mathrm{T}} \tag{3.23}$$

根据式(3.20)对式(3.23)进行化简,得

$$\boldsymbol{S}=\boldsymbol{B}\cdot\boldsymbol{H}^{\mathrm{T}}=(\boldsymbol{A}+\boldsymbol{E})\cdot\boldsymbol{H}^{\mathrm{T}}=\boldsymbol{A}\cdot\boldsymbol{H}^{\mathrm{T}}+\boldsymbol{E}\cdot\boldsymbol{H}^{\mathrm{T}}=\boldsymbol{E}\cdot\boldsymbol{H}^{\mathrm{T}} \tag{3.24}$$

在式(3.24)的简化计算过程中,虽然 $\boldsymbol{A}$ 是未知的,但我们知道它是一个有效码字,因此 $\boldsymbol{A}\cdot\boldsymbol{H}^{\mathrm{T}}=\boldsymbol{0}$。由于 $\boldsymbol{B}$ 和 $\boldsymbol{H}$ 都是已知信息,所以 $\boldsymbol{S}$ 可由式(3.23)求出。现在问题是:$\boldsymbol{S}=\boldsymbol{E}\cdot\boldsymbol{H}^{\mathrm{T}}$ 中 $\boldsymbol{S}$ 和 $\boldsymbol{H}$ 都是已知的,$\boldsymbol{E}$ 容易求解吗?答案是否定的,因为 $\boldsymbol{S}$ 是 $1\times r$ 的行向量,有 2^r 种不同的组合;$\boldsymbol{E}$ 是 $1\times n$ 的行向量,有 2^n 种不同的组合,由于 $n>r$,就会有很多个不同的 $\boldsymbol{E}$ 对应于同一个 $\boldsymbol{S}$,因此,从 $\boldsymbol{S}\rightarrow\boldsymbol{E}$ 的映射不是唯一的,无法求出 $\boldsymbol{E}$。

如何找到与 $\boldsymbol{S}$ 一一对应的 $\boldsymbol{E}$ 呢?这里就要运用到最大似然准则,即选择与 $\boldsymbol{B}$ 最相似的 $\boldsymbol{A}$。从几何意义上来说,就是选择与 $\boldsymbol{B}$ 汉明距离最小的码字,即错误图样 $\boldsymbol{E}$ 中"1"码最少。

例 3.9 已知 $\boldsymbol{B}=[1 \quad 0 \quad 1 \quad 0 \quad 1 \quad 0 \quad 1]$,$\boldsymbol{H}=\begin{bmatrix}1&0&1&1&1&0&0\\0&1&1&1&0&1&0\\1&1&1&0&0&0&1\end{bmatrix}$,则

$$\boldsymbol{S}=\boldsymbol{B}\cdot\boldsymbol{H}^{\mathrm{T}}=[1 \quad 0 \quad 1 \quad 0 \quad 1 \quad 0 \quad 1]\cdot\begin{bmatrix}1&0&1\\0&1&1\\1&1&1\\1&1&0\\1&0&0\\0&1&0\\0&0&1\end{bmatrix}=[1 \quad 1 \quad 1]$$

同时,根据 $\boldsymbol{S}=\boldsymbol{E}\cdot\boldsymbol{H}^{\mathrm{T}}$,可知当 $\boldsymbol{E}_1=[0 \quad 0 \quad 1 \quad 0 \quad 0 \quad 0 \quad 0]$,$\boldsymbol{E}_2=$

[1　0　0　0　0　1　0]，E_3 = [0　1　0　0　1　0　0]，E_4 = [0　0　0　1　0　0　1]等序列时，都能满足 S = [1　1　1]的要求，但根据最大似然准则，只有 E_1 = [0　0　1　0　0　0　0]的码重最小，因此 E_1 就是与 S = [1　1　1]相对应的错误图样 E。

当已知校验矩阵 H 时，就可构造出校正子 S 与错误图样 E 的一一映射关系。

例 3.10　已知 $H = \begin{bmatrix} 1 & 0 & 1 & 1 & 1 & 0 & 0 \\ 0 & 1 & 1 & 1 & 0 & 1 & 0 \\ 1 & 1 & 1 & 0 & 0 & 0 & 1 \end{bmatrix}$，根据 $S = E \cdot H^T$，有

$$[s_2 \quad s_1 \quad s_0] = [e_6 \quad e_5 \quad e_4 \quad e_3 \quad e_2 \quad e_1 \quad e_0] \cdot \begin{bmatrix} 1 & 0 & 1 \\ 0 & 1 & 1 \\ 1 & 1 & 1 \\ 1 & 1 & 0 \\ 1 & 0 & 0 \\ 0 & 1 & 0 \\ 0 & 0 & 1 \end{bmatrix}$$

当$[s_2 \quad s_1 \quad s_0]$ = [0　0　0]时，E = [0　0　0　0　0　0　0]，[1　0　1　0　0　1　0]，[1　0　0　0　1　0　1]或[0　1　0　0　0　1　1]等序列均满足计算要求，但根据最大似然准则，选择码重最小的 E = [0　0　0　0　0　0　0]与 S = [0　0　0]对应。同理，当$[s_2 \quad s_1 \quad s_0]$ = [0　0　1]时，E = [0　0　0　0　0　0　1]，[1　0　0　0　1　0　0]，[0　1　0　0　0　1　0]或[0　0　1　1　0　0　0]等序列均满足计算要求，但选择 E = [0　0　0　0　0　0　1]与 S = [0　0　1]对应。这样，我们就可构造出校正子 S 与错误图样 E 的一一映射关系，如表 3.4 所示。

表 3.4　校正子 S 与错误图样 E 的一一映射

序号	S			E						
	s_2	s_1	s_0	e_6	e_5	e_4	e_3	e_2	e_1	e_0
0	0	0	0	0	0	0	0	0	0	0
1	0	0	1	0	0	0	0	0	0	1
2	0	1	0	0	0	0	0	0	1	0
3	0	1	1	0	1	0	0	0	0	0
4	1	0	0	0	0	0	0	1	0	0
5	1	0	1	1	0	0	0	0	0	0
6	1	1	0	0	0	0	1	0	0	0
7	1	1	1	0	0	1	0	0	0	0

可以看出，伴随式 S 的 2^r 种组合分别代表接收序列 B 中无错和 $2^r - 1$ 种有错的图样。

例 3.11　采用例 3.10 中的校验矩阵 $H = \begin{bmatrix} 1 & 0 & 1 & 1 & 1 & 0 & 0 \\ 0 & 1 & 1 & 1 & 0 & 1 & 0 \\ 1 & 1 & 1 & 0 & 0 & 0 & 1 \end{bmatrix}$，若接收序列 B =

[1 0 1 0 1 0 1]，求原始发送的信息序列 $\boldsymbol{M}$。

解 由 $\boldsymbol{S}=\boldsymbol{B}\cdot\boldsymbol{H}^{\mathrm{T}}$，有

$$\boldsymbol{S}=\begin{bmatrix}1&0&1&0&1&0&1\end{bmatrix}\cdot\begin{bmatrix}1&0&1\\0&1&1\\1&1&1\\1&1&0\\1&0&0\\0&1&0\\0&0&1\end{bmatrix}=\begin{bmatrix}1&1&1\end{bmatrix}$$

由表 3.4 的 $\boldsymbol{S}$ 与 $\boldsymbol{E}$ 的映射关系，可知与 $\boldsymbol{S}=[1\ 1\ 1]$ 对应的 $\boldsymbol{E}=[0\ 0\ 1\ 0\ 0\ 0\ 0]$，发送的码序列 $\boldsymbol{A}=\boldsymbol{B}+\boldsymbol{E}=[1\ 0\ 1\ 0\ 1\ 0\ 1]+[0\ 0\ 1\ 0\ 0\ 0\ 0]=[1\ 0\ 0\ 0\ 1\ 0\ 1]$。

由于校验矩阵 $\boldsymbol{H}$ 是 $r\times n$ 矩阵，可知信息码元位数 $k=4$，则 $\boldsymbol{A}$ 序列前 4 位就是信息序列 $\boldsymbol{M}=[1\ 0\ 0\ 0]$。

例 3.12 采用例 3.4 中的校验矩阵 $\boldsymbol{H}=\begin{bmatrix}1&0&0&1&1&1\\0&1&0&0&1&1\\0&0&1&1&0&1\end{bmatrix}$，求：

(1) 校正子 $\boldsymbol{S}$ 与错误图样 $\boldsymbol{E}$ 的一一映射关系；

(2) 当接收序列 $\boldsymbol{B}=[1\ 0\ 1\ 0\ 1\ 0]$ 时，求原始发送的信息序列 $\boldsymbol{M}$。

解 (1) 由例 3.4 可知，典型的校验矩阵为

$$\boldsymbol{H}_{\text{sys}}=\begin{bmatrix}1&1&0&1&0&0\\1&0&1&0&1&0\\1&1&1&0&0&1\end{bmatrix}$$

根据 $\boldsymbol{S}=\boldsymbol{E}\cdot\boldsymbol{H}^{\mathrm{T}}$，有

$$\begin{bmatrix}s_2&s_1&s_0\end{bmatrix}=\begin{bmatrix}e_5&e_4&e_3&e_2&e_1&e_0\end{bmatrix}\cdot\begin{bmatrix}1&1&1\\1&0&1\\0&1&1\\1&0&0\\0&1&0\\0&0&1\end{bmatrix}$$

据此，我们可得到校正子 $\boldsymbol{S}$ 与错误图样 $\boldsymbol{E}$ 的一一映射关系，如表 3.5 所示。

表 3.5 校正子 $\boldsymbol{S}$ 与错误图样 $\boldsymbol{E}$ 的一一映射

序号	$\boldsymbol{S}$			$\boldsymbol{E}$					
	s_2	s_1	s_0	e_5	e_4	e_3	e_2	e_1	e_0
0	0	0	0	0	0	0	0	0	0
1	0	0	1	0	0	0	0	0	1
2	0	1	0	0	0	0	0	1	0
3	0	1	1	0	0	1	0	0	0

续表

序号	S			E					
	s_2	s_1	s_0	e_5	e_4	e_3	e_2	e_1	e_0
4	1	0	0	0	0	0	1	0	0
5	1	0	1	0	1	0	0	0	0
6	1	1	0	*	*	*	*	*	*
7	1	1	1	1	0	0	0	0	0

注意，当校正子 $\boldsymbol{S}=[1\quad 1\quad 0]$时，有三个码重最小的序列

$$\boldsymbol{E}_1=[1\quad 0\quad 0\quad 0\quad 0\quad 1],\quad \boldsymbol{E}_2=[0\quad 1\quad 1\quad 0\quad 0\quad 0],\quad \boldsymbol{E}_3=[0\quad 0\quad 0\quad 1\quad 1\quad 0]$$

都可以满足 $\boldsymbol{S}$ 值的计算，选择哪一个与 $\boldsymbol{S}$ 对应呢？由例 3.4 我们知道，该码字的纠错能力为 1，但能够满足计算条件的这三个 $\boldsymbol{E}$ 序列码重均为 2，这意味着传输过程中出现了两个错误，超出了该码字的纠错能力范围，因此对于 $\boldsymbol{S}=[1\quad 1\quad 0]$，没有相应的 $\boldsymbol{E}$ 与之对应。

(2) 当接收序列 $\boldsymbol{B}=[1\quad 0\quad 1\quad 0\quad 1\quad 0]$时，$\boldsymbol{S}=\boldsymbol{B}\cdot\boldsymbol{H}^{\mathrm{T}}=[1\quad 1\quad 0]$，由于找不到对应的错误图样 $\boldsymbol{E}$，所以此题无解。

利用校正子 $\boldsymbol{S}$ 进行译码的流程如图 3.3 所示，接收端在收到序列 $\boldsymbol{B}$ 后一方面进行缓存，另一方面计算校正子 $\boldsymbol{S}=\boldsymbol{B}\cdot\boldsymbol{H}^{\mathrm{T}}$，通过查表(如表 3.4 所示)或错误图样检测电路(如图 3.4 所示)，可得到与 $\boldsymbol{S}$ 对应的$\boldsymbol{E}$，再将缓存的 $\boldsymbol{B}$ 序列与$\boldsymbol{E}$ 序列进行模加运算，得到发送的码序列 $\boldsymbol{A}$。此时，如果提取出 $\boldsymbol{A}$ 序列的前面k 位，即可得到原始发送的信息序列 $\boldsymbol{M}$(没有特殊说明，发送的码序列都是系统码形式)。

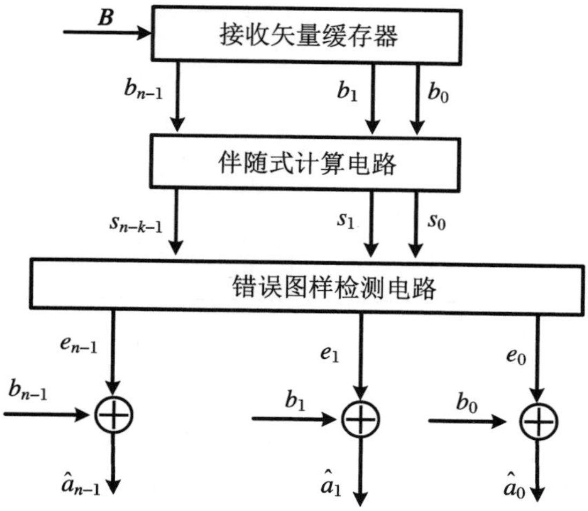

图 3.3 线性分组码的译码流程

例 3.13 举例说明错误图样检测电路是如何实现的，假设一个(7,4)线性分组码的校验矩阵为 $\boldsymbol{H}=\begin{bmatrix}1&1&1&0&1&0&0\\1&1&0&1&0&1&0\\1&0&1&1&0&0&1\end{bmatrix}$，根据公式 $\boldsymbol{S}=\boldsymbol{B}\cdot\boldsymbol{H}^{\mathrm{T}}$，其中 $\boldsymbol{S}=[s_2\quad s_1\quad s_0]$，$\boldsymbol{B}=[b_6\quad b_5\quad b_4\quad b_3\quad b_2\quad b_1\quad b_0]$，可得到以下关系式：

$$[s_2 \quad s_1 \quad s_0]$$

$$= [b_6 \quad b_5 \quad b_4 \quad b_3 \quad b_2 \quad b_1 \quad b_0] \cdot \begin{bmatrix} 1 & 1 & 1 \\ 1 & 1 & 0 \\ 1 & 0 & 1 \\ 0 & 1 & 1 \\ 1 & 0 & 0 \\ 0 & 1 & 0 \\ 0 & 0 & 1 \end{bmatrix}$$

$$= [b_6 + b_5 + b_4 + b_2 \quad b_6 + b_5 + b_3 + b_1 \quad b_6 + b_4 + b_3 + b_0] \tag{3.25}$$

即

$$s_2 = b_6 + b_5 + b_4 + b_2 \tag{3.26a}$$

$$s_1 = b_6 + b_5 + b_3 + b_1 \tag{3.26b}$$

$$s_0 = b_6 + b_4 + b_3 + b_0 \tag{3.26c}$$

给定了校验矩阵 $\boldsymbol{H}$,我们可得到 $\boldsymbol{S}$ 与 $\boldsymbol{E}$ 的一一映射关系,如表 3.6 所示。

表 3.6 校正子 $\boldsymbol{S}$ 与错误图样 $\boldsymbol{E}$ 的一一映射

序号	**S**			**E**						
	s_2	s_1	s_0	e_6	e_5	e_4	e_3	e_2	e_1	e_0
0	0	0	0	0	0	0	0	0	0	0
1	0	0	1	0	0	0	0	0	0	1
2	0	1	0	0	0	0	0	0	1	0
3	0	1	1	0	0	0	1	0	0	0
4	1	0	0	0	0	0	0	1	0	0
5	1	0	1	0	0	1	0	0	0	0
6	1	1	0	0	1	0	0	0	0	0
7	1	1	1	1	0	0	0	0	0	0

可以看出,只有当$[s_2 \quad s_1 \quad s_0]=[0 \quad 0 \quad 1]$时,$e_0$位才为 1,即 $e_0=\bar{s}_2 \cdot \bar{s}_1 \cdot s_0$,同理可得:$e_1=\bar{s}_2 \cdot s_1 \cdot \bar{s}_0$,$e_2=s_2 \cdot \bar{s}_1 \cdot \bar{s}_0$,$e_3=\bar{s}_2 \cdot s_1 \cdot s_0$,$e_4=s_2 \cdot \bar{s}_1 \cdot s_0$,$e_5=s_2 \cdot s_1 \cdot \bar{s}_0$,$e_6=s_2 \cdot s_1 \cdot s_0$。假设信息序列 $\boldsymbol{M}=[0 \quad 0 \quad 1 \quad 0]$,则编码序列 $\boldsymbol{A}=[0 \quad 0 \quad 1 \quad 0 \quad 1 \quad 0 \quad 1]$,经过信道后接收序列为 $\boldsymbol{B}=[1 \quad 0 \quad 1 \quad 0 \quad 1 \quad 0 \quad 1]$,我们知道传输过程中第 1 位($a_6$位)出错了,但这是上帝视角,接收机并不知道是否出错,更不知道哪一位出错。经过以上分析,使用译码电路后,接收机可完成纠错功能,如图 3.4 所示。

由图 3.4 可以看出,接收序列 $\boldsymbol{B}$ 经过译码电路后,能够将错误自动纠正,恢复出正确的编码序列 $\boldsymbol{A}$。

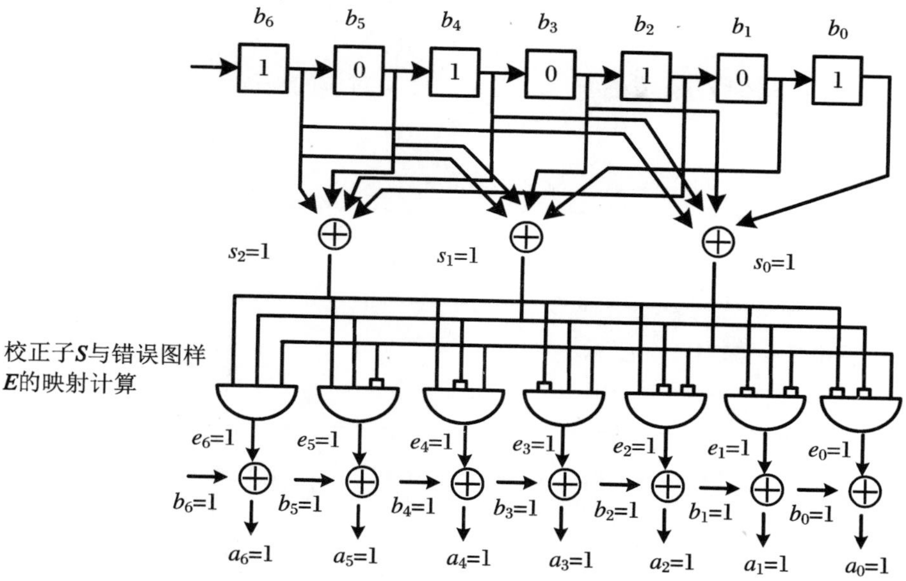

图 3.4　线性分组码的译码电路

3.5.2　标准阵列译码

对于码长为 n 的接收序列共有 2^n 种可能，分为 $2^{n-k}\times 2^k$ 的阵列，这种方法称为标准阵列译码。

标准阵列的第一行对应于 $\boldsymbol{E}$ 为全 $\boldsymbol{0}$ 的情况($\boldsymbol{E}_0=\boldsymbol{0}$)，将 2^k 个码字($\boldsymbol{A}_0\sim\boldsymbol{A}_{2^k-1}$，其中 $\boldsymbol{A}_0=\boldsymbol{0}$)依次与 $\boldsymbol{E}_0$ 相加，形成标准阵列的第一行：$\boldsymbol{E}_0+\boldsymbol{A}_0=\boldsymbol{0}$，$\boldsymbol{E}_0+\boldsymbol{A}_1=\boldsymbol{A}_1$，$\boldsymbol{A}_2$，…，$\boldsymbol{A}_{2^k-1}$。

标准阵列的第二行对应于 $\boldsymbol{E}_1$ 与 2^k 个码字相加，为：$\boldsymbol{E}_1+\boldsymbol{A}_0=\boldsymbol{E}_1$，$\boldsymbol{E}_1+\boldsymbol{A}_1$，$\boldsymbol{E}_1+\boldsymbol{A}_2$，…，$\boldsymbol{E}_1+\boldsymbol{A}_{2^k-1}$。依次类推，得到如表 3.7 所示的标准阵列。

表 3.7　(n,k)线性分组码的标准阵列

$\boldsymbol{E}_0+\boldsymbol{A}_0=\boldsymbol{0}$	$\boldsymbol{A}_1$	$\boldsymbol{A}_2$	…	$\boldsymbol{A}_{2^k-1}$
$\boldsymbol{E}_1+\boldsymbol{A}_0=\boldsymbol{E}_1$	$\boldsymbol{E}_1+\boldsymbol{A}_1$	$\boldsymbol{E}_1+\boldsymbol{A}_2$	…	$\boldsymbol{E}_1+\boldsymbol{A}_{2^k-1}$
⋮	⋮	⋮	⋱	⋮
$\boldsymbol{E}_{2^{n-k}-1}+\boldsymbol{A}_0=\boldsymbol{E}_{2^{n-k}-1}$	$\boldsymbol{E}_{2^{n-k}-1}+\boldsymbol{A}_1$	$\boldsymbol{E}_{2^{n-k}-1}+\boldsymbol{A}_2$	…	$\boldsymbol{E}_{2^{n-k}-1}+\boldsymbol{A}_{2^k-1}$

阵列中的每一行称为码集合 $\boldsymbol{C}$ 的陪集(coset)，每个陪集的第一个元素称为陪集首(coset header)，例如在表 3.7 中，$\{\boldsymbol{E}_1,\boldsymbol{E}_1+\boldsymbol{A}_1,\cdots,\boldsymbol{E}_1+\boldsymbol{A}_{2^k-1}\}$称为一个陪集，陪集首为 $\boldsymbol{E}_1$。译码时从标准阵列找到接收序列，继而找到对应的陪集首，发送序列即为接收序列与陪集首的和(模 2 加)。

例 3.14　采用例 3.4 中的校验矩阵 $\boldsymbol{H}=\begin{bmatrix}1&0&0&1&1&1\\0&1&0&0&1&1\\0&0&1&1&0&1\end{bmatrix}$，求：

(1) 构建该码集合的标准阵列；

(2) 当接收序列 $\boldsymbol{B}=[1\quad 0\quad 1\quad 0\quad 1\quad 1]$时，求发送序列 $\boldsymbol{A}$。

解 由例 3.4 可知 $\boldsymbol{G}_{\text{sys}}=\begin{bmatrix}1&0&0&1&1&1\\0&1&0&1&0&1\\0&0&1&0&1&1\end{bmatrix}$，对应的编码集合如表 3.8 所示。

表 3.8

信息序列	000	001	010	011	100	101	110	111
编码序列	000000	001011	010101	011110	100111	101100	110010	111001

对应的标准阵列如表 3.9 所示。

表 3.9

陪集首 000000	001011	010101	011110	100111	101100	110010	111001
000001	001010	010100	011111	100110	101101	110011	111000
000010	001001	010111	011100	100101	101110	110000	111011
000100	001111	010001	011010	100011	101000	110110	111101
001000	000011	011101	010110	101111	100100	111010	110001
010000	011011	000101	001110	110111	111100	100010	101001
100000	101011	110101	111110	000111	001100	010010	011001
000110 等	/	/	/	/	/	/	/

从标准阵列中找到接收序列$[1\quad 0\quad 1\quad 0\quad 1\quad 1]$对应的陪集首为$[1\quad 0\quad 0\quad 0\quad 0\quad 0]$，发送序列即为 $\boldsymbol{A}=[1\quad 0\quad 1\quad 0\quad 1\quad 1]+[1\quad 0\quad 0\quad 0\quad 0\quad 0]=[0\quad 0\quad 1\quad 0\quad 1\quad 1]$。

值得注意的是，由表 3.5 可知，当校正子 $\boldsymbol{S}=[1\quad 1\quad 0]$时，找不到对应的错误图样，因此在表 3.9 最后一行的陪集首是缺失的，虽然写为“000110 等”，仅为提醒作用，并不能作为陪集首进行后续计算。

3.6 汉 明 码

为了指示所有单错位置和无错情况，线性分组码的码长 n、信息码元长度 k 和校验码元长度 r 之间满足不等式

$$2^r \geqslant n+1 \tag{3.27}$$

当上式取等号时，就是汉明码。由以上方法构成的线性分组码中，能纠正单个错误的线性分组码称为汉明码，是 Hamming 于 1949 年提出的。此时，n,k,r 的关系[2]为

$$n=2^r-1 \tag{3.28}$$

$$k=n-r=2^r-r-1 \tag{3.29}$$

其中 r 为大于等于 2 的正整数。

由式(3.28)可知，$r=\log_2(n+1)$，所以

$$n = k + r = k + \log_2(n+1) \tag{3.30}$$

式(3.30)在给定信息码元长度 k 后，可以求出能纠正单错的最小码长 n，而且 $d_{\min}=3$。这样我们就可知道，$k=1,4,11$ 时，$n=3,7,15$，构成(3,1)，(7,4)，(15,11)码。汉明码的编码码率为

$$R = \frac{k}{n} = \frac{2^r - r - 1}{2^r - 1} = 1 - \frac{r}{2^r - 1} \tag{3.31}$$

当 r 很大时，R 趋于 1。

本章小结

本章主要对线性分组码的码重、码距等基本名词进行了解释，介绍了其性质，详细阐述了如何得到典型校验矩阵 $\boldsymbol{H}_{\mathrm{sys}}$ 和典型生成矩阵 $\boldsymbol{G}_{\mathrm{sys}}$，以及两者之间的关系，描述了编码和两种解码方法的详细过程，最后对汉明码进行了简单介绍。

习题

3.1　对于一个$(n,1)$的重复码，求其校验矩阵。

3.2　对于一个(8,4)系统码，校验方程为

$$r_0 = m_1 + m_2 + m_3 \quad r_1 = m_0 + m_1 + m_2 \quad r_2 = m_0 + m_1 + m_3 \quad r_3 = m_0 + m_2 + m_3$$

(1) 求典型生成矩阵和典型校验矩阵；

(2) 求该码字的最小码距；

(3) 证明它是一个自对偶码。

3.3　求例 3.4 的标准阵列。

3.4　设 $\boldsymbol{H}$ 是一个(n,k)线性分组码 $\boldsymbol{C}$ 的校验矩阵，其最小距离 d 是一个奇数，构造一个新的码字 $\boldsymbol{C}^*$，其校验矩阵为

$$\boldsymbol{H}^* = \left[\begin{array}{c|cccc} 0 & & & & \\ 0 & & \boldsymbol{H} & & \\ \vdots & & & & \\ 0 & & & & \\ \hline 1 & 1 & 1 & \cdots & 1 \end{array}\right]$$

(1) 证明 $\boldsymbol{C}^*$ 是一个$(n+1,k)$线性分组码；

(2) 证明 $\boldsymbol{C}^*$ 中的每个码字的码重是偶数；

(3) 证明线性分组码 $\boldsymbol{C}^*$ 中的最小码距为 $d+1$。

参考文献

[1] Lin S, Li J. Fundamentals of classical and modern error-correcting codes[M]. Cambridge: Cambridge University Press, 2022.

[2] 傅祖芸. 信息论：基础理论与应用[M]. 2 版. 北京：电子工业出版社，2009.

第4章　循　环　码

循环码因其具有良好的代数结构及高效的编译码物理实现，广泛应用于各种系统中。本章主要对循环码的定义、性质及编解码方法等内容进行介绍。

4.1　引　　言

循环码是1957年由Prange首先提出的[1]，它是线性分组码的一种，因此线性分组码的编解码方法都可用于循环码，但我们必须要利用循环码的结构特性，使用其独特的编解码方法，否则其物理实现的优势就无法体现。它也服从线性分组码的三个性质：① 全零码字是一个有效码字；② 码集合中任意两个有效码字之和仍是该码集合中的一个有效码字；③ 除全零码之外，码集合中的最小码重就是该码集合的最小码距。另外，从名字可以看出循环码的特别之处，即“循环”，指的是码集合中任意一个有效码字经过任意位的循环移位，结果仍是该码集合中的一个有效码字，即(n,k)循环码集合C中的一个编码码字$\boldsymbol{A}=[a_{n-1}\quad a_{n-2}\quad\cdots\quad a_0]$，经过$j$次循环移位后$\boldsymbol{A}^{(j)}=[a_{n-j-1}\quad a_{n-j-2}\quad\cdots\quad a_0\quad a_{n-1}\quad\cdots\quad a_{n-j}]$仍是集合$C$中的一个有效码字。这种结构上的循环特性，一方面，具有良好的代数特性，便于进行结构化的编译码算法和分析，另一方面，方便使用线性反馈移位寄存器实现快速编码和译码。

4.2　多项式的运算

由循环码的概念可知，(n,k)循环码集合C中的一个编码码字$\boldsymbol{A}=[a_{n-1}\quad a_{n-2}\quad\cdots\quad a_0]$，写成多项式的形式，可表示为

$$A(D)=a_{n-1}D^{n-1}+a_{n-2}D^{n-2}+\cdots+a_1D+a_0 \tag{4.1}$$

向左经过j次循环移位后码字变为$\boldsymbol{A}^{(j)}=[a_{n-j-1}\quad a_{n-j-2}\quad\cdots\quad a_0\quad a_{n-1}\quad\cdots\quad a_{n-j}]$，其多项式形式为

$$A^{(j)}(D) = a_{n-j-1}D^{n-1} + a_{n-j-2}D^{n-2} + \cdots + a_0 D^j + a_{n-1}D^{j-1} + \cdots + a_{n-j} \quad (4.2)$$

仍是集合 C 中的一个有效码字。

多项式中每一项是否存在取决于码字中对应比特是“1”还是“0”。例如一个(7,3)循环码的码集合如表 4.1 所示，其中第 2 号码字为 $\boldsymbol{A}_2=[0\quad 1\quad 0\quad 0\quad 1\quad 1\quad 1]$，它对应的多项式表达为 $A_2(D)=D^5+D^2+D+1$。该码字向左循环移位 2 位后变为

$$\boldsymbol{A}_2^{(2)}=[0\quad 0\quad 1\quad 1\quad 1\quad 0\quad 1]$$

多项式表达为 $A_2^{(2)}(D)=D^4+D^3+D^2+1$，变为了码集合中的第 1 号码字。第 6 号码字为 $\boldsymbol{A}_6=[1\quad 1\quad 0\quad 1\quad 0\quad 0\quad 1]$，多项式为 $A_6(D)=D^6+D^5+D^3+1$，该码字向左循环移位 3 位后变为 $\boldsymbol{A}_6^{(3)}=[1\quad 0\quad 0\quad 1\quad 1\quad 1\quad 0]$，多项式表达为 $A_6^{(3)}(D)=D^6+D^3+D^2+D$，变为了码集合中的第 4 号码字。

表 4.1　一个(7,3)循环码的码集合

序号	码			字			
0	0	0	0	0	0	0	0
1	0	0	1	1	1	0	1
2	0	1	0	0	1	1	1
3	0	1	1	1	0	1	0
4	1	0	0	1	1	1	0
5	1	0	1	0	0	1	1
6	1	1	0	1	0	0	1
7	1	1	1	0	1	0	0

循环码中的多项式运算包括加法、乘法和除法，但没有减法的运算，与常规代数学中的运算基本相似，不同的是，这里的加法都是模加运算。

例 4.1　有两个多项式 $f_1(D)=D^4+D^3+1$，$f_2(D)=D^3+D+1$，则

$$f_1(D)+f_2(D) = D^4+D^3+1+D^3+D+1 = D^4+D$$

注意：合并同类项时 $D^3+D^3=0$，$1+1=0$，一定不要计算为 $D^3+D^3=2D^3$，$1+1=2$。

$$\begin{aligned} f_1(D)\cdot f_2(D) &= (D^4+D^3+1)\cdot(D^3+D+1) \\ &= D^7+D^5+D^4+D^6+D^4+D^3+D^3+D+1 \\ &= D^7+D^6+D^5+D+1 \end{aligned}$$

$f_1(D)/f_2(D)$的结果是商为 $D+1$，余式为 D^2：

$$\begin{array}{r|l} & D+1 \\ \hline D^3+D+1 & D^4+D^3+1 \\ & D^4+D^2+D \\ \hline & \quad D^3+D^2+D+1 \\ & \quad D^3+D+1 \\ \hline & \qquad D^2 \end{array}$$

值得注意的是，在进行多项式除法时，中间运算过程没有减法，仍是模加运算，比如“D^4+D^3+1”和“D^4+D^2+D”的运算结果不是“D^3-D^2-D+1”，而是“D^3+D^2+D+1”。

式(4.1)和式(4.2)表述的循环移位的操作,即由 $A(D) \to A^{(j)}(D)$ 的过程,其运算是通过下式实现的[2]:

$$A^{(j)}(D) = \operatorname{rem}\left(\frac{D^j \cdot A(D)}{D^n + 1}\right) \tag{4.3}$$

比如由 $A_2(D) = D^5 + D^2 + D + 1$ 到 $A_2^{(2)}(D) = D^4 + D^3 + D^2 + 1$ 的计算为

$$\begin{aligned} A_2^{(2)}(D) &= \operatorname{rem}\left(\frac{D^2 \cdot A_2(D)}{D^7 + 1}\right) = \operatorname{rem}\left(\frac{D^2 \cdot (D^5 + D^2 + D + 1)}{D^7 + 1}\right) \\ &= \operatorname{rem}\left(\frac{D^7 + D^4 + D^3 + D^2}{D^7 + 1}\right) = D^4 + D^3 + D^2 + 1 \end{aligned}$$

由 $A_6(D) = D^6 + D^5 + D^3 + 1$ 到 $A_6^{(3)}(D) = D^6 + D^3 + D^2 + D$ 的计算为

$$\begin{aligned} A_6^{(3)}(D) &= \operatorname{rem}\left(\frac{D^3 \cdot A_6(D)}{D^7 + 1}\right) = \operatorname{rem}\left(\frac{D^3 \cdot (D^6 + D^5 + D^3 + 1)}{D^7 + 1}\right) \\ &= \operatorname{rem}\left(\frac{D^9 + D^8 + D^6 + D^3}{D^7 + 1}\right) = D^6 + D^3 + D^2 + D \end{aligned}$$

问题:如何证明式(4.3)是成立的?

证明 因为 $A(D) = a_{n-1}D^{n-1} + a_{n-2}D^{n-2} + \cdots + a_1D + a_0$,$D^jA(D)$ 为

$$D^jA(D) = a_{n-1}D^{n-1+j} + \cdots + a_{n-j+1}D^{n+1} + a_{n-j}D^n + \cdots + a_1D^{j+1} + a_0D^j \tag{4.4}$$

在式(4.4)右边加上"$B(D) = a_{n-1}D^{j-1} + a_{n-2}D^{j-2} + \cdots + a_{n-j+1}D + a_{n-j}$"两次(本意是加一次、减一次,但没有减法运算,相当于加了两次),得

$$\begin{aligned} D^jA(D) &= a_{n-1}D^{n-1+j} + \cdots + a_{n-j+1}D^{n+1} + a_{n-j}D^n + a_{n-j-1}D^{n-1} + \cdots + a_1D^{j+1} + a_0D^j \\ &\quad + a_{n-1}D^{j-1} + a_{n-2}D^{j-2} + \cdots + a_{n-j+1}D + a_{n-j} \\ &\quad + a_{n-1}D^{j-1} + a_{n-2}D^{j-2} + \cdots + a_{n-j+1}D + a_{n-j} \\ &= a_{n-1}D^{j-1}(D^n + 1) + \cdots + a_{n-j+1}D(D^n + 1) + a_{n-j}(D^n + 1) \\ &\quad + a_{n-j-1}D^{n-1} + \cdots + a_1D^{j+1} + a_0D^j \\ &\quad + a_{n-1}D^{j-1} + a_{n-2}D^{j-2} + \cdots + a_{n-j+1}D + a_{n-j} \\ &= B(D)(D^n + 1) + a_{n-j-1}D^{n-1} + \cdots + a_1D^{j+1} + a_0D^j \\ &\quad + a_{n-1}D^{j-1} + a_{n-2}D^{j-2} + \cdots + a_{n-j+1}D + a_{n-j} \end{aligned} \tag{4.5}$$

因为 $A^{(j)}(D) = a_{n-j-1}D^{n-1} + a_{n-j-2}D^{n-2} + \cdots + a_0D^j + a_{n-1}D^{j-1} + \cdots + a_{n-j}$,式(4.5)可写为

$$D^jA(D) = B(D)(D^n + 1) + A^{(j)}(D) \tag{4.6}$$

对式(4.6)除以 $D^n + 1$,求其余式,即为

$$\operatorname{rem}\left(\frac{D^j \cdot A(D)}{D^n + 1}\right) = \operatorname{rem}\left(\frac{B(D)(D^n + 1) + A^{(j)}(D)}{D^n + 1}\right) = A^{(j)}(D) \tag{4.7}$$

4.3 生成多项式 $g(D)$ 和生成矩阵 G

如果码集合中所有码多项式都是某个多项式 $g(D)$ 的倍式,则称 $g(D)$ 为该码的生成多项式。在循环码中,阶数最低的多项式(全 0 码除外)就是生成多项式 $g(D)$,其他码多项式

都是其倍数。

例 4.2 在表4.1中,阶数最低的码多项式为 $A_1(D)=D^4+D^3+D^2+1$,该多项式就为该码集合的生成多项式,即 $g(D)=D^4+D^3+D^2+1$,其他码多项式都是 $g(D)$ 的倍式。例如:

$$A_4(D)=D^6+D^3+D^2+D=(D^2+D)\cdot g(D)$$
$$A_6(D)=D^6+D^5+D^3+1=(D^2+1)\cdot g(D)$$

从例4.2可以看出,得到生成多项式 $g(D)$ 似乎是一件容易的事情,真的这么简单吗?如果让你构造一个 (n,k) 循环码,你的第一步是否也去寻找阶数最低的码多项式?但此时,你就会发现:根本就没有像表4.1所示的码集合,自然也得不到阶数最低的码多项式。因此,上述仅是生成多项式 $g(D)$ 具有的特性,是将码集合构造出来之后用于验证的。问题又回来了:如何得到一个 (n,k) 循环码的生成多项式 $g(D)$ 呢?

生成多项式 $g(D)$ 应具备的特性为:它是 D^n+1 的一个因式,阶数为 $r=n-k$,常数项为1。为了寻求生成多项式,必须对 D^n+1 进行因式分解。

例 4.3 寻找(7,4)循环码的生成多项式。

首先对 D^n+1 因式分解,有

$$D^7+1=(D^3+D^2+1)\cdot(D^3+D+1)\cdot(D+1) \tag{4.8}$$

然后在众多因式中寻找阶数为 $r=n-k=3$、常数项为1的多项式,从式(4.8)可以看出,D^3+D^2+1 和 D^3+D+1 都是满足条件的,因此它们都是(7,4)循环码的生成多项式,即一个 (n,k) 循环码的生成多项式可能并不是唯一的。表4.2给出了码长 $n=7$ 时不同循环码的生成多项式。

表 4.2 $(7,k)$ 循环码的生成多项式

(n,k)	生成多项式 $g(D)$
(7,6)	$g(D)=D+1$
(7,4)	$g_1(D)=D^3+D^2+1$ 或 $g_2(D)=D^3+D+1$
(7,3)	$g_1(D)=(D^3+D^2+1)\cdot(D+1)=D^4+D^2+D+1$ 或 $g_2(D)=(D^3+D+1)\cdot(D+1)=D^4+D^3+D^2+1$
(7,1)	$g(D)=(D^3+D^2+1)\cdot(D^3+D+1)=D^6+D^5+D^4+D^3+D^2+D+1$

由式(4.8)可以看出,当 $k=5$ 或 $k=2$ 时,找不到阶数为2或5的多项式,因此无法构造出(7,5)或(7,2)循环码。

如何证明生成多项式 $g(D)$ 是 D^n+1 的一个因式呢?即证明 $D^n+1=g(D)\cdot h(D)$。

证明 $g(D)$ 是阶数为 $r=n-k$、常数项为1的多项式,可写为

$$g(D)=g_{n-k}D^{n-k}+g_{n-k-1}D^{n-k-1}+\cdots+g_1D+g_0 \tag{4.9}$$

其中系数 $g_{n-k}=g_0=1$,其他系数可能为1,也可能为0。

式(4.9)变为

$$g(D)=D^{n-k}+g_{n-k-1}D^{n-k-1}+\cdots+g_1D+1 \tag{4.10}$$

对式(4.10)两边同时乘以 D^k,得

$$D^k\cdot g(D)=D^n+g_{n-k-1}D^{n-1}+\cdots+g_1D^{k+1}+D^k \tag{4.11}$$

将式(4.11)右边进行加1、加1操作,得

$$D^k \cdot g(D) = (D^n + 1) + g_{n-k-1}D^{n-1} + \cdots + g_1 D^{k+1} + D^k + 1 \tag{4.12}$$

式(4.12)右边的多项式“$g_{n-k-1}D^{n-1} + \cdots + g_1 D^{k+1} + D^k + 1$”是 $g(D)$循环左移 k 次的结果。由前面我们可知,生成多项式 $g(D)$是码集合中阶数最低的码字多项式,其循环移位后仍为该码集合中的一个有效码字,具有 $g^{(k)}(D) = B(D) \cdot g(D)$的性质,因此,式(4.12)可写为

$$D^k \cdot g(D) = (D^n + 1) + B(D) \cdot g(D)$$

$$\Downarrow$$

$$D^n + 1 = g(D)(D^k + B(D)) = g(D)h(D) \tag{4.13}$$

其中 $h(D) = D^k + B(D)$,这就说明了生成多项式 $g(D)$能够整除 $D^n + 1$。

释疑:$g_{n-k-1}D^{n-1} + \cdots + g_1 D^{k+1} + D^k + 1$ 是 $g(D)$循环左移 k 次的结果,因为 $g(D)$左移 k 次,其表达式为式(4.11),即 $D^n + g_{n-k-1}D^{n-1} + \cdots + g_1 D^{k+1} + D^k$,但码字长度只有 n,最高阶为 $n-1$ 阶,D^n 这一项就会循环移到D^k 的后面,且 D^n 的系数为1,就变为 $1 \cdot D^0 = 1$,即 $g(D)$循环左移 k 次后的多项式为$g_{n-k-1}D^{n-1} + \cdots + g_1 D^{k+1} + D^k + 1$。

例如:(7,3)循环码,假设其生成矩阵为 $g(D) = D^4 + D^3 + D^2 + 1$,则 $g(D)$左移 3 次后的多项式为 $D^3 \cdot g(D) = D^3 \cdot (D^4 + D^3 + D^2 + 1) = D^7 + D^6 + D^5 + D^3$,其中 D^7 这一项会循环到 D^3 后面变为“1”,即为 $g^{(3)}(D) = D^6 + D^5 + D^3 + 1$。同时,我们观察由 $g(D)$构造的码集合及其多项式表示,如表 4.3 所示,发现 $g^{(3)}(D)$为码集合中的一个码多项式。

表 4.3　由 $g(D)=D^4+D^3+D^2+1$ 构造的(7,3)码集合及对应的多项式

循环左移次数	非 0 码集合	对 应 的 多 项 式
0	0011101	$D^4 + D^3 + D^2 + 1$
1	0111010	$D^5 + D^4 + D^3 + D$
2	1110100	$D^6 + D^5 + D^4 + D^2$
3	1101001	$D^6 + D^5 + D^3 + 1$
4	1010011	$D^6 + D^4 + D + 1$
5	0100111	$D^5 + D^2 + D + 1$
6	1001110	$D^6 + D^3 + D^2 + D$

如果一个阶数为 $n-k$ 的多项式$g(D)$是 $D^n + 1$ 的一个因式,证明基于 $g(D)$可以构造(n,k)循环码。

证明　阶数为 $n-k$ 的多项式$g(D)$如式(4.9)所示,即

$$g(D) = g_{n-k}D^{n-k} + g_{n-k-1}D^{n-k-1} + \cdots + g_1 D + g_0 \tag{4.14}$$

其中 $g_{n-k} = 1$,注意这里没有给定 $g_0 = 1$,需要证明。

因为 $g(D)$是 $D^n + 1$ 的一个因式,因此有

$$D^n + 1 = g(D)h(D) \tag{4.15}$$

其中 $h(D)$的阶数为 k,可表示为

$$h(D) = h_k D^k + h_{k-1}D^{k-1} + \cdots + h_1 D + h_0 \tag{4.16}$$

由式(4.15)以及式(4.14)、式(4.16)可知,$g_0 h_0 = 1$,即 $g_0 = h_0 = 1$。所以式(4.14)可写为

$$g(D) = D^{n-k} + g_{n-k-1}D^{n-k-1} + \cdots + g_1 D + 1 \tag{4.17}$$

多项式 $g(D)$ 对应的 $1\times(n-k+1)$ 向量为

$$\boldsymbol{g} = [1 \quad g_{n-k-1} \quad \cdots \quad g_1 \quad 1] \tag{4.18}$$

我们将该向量补充为一个 $1\times n$ 的向量为

$$\boldsymbol{g}_{\text{new}} = [0 \quad 0 \quad \cdots \quad 0 \quad 1 \quad g_{n-k-1} \quad \cdots \quad g_1 \quad 1] \tag{4.19}$$

补 0 后不能改变 $g(D)$ 的表达式，即在 $\boldsymbol{g}=[1 \quad g_{n-k-1} \quad \cdots \quad g_1 \quad 1]$ 左边补 $k-1$ 个 0。

将式(4.19)所示的向量循环左移 1 位，向量变为 $[0 \quad \cdots \quad 0 \quad 1 \quad g_{n-k-1} \quad \cdots \quad g_1 \quad 1 \quad 0]$，对应的多项式为 $D\cdot g(D)=g^{(1)}(D)$，再循环左移 1 位，向量变为

$$[0 \quad \cdots \quad 0 \quad 1 \quad g_{n-k-1} \quad \cdots \quad g_1 \quad 1 \quad 0 \quad 0]$$

对应的多项式为 $D^2\cdot g(D)=g^{(2)}(D)$，这样共移动 $k-1$ 次，得到 $g^{(1)}(D), g^{(2)}(D), \cdots, g^{(k-1)}(D)$ 共 $k-1$ 个多项式，再加上 $g(D)$，形成 k 个线性独立的多项式。因为 $g(D)$ 的阶数为 $n-k$，$g^{(1)}(D)$ 的阶数为 $n-k+1$，$g^{(k-1)}(D)$ 的阶数为 $n-1$，任意两个多项式之和都不可能为这 k 个多项式中的一个。例如在表 4.3 所示的(7,3)循环码中，$g(D)=D^4+D^3+D^2+1$，$g^{(1)}(D)=D^5+D^4+D^3+D$，$g^{(2)}(D)=D^6+D^5+D^4+D^2$，这三个多项式就是线性独立的。

k 个线性独立的多项式构成生成矩阵多项式 $\boldsymbol{G}(D)$ 为

$$\boldsymbol{G}(D) = \begin{bmatrix} g^{(k-1)}(D) \\ \vdots \\ g^{(1)}(D) \\ g(D) \end{bmatrix} \tag{4.20}$$

设信息序列 $\boldsymbol{M}=[m_{k-1} \quad m_{k-2} \quad \cdots \quad m_0]$，则编码序列多项式为

$$\begin{aligned} A(D) = \boldsymbol{M}\cdot\boldsymbol{G}(D) &= [m_{k-1} \quad m_{k-2} \quad \cdots \quad m_0]\cdot \begin{bmatrix} g^{(k-1)}(D) \\ \vdots \\ g^{(1)}(D) \\ g(D) \end{bmatrix} \\ &= m_{k-1}g^{(k-1)}(D) + m_{k-2}g^{(k-2)}(D) + \cdots + m_0 g(D) \end{aligned} \tag{4.21}$$

由于 $\boldsymbol{M}$ 有 2^k 种不同的组合，因此对应的就会得到 2^k 个不同的码多项式，构成码集合 C，下面要证明构造的码字是循环的。

码集合 C 中的任一码字 $A(D)$ 可表示为

$$\begin{aligned} A(D) &= m_{k-1}g^{(k-1)}(D) + m_{k-2}g^{(k-2)}(D) + \cdots + m_0 g(D) \\ &= m_{k-1}D^{k-1}\cdot g(D) + m_{k-2}D^{k-2}\cdot g(D) + \cdots + m_0\cdot g(D) \\ &= (m_{k-1}D^{k-1} + m_{k-2}D^{k-2} + \cdots + m_0)\cdot g(D) \\ &= M(D)\cdot g(D) \\ &= a_{n-1}D^{n-1} + a_{n-2}D^{n-2} + \cdots + a_1 D + a_0 \end{aligned} \tag{4.22}$$

$A(D)$ 循环左移 1 位，判断移位后的码多项式是否仍然属于该码集合 C，即能否被 $g(D)$ 整除。

$$\begin{aligned} D\cdot A(D) &= a_{n-1}D^n + a_{n-2}D^{n-1} + \cdots + a_1 D^2 + a_0 D \\ &= a_{n-1}D^n + a_{n-1} + a_{n-2}D^{n-1} + \cdots + a_1 D^2 + a_0 D + a_{n-1} \\ &= a_{n-1}(D^n+1) + A^{(1)}(D) \end{aligned} \tag{4.23}$$

把式(4.23)进行整理可得

$$A^{(1)}(D) = D \cdot A(D) + a_{n-1}(D^n + 1) \tag{4.24}$$

由于 $A(D)$ 是码集合 C 中的一个码多项式，能够被 $g(D)$ 整除，可写为 $A(D)=M(D)g(D)$，再者 $D^n+1=g(D)h(D)$，式(4.24)可变为

$$\begin{aligned} A^{(1)}(D) &= D \cdot M(D) \cdot g(D) + a_{n-1} \cdot g(D) \cdot h(D) \\ &= (D \cdot M(D) + a_{n-1} \cdot h(D)) \cdot g(D) = M'(D)g(D) \end{aligned} \tag{4.25}$$

其中 $M'(D)=D \cdot M(D)+a_{n-1} \cdot h(D)$，因此 $A^{(1)}(D)$ 能够被 $g(D)$ 整除，是码集合 C 中的一个码多项式。

知道了生成多项式 $g(D)$，由式(4.20)可知生成矩阵多项式 $\boldsymbol{G}(D)$ 可表示为

$$\boldsymbol{G}(D) = \begin{bmatrix} D^{k-1}g(D) \\ D^{k-2}g(D) \\ \vdots \\ Dg(D) \\ g(D) \end{bmatrix} \tag{4.26}$$

从 $\boldsymbol{G}(D)$ 中提取出系数，就可得到生成矩阵 $\boldsymbol{G}$。注意：这个 $\boldsymbol{G}$ 不是典型的生成矩阵，可通过初等行变换得到 $\boldsymbol{G}_{\text{sys}}$。

例 4.4 假设一个(7,3)循环码的生成多项式为 $g(D)=D^4+D^3+D^2+1$，求其典型的生成矩阵 $\boldsymbol{G}_{\text{sys}}$。

$$\boldsymbol{G}(D) = \begin{bmatrix} D^2 \cdot g(D) \\ D \cdot g(D) \\ g(D) \end{bmatrix} = \begin{bmatrix} D^6 + D^5 + D^4 + D^2 \\ D^5 + D^4 + D^3 + D \\ D^4 + D^3 + D^2 + 1 \end{bmatrix}$$

提取出系数，可得

$$\boldsymbol{G} = \begin{bmatrix} 1 & 1 & 1 & 0 & 1 & 0 & 0 \\ 0 & 1 & 1 & 1 & 0 & 1 & 0 \\ 0 & 0 & 1 & 1 & 1 & 0 & 1 \end{bmatrix}$$

我们很容易看出，这个 $\boldsymbol{G}$ 不是典型的生成矩阵，通过初等行变换，可得

$$\boldsymbol{G} = \begin{bmatrix} 1 & 1 & 1 & 0 & 1 & 0 & 0 \\ 0 & 1 & 1 & 1 & 0 & 1 & 0 \\ 0 & 0 & 1 & 1 & 1 & 0 & 1 \end{bmatrix} \xrightarrow{②+①\to①} \begin{bmatrix} 1 & 0 & 0 & 1 & 1 & 1 & 0 \\ 0 & 1 & 1 & 1 & 0 & 1 & 0 \\ 0 & 0 & 1 & 1 & 1 & 0 & 1 \end{bmatrix}$$

$$\xrightarrow{③+②\to②} \begin{bmatrix} 1 & 0 & 0 & 1 & 1 & 1 & 0 \\ 0 & 1 & 0 & 0 & 1 & 1 & 1 \\ 0 & 0 & 1 & 1 & 1 & 0 & 1 \end{bmatrix} = \boldsymbol{G}_{\text{sys}}$$

根据生成多项式 $g(D)$，通过式(4.26)得到生成矩阵多项式 $\boldsymbol{G}(D)$，提取出系数，得到生成矩阵 $\boldsymbol{G}$，再通过初等行变换得到典型的生成矩阵 $\boldsymbol{G}_{\text{sys}}$，结果虽然是正确的，但这样的处理过程非常烦琐，我们更希望由 $g(D)$ 直接得到 $\boldsymbol{G}_{\text{sys}}(D)$，提取出系数即可得到 $\boldsymbol{G}_{\text{sys}}$，如何实现呢？

一个 (n,k) 循环码的典型生成矩阵 $\boldsymbol{G}_{\text{sys}}$ 可写为

$$\boldsymbol{G}_{\text{sys}} = [\boldsymbol{I}_k \quad \boldsymbol{Q}] = \begin{bmatrix} 1 & 0 & \cdots & 0 & * & * & \cdots & * \\ 0 & 1 & \cdots & 0 & * & * & \cdots & * \\ \vdots & \vdots & \ddots & \vdots & \vdots & \vdots & \ddots & \vdots \\ 0 & 0 & \cdots & 1 & * & * & \cdots & * \end{bmatrix}_{k\times n} \tag{4.27}$$

这些“ * ”号表示 Q 矩阵是未知的，如果我们求出 Q 矩阵，则 G_{sys} 就可完全确定了。把式(4.26)写成矩阵多项式的形式：

$$G_{sys}(D)=\begin{bmatrix} D^{n-1}+r_1(D) \\ D^{n-2}+r_2(D) \\ \vdots \\ D^{n-k}+r_k(D) \end{bmatrix}_{k\times 1} \tag{4.28}$$

其中 $r_1(D), r_2(D), \cdots, r_k(D)$ 虽然是未知的，但我们知道它们的最高阶数为 $r-1$，且 $G_{sys}(D)$ 矩阵中的每一行都能被 $g(D)$ 整除(这是 $g(D)$ 的特性)，因此可得

$$\begin{cases} \text{rem}\left(\dfrac{D^{n-1}+r_1(D)}{g(D)}\right)=0 \\ \text{rem}\left(\dfrac{D^{n-2}+r_2(D)}{g(D)}\right)=0 \\ \vdots \\ \text{rem}\left(\dfrac{D^{n-k}+r_k(D)}{g(D)}\right)=0 \end{cases} \tag{4.29}$$

其中 rem(·)表示求余式，由 $\text{rem}\left(\dfrac{D^{n-1}+r_1(D)}{g(D)}\right)=0$，可得

$$\text{rem}\left(\frac{D^{n-1}+r_1(D)}{g(D)}\right)=\text{rem}\left(\frac{D^{n-1}}{g(D)}\right)+\text{rem}\left(\frac{r_1(D)}{g(D)}\right)=\text{rem}\left(\frac{D^{n-1}}{g(D)}\right)+r_1(D)=0$$

上面的计算中，$r_1(D)$ 的最高阶数为 $r-1$，$g(D)$ 的阶数严格为 r，因此 $\text{rem}\left(\dfrac{r_1(D)}{g(D)}\right)=r_1(D)$。由此可求出 $r_1(D)$ 为

$$r_1(D)=\text{rem}\left(\frac{D^{n-1}}{g(D)}\right)$$

同理可求出

$$r_i(D)=\text{rem}\left(\frac{D^{n-i}}{g(D)}\right),\quad i=1,\cdots,k \tag{4.30}$$

这样可得到 $G_{sys}(D)$，提取出系数即可得到 G_{sys}。

例 4.5　一个(7,4)循环码的生成多项式为 $g(D)=D^3+D^2+1$，试求其 G_{sys}。

解　由式(4.30)，得

$$r_1(D)=\text{rem}\left(\frac{D^{n-1}}{g(D)}\right)=\text{rem}\left(\frac{D^6}{D^3+D^2+1}\right)=D^2+D$$

$$r_2(D)=\text{rem}\left(\frac{D^{n-2}}{g(D)}\right)=\text{rem}\left(\frac{D^5}{D^3+D^2+1}\right)=D+1$$

$$r_3(D)=\text{rem}\left(\frac{D^{n-3}}{g(D)}\right)=\text{rem}\left(\frac{D^4}{D^3+D^2+1}\right)=D^2+D+1$$

$$r_4(D)=\text{rem}\left(\frac{D^{n-4}}{g(D)}\right)=\text{rem}\left(\frac{D^3}{D^3+D^2+1}\right)=D^2+1$$

由式(4.27)，典型的生成矩阵多项式 $G_{sys}(D)$ 为

$$G_{sys}(D)=\begin{bmatrix} D^{n-1}+r_1(D) \\ D^{n-2}+r_2(D) \\ \vdots \\ D^{n-k}+r_k(D) \end{bmatrix}=\begin{bmatrix} D^6+D^2+D \\ D^5+D+1 \\ D^4+D^2+D+1 \\ D^3+D^2+1 \end{bmatrix}$$

提取出系数，可得 $\boldsymbol{G}_{\text{sys}}$ 为

$$\boldsymbol{G}_{\text{sys}} = \begin{bmatrix} 1 & 0 & 0 & 0 & 1 & 1 & 0 \\ 0 & 1 & 0 & 0 & 0 & 1 & 1 \\ 0 & 0 & 1 & 0 & 1 & 1 & 1 \\ 0 & 0 & 0 & 1 & 1 & 0 & 1 \end{bmatrix}$$

这里需要注意，求余计算可使用简便方法，不要直接计算，否则计算量较大。在该例中，我们可首先计算 $r_4(D)$，这是不需要计算的，通过观察即可知道 $r_4(D) = \text{rem}\left(\dfrac{D^3}{D^3+D^2+1}\right) = D^2+1$，然后再计算 $r_3(D)$，$r_2(D)$，$r_1(D)$，即

$$\begin{aligned} r_3(D) &= \text{rem}\left(\frac{D \cdot D^3}{D^3+D^2+1}\right) = \text{rem}\left(\frac{D \cdot r_4(D)}{D^3+D^2+1}\right) \\ &= \text{rem}\left(\frac{D \cdot (D^2+1)}{D^3+D^2+1}\right) = \text{rem}\left(\frac{D^3}{D^3+D^2+1}\right) + D = D^2+D+1 \\ r_2(D) &= \text{rem}\left(\frac{D \cdot D^4}{D^3+D^2+1}\right) = \text{rem}\left(\frac{D \cdot r_3(D)}{D^3+D^2+1}\right) \\ &= \text{rem}\left(\frac{D \cdot (D^2+D+1)}{D^3+D^2+1}\right) = \text{rem}\left(\frac{D^3}{D^3+D^2+1}\right) + D^2 + D = D+1 \\ r_1(D) &= \text{rem}\left(\frac{D \cdot D^5}{D^3+D^2+1}\right) = \text{rem}\left(\frac{D \cdot r_2(D)}{D^3+D^2+1}\right) \\ &= \text{rem}\left(\frac{D \cdot (D+1)}{D^3+D^2+1}\right) = D^2+D \end{aligned}$$

这样，通过先计算 D^{n-k} 对 $g(D)$ 的余式，可以很容易得到 $D^{n-k+1}, \cdots, D^{n-1}$ 等对 $g(D)$ 的余式，如表 4.4 所示。

表 4.4　$D^{n-i}(i=1,\cdots,k)$ 对 $g(D)$ 的余式

$D^{n-i}(i=1,\cdots,k)$	$D^{n-i}(i=1,\cdots,k)$ 对 $g(D)$ 的余式 $r_i(D)$
D^3	$r_4(D) = D^2+1$
D^4	$r_3(D) = D^2+D+1$
D^5	$r_2(D) = D+1$
D^6	$r_1(D) = D^2+D$

循环码具有良好的结构特性，我们通过一些例题来进行说明。

例 4.6　一个 (n,k) 循环码，生成多项式为 $g(D)$，请证明：如果 $g(D)$ 包含 $(D+1)$ 这个因子，则码集合中所有码字（全 0 码除外）的码重为偶数。

证明　因为 $g(D)$ 包含 $(D+1)$ 因子，设 $g(D) = (D+1) \cdot B(D)$，$g(D)$ 是严格等于 r 阶的，所以 $B(D)$ 为 $r-1$ 阶。

码集合中任一编码序列多项式可表示为 $A(D) = M(D) \cdot g(D)$，其中 $M(D)$ 表示 k 位信息的多项式表达，最高可能的阶数为 $k-1$。

这样 $A(D)$ 可表示为

$$\begin{aligned} A(D) &= M(D) \cdot g(D) = M(D) \cdot (D+1) \cdot B(D) \\ &= W(D) \cdot (D+1) \end{aligned} \tag{4.31}$$

其中 $W(D) = M(D) \cdot B(D)$，其最高可能的阶数为 $k-1+r-1 = n-2$，可假设 $W(D) =$

$w_{n-2}D^{n-2}+w_{n-3}D^{n-3}+\cdots+w_1D+1$，则

$$\begin{aligned}A(D)&=W(D)\cdot(D+1)=(w_{n-2}D^{n-2}+w_{n-3}D^{n-3}+\cdots+w_1D+1)\cdot(D+1)\\&=w_{n-2}D^{n-1}+w_{n-3}D^{n-2}+\cdots+w_1D^2+D+w_{n-2}D^{n-2}\\&\quad+w_{n-3}D^{n-3}+\cdots+w_1D+1\\&=w_{n-2}D^{n-1}+(w_{n-2}+w_{n-3})D^{n-2}+\cdots+(w_2+w_1)D^2\\&\quad+(w_1+1)D+1\end{aligned}\tag{4.32}$$

如果码字的码重为偶数，则其对应系数之和应为 0。计算式(4.32)中 n 个系数之和为

$$w_{n-2}+(w_{n-2}+w_{n-3})+\cdots+(w_2+w_1)+(w_1+1)+1=0$$

所以编码序列的码重为偶数。

例 4.7　一个(n,k)循环码，生成多项式为 $g(D)$，假设 n 是一个奇数，且 $g(D)$不包含$(D+1)$因子，证明码集合中包含全 1 序列。

证明　本原多项式在 GF(2)上无重根的充要条件是 D^n+1 中的 n 是奇数，因此在二进制循环码中码长一般都是奇数。

D^n+1 可分解为

$$D^n+1=(D+1)\cdot(D^{n-1}+D^{n-2}+\cdots+D+1)=(D+1)\cdot B(D)$$

其中 $B(D)=D^{n-1}+D^{n-2}+\cdots+D+1$，因为 $g(D)$能够整除 D^n+1，且 $g(D)$不包含$(D+1)$这个因子，这就意味着 $g(D)$能够整除 $B(D)$，即 $B(D)$是码集合中的一个有效码多项式，因此全 1 码序列是码集合中的一个有效码字。

例如：一个(7,4)循环码，生成多项式为 $g(D)=D^3+D^2+1$，码集合为

0001101，　0011010，　0110100，　1101000，　1010001，　0100011，　1000110
0010111，　0101110，　1011100，　0111001，　1110010，　1100101，　1001011

还有 0000000，1111111，共 16 个码字。

生成多项式不包含$(D+1)$这个因子，码集合中包含全 1 序列。

例如：一个(7,3)循环码，生成多项式 $g(D)=(D^3+D^2+1)\cdot(D+1)=D^4+D^2+D+1$，由于 $g(D)$中包含$(D+1)$这个因子，因此码集合为

0010111，　0101110，　1011100，　0111001，　1110010，　1100101，　1001011，　0000000

共 8 个码字，但没有全 1 序列。

例 4.8　一个(7,3)循环码的生成多项式为 $g(D)=D^4+D^2+D+1$，求：

(1) 典型生成矩阵；

(2) 码集合中的有效码字；

(3) 最小码距 $d_{\min}$；

(4) 其对偶码集合。

解　(1) 首先将 $D^4\sim D^6$ 对 $g(D)$的余式求出来，为

$$D^4 -- D^2+D+1$$
$$D^5 -- D^3+D^2+D$$
$$D^6 -- D^3+D+1$$

典型生成矩阵多项式

$$\boldsymbol{G}_{\text{sys}}(D)=\begin{bmatrix}D^6+D^3+D+1\\D^5+D^3+D^2+D\\D^4+D^2+D+1\end{bmatrix}$$

提取出系数可得典型生成矩阵为

$$G_{sys}=\begin{bmatrix}1&0&0&1&0&1&1\\0&1&0&1&1&1&0\\0&0&1&0&1&1&1\end{bmatrix}$$

(2) 码集合 C 的所有有效码字为

0000000, 0010111, 0101110, 0111001, 1001011, 1011100, 1100101, 1110010

(3) 由前面可知最小码重 $d_{min}=4$。

(4) 由典型生成矩阵 G_{sys} 直接可得典型校验矩阵为

$$H_{sys}=\begin{bmatrix}1&1&0&1&0&0&0\\0&1&1&0&1&0&0\\1&1&1&0&0&1&0\\1&0&1&0&0&0&1\end{bmatrix}$$

以 H_{sys} 作为生成矩阵可得对偶码集合 $C^{\perp}$ 为

0000000, 1010001, 1110010, 0100011, 0110100, 1100101, 1000110, 0010111
1101000, 0111001, 0011010, 1001011, 1011100, 0001101, 0101110, 1111111

可验证,对偶码集合 $C^{\perp}$ 内的任一码字都与码集合 C 的任一码字正交,即内积为 0。

4.4 循环码的编码

在上一节中,由生成多项式 $g(D)$ 可直接求得 G_{sys},这样由 $A=M\cdot G_{sys}$ 就可以得到整个码集合。

例 4.9 已知一个(7,3)循环码的生成多项式为 $g(D)=D^4+D^3+D^2+1$,求:

(1) 典型生成矩阵 G_{sys};

(2) 码集合的所有有效码字;

(3) 最小码距 d_{min} 及纠错检错能力。

解 (1) 由式(4.29)可知

$D^{n-i}(i=1,\cdots,k)$	$D^{n-i}(i=1,\cdots,k)$对 $g(D)$的余式 $r_i(D)$
D^4	$r_3(D)=D^3+D^2+1$
D^5	$r_2(D)=D^2+D+1$
D^6	$r_1(D)=D^3+D^2+D$

这样可得

$$G_{sys}=\begin{bmatrix}1&0&0&1&1&1&0\\0&1&0&0&1&1&1\\0&0&1&1&1&0&1\end{bmatrix}$$

(2) 有限码集合

$$A = M \cdot G_{sys}$$

$$= \begin{bmatrix} 0 & 0 & 0 \\ 0 & 0 & 1 \\ 0 & 1 & 0 \\ 0 & 1 & 1 \\ 1 & 0 & 0 \\ 1 & 0 & 1 \\ 1 & 1 & 0 \\ 1 & 1 & 1 \end{bmatrix} \cdot \begin{bmatrix} 1 & 0 & 0 & 1 & 1 & 1 & 0 \\ 0 & 1 & 0 & 0 & 1 & 1 & 1 \\ 0 & 0 & 1 & 1 & 1 & 0 & 1 \end{bmatrix} = \begin{bmatrix} 0 & 0 & 0 & 0 & 0 & 0 & 0 \\ 0 & 0 & 1 & 1 & 1 & 0 & 1 \\ 0 & 1 & 0 & 0 & 1 & 1 & 1 \\ 0 & 1 & 1 & 1 & 0 & 1 & 0 \\ 1 & 0 & 0 & 1 & 1 & 1 & 0 \\ 1 & 0 & 1 & 0 & 0 & 1 & 1 \\ 1 & 1 & 0 & 1 & 0 & 0 & 1 \\ 1 & 1 & 1 & 0 & 1 & 0 & 0 \end{bmatrix}$$

从这个码集合中,可以验证以下特性:① 任一码序列经过任意移位,仍是码集合中的一个有效码字。如码集合中的最后一个码字[1 1 1 0 1 0 0],左移一位变为

$$[1 \quad 1 \quad 0 \quad 1 \quad 0 \quad 0 \quad 1]$$

是码集合中的倒数第2个码字。② 任意两个码字之和仍是码集合中的一个有效码字。如最后两个码字之和为[0 0 1 1 1 0 1],是码集合中的第2个码字。

(3) 从上面的码集合中可以看出,除了全0码字,最小码重为4,这就是码集合的最小码距,因此可以纠错1位,检错3位。

若给定一个信息序列 $M = [m_{k-1} \quad m_{k-2} \quad \cdots \quad m_0]$,计算其系统循环码 A 时,可通过 $g(D)$ 直接求出,无须先计算 G_{sys}。系统码 A 可写为

$$A = [m_{k-1} \quad m_{k-2} \quad \cdots \quad m_0 \quad * \quad \cdots \quad *]$$

前面 k 位是信息位,后面"$*$"号表示 r 位校验位。将信息序列 M 和系统码 A 写成多项式形式,有

$$M(D) = m_{k-1} \cdot D^{k-1} + m_{k-2} \cdot D^{k-2} + \cdots + m_1 \cdot D + m_0 \tag{4.33}$$

$$\begin{aligned} A(D) &= m_{k-1} \cdot D^{n-1} + m_{k-2} \cdot D^{n-2} + \cdots + m_1 \cdot D^{n-k+1} + m_0 \cdot D^{n-k} + r(D) \\ &= D^{n-k} \cdot M(D) + r(D) \end{aligned} \tag{4.34}$$

而 $A(D)$ 能够被 $g(D)$ 整除,得

$$\begin{aligned} \text{rem}\left(\frac{A(D)}{g(D)}\right) &= \text{rem}\left(\frac{D^{n-k} \cdot M(D) + r(D)}{g(D)}\right) \\ &= \text{rem}\left(\frac{D^{n-k} \cdot M(D)}{g(D)}\right) + r(D) = 0 \end{aligned} \tag{4.35}$$

所以,可得到校验位多项式

$$r(D) = \text{rem}\left(\frac{D^{n-k} \cdot M(D)}{g(D)}\right) \tag{4.36}$$

这样,给定信息序列即可通过生成多项式得到系统循环码。

例 4.10 假设一个(7,4)循环码的生成多项式为 $g(D) = D^3 + D^2 + 1$,信息序列 $M = [1 \quad 1 \quad 0 \quad 1]$,求其对应的系统码 A。

解 我们知道,其对应的系统码形式为 $A = [1 \quad 0 \quad 1 \quad 1 \quad * \quad * \quad *]$,"$*$"位的具体数值虽然不清楚,但其多项式形式可表示为

$$A(D) = D^6 + D^4 + D^3 + r(D)$$

它能够被 $g(D)$ 整除,即

$$\text{rem}\left(\frac{A(D)}{g(D)}\right) = 0$$

进一步可得

$$r(D) = \text{rem}\left(\frac{D^6 + D^4 + D^3}{g(D)}\right)$$

由表 4.4 的余式表，可计算出 $r(D) = (D^2+D) + (D^2+D+1) + (D^2+1) = D^2$，所以 $A(D) = D^6 + D^4 + D^3 + D^2$，从而得到系统码 $\boldsymbol{A} = [1\quad 0\quad 1\quad 1\quad 1\quad 0\quad 0]$。

多项式除法可以用带反馈的线性移位寄存器来实现，$g(D)$ 与移位寄存器的反馈逻辑相对应。如假设 $g(D) = D^6 + D^5 + D^4 + D^3 + 1$，则采用内接异或门的电路如图 4.1 所示。

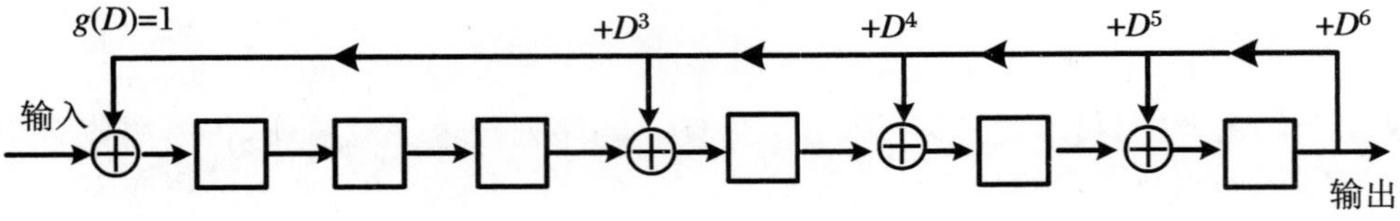

图 4.1　多项式除法电路

例 4.11　一个(7,4)循环码，其生成多项式为 $g(D) = D^3 + D^2 + 1$，对应的系统码编码电路如图 4.2 所示。

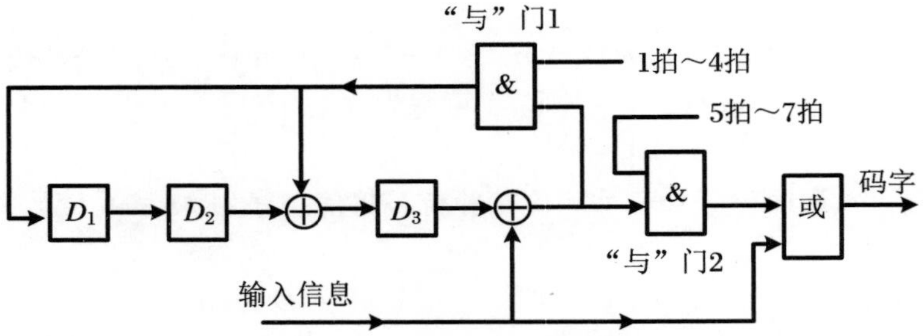

图 4.2　一个系统循环码的编码电路

“与”门 1 在 1 拍～4 拍接通，其余时间断开；“与”门 2 在 5 拍～7 拍接通，其余时间断开。用 3 级移位寄存器 D_1，D_2 和 D_3 以及两个模 2 加法器实现除法电路，反馈逻辑与 $g(D)$ 相对应。“或”门把信息码元和校验码元合路，输出编码序列 $\boldsymbol{A}$。由于输入信息码组直接加到除法电路的高端，相当于自动乘以 D^3。当信息码组 $\boldsymbol{M} = [1\quad 0\quad 1\quad 0]$ 时，编码过程如表 4.5 所示，起始阶段对移位寄存器状态清零。

表 4.5　图 4.2 所示电路的运算结果

节拍	信息序列	D_1	D_2	D_3	编码序列
1	1	1	0	1	1
2	0	1	1	1	0
3	1	0	1	1	1
4	0	1	0	0	0
5		0	1	0	0
6		0	0	1	0
7		0	0	0	1

4.5 循环码的译码

线性分组码的译码通过校正子 $\boldsymbol{S}=\boldsymbol{B}\cdot\boldsymbol{H}^{\mathrm{T}}=\boldsymbol{E}\cdot\boldsymbol{H}^{\mathrm{T}}$，基于最大似然准则得到 $\boldsymbol{S}$ 与 $\boldsymbol{E}$ 的一一映射关系，通过 $\boldsymbol{A}=\boldsymbol{B}+\boldsymbol{E}$ 得到发送的码序列。循环码的译码同样会用到校正子多项式 $S(D)$，也称为伴随多项式，但其计算不是基于校验矩阵 $\boldsymbol{H}$，而是生成多项式 $g(D)$。假设发送码字多项式为 $A(D)$，接收码字多项式为 $B(D)$，传输过程中可能会出错，错误图样多项式为 $E(D)$，则有 $B(D)=A(D)+E(D)$，如图 4.3 所示。

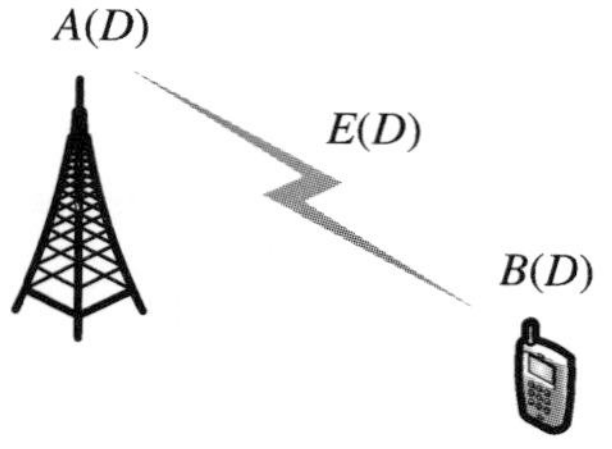

图 4.3 系统收发示意图

校正子多项式 $S(D)$ 定义为接收码字多项式 $B(D)$ 与生成多项式 $g(D)$ 的余式，即

$$S(D)=\operatorname{rem}\left(\frac{B(D)}{g(D)}\right)=\operatorname{rem}\left(\frac{A(D)+E(D)}{g(D)}\right)=\operatorname{rem}\left(\frac{E(D)}{g(D)}\right) \tag{4.37}$$

在式(4.37)中，虽然不知道 $A(D)$ 的具体值，但知道它能被 $g(D)$ 整除，即 $\operatorname{rem}\left(\frac{A(D)}{g(D)}\right)=0$。

对于同一个 $S(D)$，$E(D)$ 可能有多个不同的值与之对应。与线性分组码中求 $\boldsymbol{S}$ 与 $\boldsymbol{E}$ 的一一映射类似，这里同样使用最大似然比准则，对最小码重的差错多项式 $E(D)$（本章仅考虑码重为 0 或 1 的情况），由式(4.34)求出对应的校正子多项式 $S(D)$，形成 $S(D)$ 与 $E(D)$ 的一一映射关系。

例 4.12 一个(7,4)循环码，其生成多项式为 $g(D)=D^3+D^2+1$，求：

(1) 校正子 $S(D)$ 与错误图样多项式 $E(D)$ 的一一映射关系；

(2) 若接收序列 $\boldsymbol{B}=[1\quad 0\quad 1\quad 0\quad 1\quad 0\quad 1]$，求发送的编码序列 $\boldsymbol{A}$ 及信息序列 $\boldsymbol{M}$。

解 (1) 根据重量为 1 的错误图样多项式 $E(D)$，可分别求出它们对应的校正子多项式 $S(D)$。如：当错误序列为 $\boldsymbol{E}=[0\quad 0\quad 0\quad 0\quad 0\quad 0\quad 1]$ 时，即 $E(D)=1$，它所对应的 $S(D)=1$；当错误序列为 $\boldsymbol{E}=[1\quad 0\quad 0\quad 0\quad 0\quad 0\quad 0]$ 时，即 $E(D)=D^6$，它所对应的 $S(D)=D^2+D$，依次类推，可得到两者的一一映射表。

$E(D)$	D^6	D^5	D^4	D^3	D^2	D	1
$S(D)$	D^2+D	$D+1$	D^2+D+1	D^2+1	D^2	D	1

(2) 接收序列 $\boldsymbol{B}=[1\quad 0\quad 1\quad 0\quad 1\quad 0\quad 1]$，对应的多项式 $B(D)=D^6+D^4+D^2+1$，

$$S(D)=\operatorname{rem}\left(\frac{B(D)}{g(D)}\right)=\operatorname{rem}\left(\frac{D^6+D^4+D^2+1}{D^3+D^2+1}\right)=D^2$$

查表可知它所对应的 $E(D)=D^2$，即 $\boldsymbol{E}=[0\ \ 0\ \ 0\ \ 0\ \ 1\ \ 0\ \ 0]$，因此有

$$\begin{aligned}\boldsymbol{A}&=\boldsymbol{B}+\boldsymbol{E}=[1\ \ 0\ \ 1\ \ 0\ \ 1\ \ 0\ \ 1]+[0\ \ 0\ \ 0\ \ 0\ \ 1\ \ 0\ \ 0]\\&=[1\ \ 0\ \ 1\ \ 0\ \ 0\ \ 0\ \ 1]\end{aligned}$$

因为默认发送的都是系统码，提取出前面 k 位即可得到信息序列 $\boldsymbol{M}=[1\ \ 0\ \ 1\ \ 0]$。

例 4.13 假设一个(15,7)循环码，其生成多项式 $g(D)=D^8+D^7+D^6+D^4+1$，请问：

(1) 如果接收到的码多项式为 $B(D)=D^{14}+D^5+D+1$，它是码集合中的一个有效码字吗？为什么？

(2) 求出其对应的校正子多项式 $S(D)$。

(3) 求出典型校验矩阵 $\boldsymbol{H}_{\text{sys}}$，并用 $\boldsymbol{S}=\boldsymbol{B}\cdot\boldsymbol{H}_{\text{sys}}^{\text{T}}$ 计算校正子。

解 (1)和(2)的问题可以同时解决，根据生成多项式，计算出 $D^8\sim D^{14}$ 对 $g(D)$ 的余式分别为

$$\begin{aligned}&D^8--D^7+D^6+D^4+1\\&D^9--D^6+D^5+D^4+D+1\\&D^{10}--D^7+D^6+D^5+D^2+D\\&D^{11}--D^4+D^3+D^2+1\\&D^{12}--D^5+D^4+D^3+D\\&D^{13}--D^6+D^5+D^4+D^2\\&D^{14}--D^7+D^6+D^5+D^3\end{aligned}$$

计算 $B(D)$ 对 $g(D)$ 的余式

$$\begin{aligned}S(D)&=\operatorname{rem}\left(\frac{B(D)}{g(D)}\right)=D^7+D^6+D^5+D^3+D^5+D+1\\&=D^7+D^6+D^3+D+1\end{aligned}$$

由于 $S(D)\neq0$，所以 $B(D)$ 不是码集合中的一个有效码字。

(3) 由前面的计算，可知典型生成矩阵为

$$\boldsymbol{G}_{\text{sys}}=\begin{bmatrix}1&0&0&0&0&0&0&\vdots&1&1&1&0&1&0&0&0\\0&1&0&0&0&0&0&\vdots&0&1&1&1&0&1&0&0\\0&0&1&0&0&0&0&\vdots&0&0&1&1&1&0&1&0\\0&0&0&1&0&0&0&\vdots&0&0&0&1&1&1&0&1\\0&0&0&0&1&0&0&\vdots&1&1&1&0&0&1&1&0\\0&0&0&0&0&1&0&\vdots&0&1&1&1&0&0&1&1\\0&0&0&0&0&0&1&\vdots&1&1&0&1&0&0&0&1\end{bmatrix}$$

由典型生成矩阵 $\boldsymbol{G}_{\text{sys}}$ 直接可得典型校验矩阵为

$$\boldsymbol{H}_{\text{sys}}=\begin{bmatrix}1&0&0&0&1&0&1&\vdots&1&0&0&0&0&0&0&0\\1&1&0&0&1&1&1&\vdots&0&1&0&0&0&0&0&0\\1&1&1&0&1&1&0&\vdots&0&0&1&0&0&0&0&0\\0&1&1&1&0&1&1&\vdots&0&0&0&1&0&0&0&0\\1&0&1&1&0&0&0&\vdots&0&0&0&0&1&0&0&0\\0&1&0&1&1&0&0&\vdots&0&0&0&0&0&1&0&0\\0&0&1&0&1&1&0&\vdots&0&0&0&0&0&0&1&0\\0&0&0&1&0&1&1&\vdots&0&0&0&0&0&0&0&1\end{bmatrix}$$

$B(D)$对应的序列 $\boldsymbol{B}=[1\ 0\ 0\ 0\ 0\ 0\ 0\ 0\ 0\ 1\ 0\ 0\ 0\ 1\ 1]$。则

$$\boldsymbol{S}=\boldsymbol{B}\cdot\boldsymbol{H}_{\text{sys}}^{\text{T}}$$

$$=[1\ 0\ 0\ 0\ 0\ 0\ 0\ 0\ 0\ 1\ 0\ 0\ 0\ 1\ 1]\cdot\begin{bmatrix}1&1&1&0&1&0&0&0\\0&1&1&1&0&1&0&0\\0&0&1&1&1&0&1&0\\0&0&0&1&1&1&0&1\\1&1&1&0&0&1&1&0\\0&1&1&1&0&0&1&1\\1&1&0&1&0&0&0&1\\1&0&0&0&0&0&0&0\\0&1&0&0&0&0&0&0\\0&0&1&0&0&0&0&0\\0&0&0&1&0&0&0&0\\0&0&0&0&1&0&0&0\\0&0&0&0&0&1&0&0\\0&0&0&0&0&0&1&0\\0&0&0&0&0&0&0&1\end{bmatrix}$$

$$=[1\ 1\ 0\ 0\ 1\ 0\ 1\ 1]$$

这与 $S(D)=D^7+D^6+D^3+D+1$ 的计算一致。

循环码的译码流程可总结为如图 4.4 所示的流程，接收的码多项式一方面进行校正子 $S(D)$的计算，另一方面要缓存起来。通过校正子与错误图样的映射关系，由 $S(D)$找到对应的 $E(D)$，再与缓存的 $B(D)$做模加运算，得到发送的码多项式 $A(D)$。

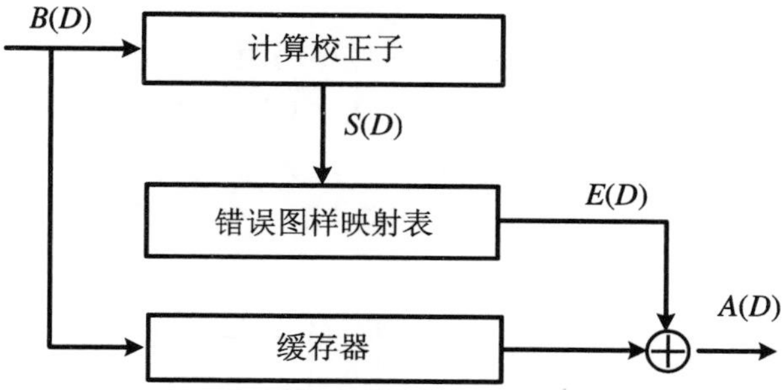

图 4.4　循环码的译码流程

一般地，我们常利用循环码强大的检错能力进行校验，常用的 4 个循环码国际标准为

$$\text{CRC-12}: g(D)=D^{12}+D^{11}+D^3+D^2+D+1$$

$$\text{CRC-16}: g(D)=D^{16}+D^{15}+D^2+1$$

$$\text{CRC-CCITT}: g(D)=D^{16}+D^{12}+D^5+1$$

$$\text{CRC-32}: g(D)=D^{32}+D^{26}+D^{23}+D^{22}+D^{16}+D^{12}+D^{11}+D^{10}+D^8+D^7+D^5+D^4+D^2+D+1$$

在 5G 系统中用到的循环码标准[3]为

$$g_{\text{CRC-24}A}(D)=D^{24}+D^{23}+D^{18}+D^{17}+D^{14}+D^{11}$$

$$+ D^{10} + D^7 + D^6 + D^5 + D^4 + D^3 + D + 1$$

$$g_{\text{CRC-24}B}(D) = D^{24} + D^{23} + D^6 + D^5 + D + 1$$

$$g_{\text{CRC-24}C}(D) = D^{24} + D^{23} + D^{21} + D^{20} + D^{17} + D^{15} + D^{13} + D^{12} + D^8 + D^4 + D^2 + D + 1$$

$$g_{\text{CRC-16}}(D) = D^{16} + D^{12} + D^5 + D + 1$$

本章小结

首先给出了循环码的概念，详细描述了如何得到一个(n,k)循环码的生成多项式$g(D)$，举例说明了循环码的部分结构特性。基于生成多项式$g(D)$，如何快速得到典型的生成矩阵$\boldsymbol{G}_{\text{sys}}$，并给出了基于移位寄存器的编码电路图。在循环码的译码中，阐明了如何得到校正子多项式$S(D)$和错误图样多项式$E(D)$的一一映射关系，并给出了一些循环码标准。

习题

4.1 对于任意正整数n，证明$D+1$是D^n+1的一个因式。

4.2 一个(n,k)循环码，其生成多项式为$g(D)$，假如n是一个奇数，且$D+1$不是$g(D)$的一个因式，证明循环码中包含一个全1码字。

4.3 基于因式分解$D^7+1=(D^3+D^2+1)\cdot(D^3+D+1)\cdot(D+1)$。

(1) 能够构造出多少码长为7的循环码?

(2) 找到对应的生成多项式及典型生成矩阵。

4.4 设$g(D)=g_{n-k}D^{n-k}+g_{n-k-1}D^{n-k-1}+\cdots+g_1D+g_0$是一个循环码的生成多项式，证明$g_0=1$。

4.5 求(7,3)循环码的典型生成矩阵及其最小码距。

4.6 一个(7,4)系统循环码的生成多项式为$g(D)=D^3+D^2+1$，其对应的编码电路如题图4.1所示，若输入信息为[1 1 0 1]，请给出移位寄存器D_1,D_2,D_3及输出的具体变化情况。

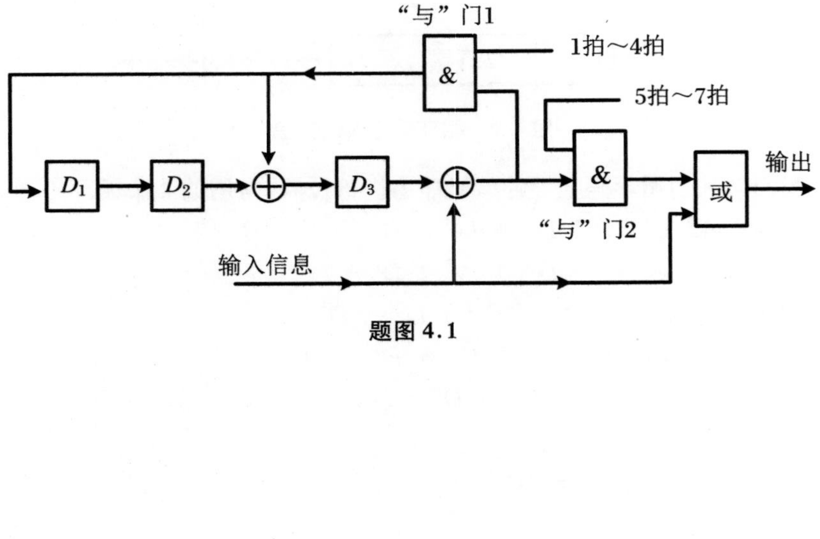

题图 4.1

参考文献

[1] Prange E. Cyclic error-correcting codes in two symbols[J]. Air Force Cambridge Research Center, 1957.

[2] Lin S, Li J. Fundamentals of classical and modern error-correcting codes[M]. Cambridge: Cambridge University Press, 2022.

[3] 3GPP TS 38.212 V0.1.13rd Generation Partnership Project Technical Specification Group Radio Access Network NR-Multiplexing and Channel Coding: Release 15[S]. 2017.

第 5 章　BCH 码

本章的主要内容包括：有限域的基本概念，本原多项式的充要条件及其性质，基于本原多项式如何构造扩展域、如何寻找扩展域中非零元素对应的极小多项式，结合纠错能力 t 如何得到生成多项式，从而完成编码工作；介绍了两种译码算法——Peterson-Gorenstein-Zierler 算法和 Berlekamp-Massey 算法，并通过具体实例讲述了它们的译码步骤。

5.1　引　　言

BCH 码是循环码的一种，能纠正多个随机错误，1959 年由学者 Hocquenghem 首次提出[1]，1960 年学者 Bose 和 Chaudhuri 也独立发现了该码字，人们用他们名字的首字母将这类码字简记为 BCH 码。BCH 码有效的译码算法是 Berlekamp-Massey 迭代算法，它是由 Berlekamp 首次提出[2]、Massey 进行改进的[3]。

前面介绍的线性分组码和循环码，都是将码集合设计出来之后，再根据最小码距得知该码的纠错能力，但 BCH 码不同，它是按需设计的，即纠错能力是 BCH 码的一个设计参数。

若循环码的生成多项式具有下式所示形式：

$$g(x) = \mathrm{LCM}[f_1(x), f_3(x), \cdots, f_{2t-1}(x)] \tag{5.1}$$

其中 LCM 表示最小公倍式，t 为纠错能力，$f_i(x)$ 为素多项式，则由此式生成的循环码称为 BCH 码，其最小码距 $d \geqslant d_0 = 2t+1$（d_0 称为设计码距），它能纠正 t 个随机独立差错。对于任意正整数 $m \geqslant 3$，纠错能力 $t < 2^{m-1}$，一个(n, k)二进制本原 BCH 码的参数应满足：码长 $n = 2^m - 1$，校验位$(n-k) \leqslant m \cdot t$，即码长为 $n = 2^m - 1$ 的码字为本原 BCH 码，码长是 $2^m - 1$ 的因子的码字为非本原 BCH 码。例如，当 $m = 6$ 时，若码长 $2^6 - 1 = 63$，则为本原 BCH 码，若码长为 63 的因子 21，则为非本原 BCH 码。

例 5.1　一个码长为 15 的 BCH 码，希望纠正 3 个随机独立错误（即 $t = 3$），求其生成多项式。

解　由码长为 15 可知，$2^m - 1 = 15$，可知 $m = 4$。$t = 3$，由式(5.1)可知，生成多项式 $g(x) = \mathrm{LCM}[f_1(x), f_3(x), f_5(x)]$。

查不可约多项式表（如表 5.1 所示），阶数为 4 时，$i = 1$ 对应的值为 23（二进制表示为 010011），即 $f_1(x) = x^4 + x + 1$，同理可得 $f_3(x) = x^4 + x^3 + x^2 + x + 1$，$f_5(x) = x^2 + x + 1$，这样生成多项式可计算得到

$$
\begin{aligned}
g(x) &= \mathrm{LCM}[f_1(x), f_3(x), f_5(x)] \\
&= (x^4 + x + 1)\cdot(x^4 + x^3 + x^2 + x + 1)\cdot(x^2 + x + 1) \\
&= x^{10} + x^8 + x^5 + x^4 + x^2 + x + 1
\end{aligned}
$$

由这样的生成多项式就可构造(15,5)的 BCH 码,能够纠正 3 个错误。

表 5.1　部分不可约多项式表

阶数	极小多项式 $f_i(x)$(八进制数表示)					
2	$i=1$	7				
3	$i=1$	13				
4	$i=1$	23	$i=3$	37	$i=5$	7
5	$i=1$	45	$i=3$	75	$i=5$	67

表 5.2 和表 5.3 给出了一些常用的本原 BCH 码及非本原 BCH 码。

表 5.2　码长 $n \leqslant 31$ 的本原 BCH 码

n	k	纠错能力 t	生成多项式 $g(x)$
7	4	1	13
15	11	1	23
15	7	2	721
15	5	3	2467
31	26	1	45
31	21	2	3551
31	16	3	107657
31	11	5	5423325
31	6	7	313365047

表 5.3　部分非本原 BCH 码

n	k	最小码距 d_{min}	生成多项式 $g(x)$
17	9	5	727
21	16	3	43
21	12	5	1663
21	6	7	126357
21	4	9	643215
23	12	7	5343
25	5	5	4102041
27	9	3	1001001
27	7	6	7007007
33	6	7	3043

在例 5.1 中，知道了码长 n 和纠错能力 t，通过查表即可得到生成多项式，似乎这是一件简单的事情，但如果没有不可约多项式表呢？或者说，我们自己如何构造这样的不可约多项式表？

5.2 有限域

一个元素个数有限的域称为有限域，或者伽罗瓦域(Galois field)。若有限域中的元素个数为素数，记为素域 GF(p)，其中 p 为素数。有限域中的各元素运算满足：

- 交换律：$a+b=b+a, a\cdot b=b\cdot a$；
- 结合律：$(a+b)+c=a+(b+c), (a\cdot b)\cdot c=a\cdot(b\cdot c)$；
- 分配律：$a(b+c)=ab+ac$。

将素域 GF(p)中的元素个数扩展到 p^m，就形成了扩展域 GF(p^m)，其中 m 是一个非零正整数，素域 GF(p)是扩展域 GF(p^m)的一个子域，比如 GF(2)是扩展域 GF(2^m)的一个子域，类似于实数域是复数域的一个子域。在扩展域 GF(2^m)中，共有 2^m 个元素，除了 GF(2)中的数字 0 和 1，扩展域中有一个特殊元素 a。扩展域中任何一个非零元素都可以用 a 的不同幂次表示，同时这些非零元素对乘法是封闭的，其约束条件为

$$a^{(2^m-1)}+1=0 \tag{5.2}$$

这意味着 $a^{(2^m-1)}=1$，根据这个多项式限制条件，任何幂次等于或超过 2^m-1 的域元素都可降阶为幂次小于 2^m-1 的元素，即

$$a^{(2^m+n)}=a^{(2^m-1)}a^{n+1}=a^{n+1} \tag{5.3}$$

这样 GF(2^m)中的元素可表示为$\{0,a^0,a^1,a^2,\cdots,a^{2^m-2}\}$。如果有限域中的所有非零元素都可表示为某个元素 a 的不同幂次，则称 a 为该域的本原元。

例 5.2 考虑 GF(5)，证明元素 2 是该域的本原元。

解 GF(5)中的所有元素为$\{0,1,2,3,4\}$，$2^0=1(\mathrm{mod}5)=1$，$2^1=2(\mathrm{mod}5)=2$，$2^2=4(\mathrm{mod}5)=4$，$2^3=8(\mathrm{mod}5)=3$，因此，GF(5)上的所有非零元素即$\{1,2,3,4\}$都可以表示成 2 的不同幂次，故 2 是 GF(5)上的本原元；容易验证，3 也是 GF(5)上的本原元。

扩展域中的非零元素虽然可以用本原元 a 的不同次幂来表征，但还不够具体化，即每个幂元素如何用多项式表征，这就需要本原多项式来定义。一个多项式是本原多项式的充要条件：一个 m 阶的不可约多项式 $p(x)$，如果 $p(x)$整除 x^n+1 的最小正整数 n 满足 $n=2^m-1$，则该多项式是本原多项式。

在扩展域 GF(2^m)中，一个(n,k)本原 BCH 码的码长 $n=2^m-1$，根据本原多项式 $p(x)$的充要条件，它能整除 x^n+1，为了寻找 m 阶的本原多项式，需要对 x^n+1 进行因式分解。比如，寻找阶数 $m=3$ 的本原多项式，此时就需要对 x^7+1 进行因式分解，$x^7+1=(x^3+x^2+1)\cdot(x^3+x+1)\cdot(x+1)$，这里有两个 3 阶的因式 $p_1(x)=x^3+x^2+1$ 和 $p_2(x)=x^3+x+1$，它们都是阶数 $m=3$ 的本原多项式；寻找阶数 $m=4$ 的本原多项式，此时就需要对 $x^{15}+1$ 进行因式分解，$x^{15}+1=(x^4+x^3+x^2+x+1)\cdot(x^4+x^3+1)\cdot(x^4+x+1)\cdot(x^2+x+1)\cdot(x+1)$，这里有三个 4 阶的因式 $p_1(x)=x^4+x^3+x^2+x+1$，

$p_2(x)=x^4+x^3+1$ 和 $p_3(x)=x^4+x+1$，它们是否都是阶数 $m=4$ 的本原多项式呢？通过验证幂次为 $m=4$ 的多项式是否能够整除 x^n+1，但不能整除 $1\leqslant n<15$ 范围内的 x^n+1，就可以确定它是否为本原多项式。经验证，$p_1(x)$ 不是本原多项式，因为它能整除 x^5+1，$p_2(x)$ 和 $p_3(x)$ 都是 $m=4$ 阶的本原多项式。由此可见，一个 m 阶的本原多项式并不是唯一的。

对不同阶数本原多项式的寻找是人力难及的，我们可通过计算机搜索得到，如表 5.4 所示，对每个不同的阶数 m，表里只列出了一个本原多项式。

表 5.4　部分本原多项式

阶数 m	本原多项式	阶数 m	本原多项式
3	$1+x+x^3$	11	$1+x^2+x^{11}$
4	$1+x+x^4$	12	$1+x+x^4+x^6+x^{12}$
5	$1+x^2+x^5$	13	$1+x+x^3+x^4+x^{13}$
6	$1+x+x^6$	14	$1+x+x^6+x^{10}+x^{14}$
7	$1+x^3+x^7$	15	$1+x+x^{15}$
8	$1+x^2+x^3+x^4+x^8$	16	$1+x+x^3+x^{12}+x^{16}$
9	$1+x^4+x^9$	17	$1+x^3+x^{17}$
10	$1+x^3+x^{10}$	18	$1+x^7+x^{18}$

如何用一个 m 阶的本原多项式 $p(x)$ 定义一个扩展域 $GF(2^m)$ 呢？假设选择一个 3 阶的本原多项式 $p(x)=1+x+x^3$，希望用它来构造扩展域 $GF(2^3)$，显然，这个扩展域共有 $2^3=8$ 个元素。对这个 3 阶的本原多项式，我们首先要找到它的 3 个根。经简单验证，我们所熟悉的二进制数 0 和 1 不是它的根，因为 $p(1)=1$，$p(0)=1$（运用模 2 运算），这就表明它的根都处于扩展域 $GF(2^3)$ 中。扩展域的元素 a 是本原元，即它是本原多项式天然的一个根，有 $p(a)=0$，其他两个根是什么还需要寻找。

由 $p(a)=0$，即 $1+a+a^3=0$ 可得

$$a^3=1+a \tag{5.4a}$$

这意味着 a^3 可以表示为更低阶 a 项的加权和（多项式表示形式），类似地，我们可得到

$$a^4=a\cdot a^3=a\cdot(1+a)=a+a^2 \tag{5.4b}$$

$$a^5=a\cdot a^4=a\cdot(a+a^2)=a^2+a^3=1+a+a^2 \tag{5.4c}$$

$$a^6=a\cdot a^5=a\cdot(1+a+a^2)=a+a^2+a^3=a+a^2+1+a=1+a^2 \tag{5.4d}$$

有限域 $GF(2^3)$ 中的 8 个元素 $\{0,a^0,a^1,a^2,a^3,a^4,a^5,a^6\}$，我们已经知道 0 和 1 不是本原多项式 $p(x)=1+x+x^3$ 的根，a 是它的一个根，其余的两个根是什么呢？我们通过枚举的方法来验证。

- $p(a^2)=1+a^2+(a^2)^3=1+a^2+a^6=0$，所以元素 a^2 是本原多项式的根；
- $p(a^3)=1+a^3+(a^3)^3=1+a^3+a^9=1+a^3+a^2\neq 0$，所以元素 a^3 不是本原多项式的根；
- $p(a^4)=1+a^4+(a^4)^3=1+a^4+a^{12}=1+a^4+a^5=0$，所以元素 a^4 是本原多项式的根；

• $p(a^5)=1+a^5+(a^5)^3=1+a^5+a^{15}=1+a^5+a\neq 0$，所以元素 a^5 不是本原多项式的根；

• $p(a^6)=1+a^6+(a^6)^3=1+a^6+a^{18}=1+a^6+a^4\neq 0$，所以元素 a^6 不是本原多项式的根。

这样，本原多项式 $p(x)=1+x+x^3$ 的三个根 a, a^2, a^4 全部找到，都在扩展域 $GF(2^3)$ 中。

事实上，如果 a 是本原多项式的根，则 a^{2^u} 也是该本原多项式的根[4]，其中 u 是任意非负整数，我们简单证明一下这个结论。

证明 假设由 m 阶本原多项式 $p(x)$ 来构造扩展域 $GF(2^m)$，$p(x)$ 的一般表示式可写为

$$p(x)=p_0+p_1x+\cdots+p_mx^m \tag{5.5}$$

其中，系数 $p_0, p_1, \cdots, p_m$ 都在素域 GF(2) 中，即为 0 或 1。那么 $p^2(x)$ 可计算为

$$\begin{aligned}p^2(x)&=(p_0+p_1x+\cdots+p_mx^m)^2=(p_0+(p_1x+\cdots+p_mx^m))^2\\&=p_0^2+p_0\cdot(p_1x+\cdots+p_mx^m)+p_0\cdot(p_1x+\cdots+p_mx^m)+(p_1x+\cdots+p_mx^m)^2\\&=p_0^2+(p_1x+\cdots+p_mx^m)^2\end{aligned} \tag{5.6}$$

依次类推，对式(5.6)进行展开，最终得到

$$p^2(x)=p_0^2+(p_1x)^2+(p_2x^2)^2+\cdots+(p_mx^m)^2 \tag{5.7}$$

因为系数 $p_i(i=0,1,\cdots,m)$ 为 0 或 1，所以 $p_i^2=p_i$，式(5.7)可写为

$$\begin{aligned}p^2(x)&=p_0+p_1x^2+p_2(x^2)^2+\cdots+p_m(x^m)^2\\&=p_0+p_1(x^2)+p_2(x^2)^2+\cdots+p_m(x^2)^m\\&=p(x^2)\end{aligned} \tag{5.8}$$

同理可得

$$(p(x))^{2^u}=p(x^{2^u}),\quad u\geqslant 0 \tag{5.9}$$

若 a 是本原多项式 $p(x)$ 的根，即 $p(a)=0$，由式(5.9)可知

$$p(a^{2^u})=(p(a))^{2^u}=0 \tag{5.10}$$

所以，$a^2, a^4, \cdots, a^{2^u}$ 都是本原多项式 $p(x)$ 的根。

由式(5.4a)～(5.4d)可知，由本原多项式 $p(x)$ 定义的扩展域中的幂元素也可以写为多项式形式。在 $GF(2^m)$ 中，将每个非 0 元素用多项式 $w_i(a)$ 表示，其系数至少有一个不为 0。对于 $i=0,1,\cdots,2^m-2$，有

$$a^i=w_i(a)=w_{i,0}+w_{i,1}\cdot a+w_{i,2}\cdot a^2+\cdots+w_{i,m-1}\cdot a^{m-1} \tag{5.11}$$

例如，由本原多项式 $p(x)=1+x+x^3$ 定义的扩展域如表 5.5 所示。

表 5.5 由本原多项式 $p(x)=1+x+x^3$ 定义的扩展域

非零元素(幂形式)	多项式形式
a^0	1
a^1	a
a^2	a^2
a^3	$a+1$
a^4	a^2+a
a^5	a^2+a+1
a^6	a^2+1

有限域中两个元素的加法定义为两个多项式中同幂次项系数进行模加，即

$$a^i + a^j = w_i(a) + w_j(a)$$
$$= (w_{i,0} + w_{j,0}) + (w_{i,1} + w_{j,1}) \cdot a + \cdots + (w_{i,m-1} + w_{j,m-1}) \cdot a^{m-1} \quad (5.12)$$

两个元素的乘法：

$$a^i \cdot a^j = a^{i+j} = a^v \quad (5.13)$$

相乘结果满足式(5.3)的乘法封闭性，因此 v 是 $i+j$ 除以 2^m-1 的余式，即

$$v = \mathrm{rem}\left(\frac{i+j}{2^m-1}\right) \quad (5.14)$$

这样由本原多项式 $p(x)=1+x+x^3$ 定义的扩展域中非零元素的加法结果如表 5.6 所示，乘法结果如表 5.7 所示。

表 5.6　由本原多项式 $p(x)=1+x+x^3$ 定义的扩展域非零元素的加法

+	a^0	a^1	a^2	a^3	a^4	a^5	a^6
a^0	0	a^3	a^6	a^1	a^5	a^4	a^2
a^1	a^3	0	a^4	a^0	a^2	a^6	a^5
a^2	a^6	a^4	0	a^5	a^1	a^3	a^0
a^3	a^1	a^0	a^5	0	a^6	a^2	a^4
a^4	a^5	a^2	a^1	a^6	0	a^0	a^3
a^5	a^4	a^6	a^3	a^2	a^0	0	a^1
a^6	a^2	a^5	a^0	a^4	a^3	a^1	0

表 5.7　由本原多项式 $p(x)=1+x+x^3$ 定义的扩展域非零元素的乘法

×	a^0	a^1	a^2	a^3	a^4	a^5	a^6
a^0	a^0	a^1	a^2	a^3	a^4	a^5	a^6
a^1	a^1	a^2	a^3	a^4	a^5	a^6	a^0
a^2	a^2	a^3	a^4	a^5	a^6	a^0	a^1
a^3	a^3	a^4	a^5	a^6	a^0	a^1	a^2
a^4	a^4	a^5	a^6	a^0	a^1	a^2	a^3
a^5	a^5	a^6	a^0	a^1	a^2	a^3	a^4
a^6	a^6	a^0	a^1	a^2	a^3	a^4	a^5

构建了扩展域，并没有得到我们期望的码集合，即如何得到生成多项式 $g(x)$ 的问题没有解决。在式(5.1)中，我们给出了其计算公式 $g(x)=\mathrm{LCM}[f_1(x), f_3(x), \cdots, f_{2t-1}(x)]$，但这些素多项式 $f_1(x), f_3(x), \cdots, f_{2t-1}(x)$ 不会如表 5.1 那样供你选择，而是需要自己求解。

定理 5.1　设 $b_1, b_2, \cdots, b_{p-1}$ 为 GF(p)上的非零域元素，则[5]

$$x^{p-1} + 1 = (x + b_1) \cdot (x + b_2) \cdot \cdots \cdot (x + b_{p-1}) \quad (5.15)$$

由循环码知识我们知道，为了找到码长为 n 的循环码的生成多项式，首先分解 x^n+1，

因此 x^n+1 可以表示为多个因式的乘积，即

$$x^n+1=f_1(x)\cdot f_2(x)\cdot\cdots\cdot f_w(x) \tag{5.16}$$

这时，我们需要对扩展域中每个非零元素 a^i 找到它所对应的素多项式 $f_i(x)(i=1,2,\cdots,w)$，这些素多项式也称为极小多项式，具体选择哪些极小多项式参与生成多项式的计算，是与纠错能力 t 的值相关的。

例 5.3 由本原多项式 $p(x)=1+x+x^3$ 定义的扩展域 GF(2^3)。

(1) 写出每个非零元素对应的极小多项式；

(2) 当 $t=2$ 时，求生成多项式 $g(x)$。

解 (1) 本原多项式为 $p(x)=1+x+x^3$，阶数 $m=3$，$n=2^3-1=7$，因此首先对 x^7+1 进行因式分解，为 $x^7+1=(x^3+x^2+1)\cdot(x^3+x+1)\cdot(x+1)$。

扩展域 GF(2^3)中的所有非零元素为 $\{a^0,a^1,a^2,a^3,a^4,a^5,a^6\}$，根据式(5.15)，$x^7+1=(x+a^0)\cdot(x+a^1)\cdot(x+a^2)\cdot(x+a^3)\cdot(x+a^4)\cdot(x+a^5)\cdot(x+a^6)$，要为每个非零元素找到对应的极小多项式。

因为本原元 a 是本原多项式 $p(x)=1+x+x^3$ 的根，因此 a^2 和 a^4 都是该多项式的根，就有 $x^3+x+1=(x+a^1)\cdot(x+a^2)\cdot(x+a^4)$，即表明 a 所对应的极小多项式为 $f_1(x)=1+x+x^3$，a^2 所对应的极小多项式为 $f_2(x)=1+x+x^3$，a^4 所对应的极小多项式为 $f_4(x)=1+x+x^3$。

$x+1$ 的根很容易寻找，即 a^0，表明 a^0 所对应的极小多项式为 $f_0(x)=x+1$。

x^3+x^2+1 的根自然就是剩余的三个非零元素 a^3，a^5 和 a^6（可以简单验证一下：$(a^3)^3+(a^3)^2+1=a^9+a^6+1=a^6+a^2+1=0$，$x^3+x^2+1=(x+a^3)\cdot(x+a^5)\cdot(x+a^6)$，就表明 a^3 所对应的极小多项式为 $f_3(x)=x^3+x^2+1$，a^5 所对应的极小多项式为 $f_5(x)=x^3+x^2+1$，a^6 所对应的极小多项式为 $f_6(x)=x^3+x^2+1$）。这样就得到了扩展域 GF(2^3)中每个非零元素所对应的极小多项式，如表 5.8 所示。

表 5.8 扩展域 GF(2^3)中非零元素 a^i 对应的极小多项式 $f_i(x)$

元素的幂形式 a^i	极小多项式 $f_i(x)$
a^0	$f_0(x)=x+1$
a^1	$f_1(x)=x^3+x+1$
a^2	$f_2(x)=x^3+x+1$
a^3	$f_3(x)=x^3+x^2+1$
a^4	$f_4(x)=x^3+x+1$
a^5	$f_5(x)=x^3+x^2+1$
a^6	$f_6(x)=x^3+x^2+1$

(2) 当 $t=2$ 时，根据式(5.1)，$g(x)=\mathrm{LCM}[f_1(x),f_3(x)]$，这里 $f_1(x)=x^3+x+1$，$f_3(x)=x^3+x^2+1$，所以 $g(x)=(x^3+x+1)\cdot(x^3+x^2+1)=x^6+x^5+x^4+x^3+x^2+x+1$。

由 $g(x)=\mathrm{LCM}[f_1(x),f_3(x),\cdots,f_{2t-1}(x)]$可知，生成多项式由 t 个阶数不超过 m 的多项式相乘，因此，$g(x)$的阶数小于等于 $m\cdot t$。

5.3　BCH 码的编码

对一个分组长度 $n=2^m-1$、确定可纠 t 个错误的 BCH 码的生成多项式的步骤：

(1) 选取一个次数为 m 的素多项式并构造 $GF(2^m)$；

(2) 求 $a^i(i=1,2,\cdots,2^m-2)$对应的极小多项式 $f_i(x)$；

(3) 可纠 t 个错误的码的生成多项式为

$$g(x) = \text{LCM}[f_1(x),f_2(x),\cdots,f_{2t}(x)] \tag{5.17}$$

注意式(5.17)所示的生成多项式表达与式(5.1)似乎是不同的，其实两者的内涵是完全一样的。我们知道，a^i 对应着极小多项式$f_i(x)$，即表示 a^i 是$f_i(x)$的根，式(5.17)的生成多项式 $g(x)$是 $2t$ 个极小多项式的最小公倍式，也意味着 $a^1,a^2,\cdots,a^{2t}$是$g(x)$的根。假设 i 是一个偶正整数，它可以表示为一个奇整数 i'和 2 的幂次(2^l)的乘积，即

$$i = i' \cdot 2^l \tag{5.18}$$

考虑到

$$a^i = a^{i'2^l} = (a^{i'})^{2^l} \tag{5.19}$$

结合式(5.10)可知，a^i 和 $a^{i'}$对应着相同的极小多项式(即 a^i 和 $a^{i'}$都是该极小多项式的根)，即 $f_i(x)=f_{i'}(x)$，因此我们可以将式(5.17)中所有的偶数下标去掉，并不影响生成多项式的计算结果，即可写为式(5.1)的形式。

用这种方法设计的码至少能纠正 t 个错误，某些情况下，甚至能纠正多于 t 个错误，因此 $d=2t+1$ 称为设计码距，其实际最小码距 $d_{\min}\geqslant 2t+1$。注意：一旦确定了 n 和 t，我们便可以确定 BCH 码的生成多项式。

例 5.4　试用本原多项式 $p(x)=x^4+x+1$ 构造扩展域 $GF(2^4)$。

(1) 写出非零元素的幂形式和多项式形式；

(2) 写出每个非零元素对应的极小多项式 $f_i(x)$；

(3) 当纠错能力 t 分别为 1,2,3 时，求其对应的生成多项式。

解　(1) 本原元 a 是本原多项式$p(x)=x^4+x+1$ 的根，因此有 $p(a)=a^4+a+1=0$，可得

$$\begin{aligned}
a^4 &= a+1\\
a^5 &= a\cdot a^4 = a\cdot(a+1) = a^2+a\\
a^6 &= a\cdot a^5 = a(a^2+a) = a^3+a^2\\
a^7 &= a\cdot a^6 = a(a^3+a^2) = a^4+a^3 = a^3+a+1\\
a^8 &= a\cdot a^7 = a(a^3+a+1) = a^4+a^2+a = a^2+1
\end{aligned}$$

或者这样计算：$a^8=a^4\cdot a^4=(a+1)\cdot(a+1)=a^2+1$。

这里要灵活计算，比如 $a^{12}=(a^6)^2=(a^3+a^2)^2=a^6+a^4=a^3+a^2+a+1$，或者可以这样计算：$a^{12}=a^8\cdot a^4=(a^2+1)\cdot(a+1)=a^3+a^2+a+1$。依次类推，可得所有非零元素的多项式形式，如表 5.9 所示。

表 5.9 非零域元素的表征及其对应的极小多项式

幂形式 a^i	多项式形式	a^i 对应的极小多项式 $f_i(x)$
a^0	1	$f_0(x)=x+1$
a^1	a	$f_1(x)=x^4+x+1$
a^2	a^2	$f_2(x)=x^4+x+1$
a^3	a^3	$f_3(x)=x^4+x^3+x^2+x+1$
a^4	$a+1$	$f_4(x)=x^4+x+1$
a^5	a^2+a	$f_5(x)=x^2+x+1$
a^6	a^3+a^2	$f_6(x)=x^4+x^3+x^2+x+1$
a^7	a^3+a+1	$f_7(x)=x^4+x^3+1$
a^8	a^2+1	$f_8(x)=x^4+x+1$
a^9	a^3+a	$f_9(x)=x^4+x^3+x^2+x+1$
a^{10}	a^2+a+1	$f_{10}(x)=x^2+x+1$
a^{11}	a^3+a^2+a	$f_{11}(x)=x^4+x^3+1$
a^{12}	a^3+a^2+a+1	$f_{12}(x)=x^4+x^3+x^2+x+1$
a^{13}	a^3+a^2+1	$f_{13}(x)=x^4+x^3+1$
a^{14}	a^3+1	$f_{14}(x)=x^4+x^3+1$

(2) $m=4,n=2^m-1=15$，对 $x^{15}+1$ 进行因式分解，得

$$x^{15}+1=(x^4+x^3+x^2+x+1)\cdot(x^4+x^3+1)\cdot(x^4+x+1)\cdot(x^2+x+1)\cdot(x+1)$$

- 多项式 $x+1$ 只有 1 个根，容易知道为 a^0。
- 本原多项式 x^4+x+1 有 4 个根，除了本原元 a^1 之外，还有 a^2,a^4,a^8。
- 其余多项式的根不能直接发现，只能通过尝试的方法，比如多项式 x^2+x+1 有 2 个根，具体是哪 2 个呢？首先将 a^3 代入计算，$(a^3)^2+a^3+1=a^6+a^3+1\neq0$，说明 a^3 不是它的根，再将 a^5 代入计算，$(a^5)^2+a^5+1=a^{10}+a^5+1=0$，因此 a^5 是它的根，另一个根就是 $(a^5)^2=a^{10}$。
- 经过类似的验证，可知多项式 $x^4+x^3+x^2+x+1$ 的 4 个根是 a^3,a^6,a^9,a^{12}；多项式 x^4+x^3+1 的 4 个根是 a^7,a^{11},a^{13},a^{14}。

这样，每个非零元素所对应的极小多项式就可得到，如表 5.9 所示。

(3) 当 $t=1$ 时，$g(x)=f_1(x)=x^4+x+1$，即校验位的数量 $r=4$，信息位的数量 $k=n-r=15-4=11$，这时得到的码为(15,11)的 BCH 码，该码的设计距离为 $d=2t+1=3$，可以计算该码的实际最小码距 $d_{\min}$ 也是 3。

当 $t=2$ 时，$g(x)=\mathrm{LCM}[f_1(x),f_3(x)]=(x^4+x+1)\cdot(x^4+x^3+x^2+x+1)=x^8+x^7+x^6+x^4+1$，即校验位的数量 $r=8$，信息位的数量 $k=n-r=15-8=7$，这时得到的码为(15,7)的 BCH 码，该码的设计距离为 $d=2t+1=5$，可以计算该码的实际最小码距 $d_{\min}$ 也是 5。

当 $t=3$ 时，$g(x)=\mathrm{LCM}[f_1(x),f_3(x),f_5(x)]=(x^4+x+1)\cdot(x^4+x^3+x^2+x+1)$

$\cdot(x^2+x+1)=x^{10}+x^8+x^5+x^4+x^2+x+1$，即校验位的数量 $r=10$，信息位的数量 $k=n-r=15-10=5$，这时得到的码为(15,5)的 BCH 码，该码的设计距离为 $d=2t+1=7$，可以计算该码的实际最小码距 $d_{\min}$ 也是 7。

如果我们希望纠正 $t=4$ 个错误，则

$$\begin{aligned}g(x) &= \mathrm{LCM}[f_1(x),f_3(x),f_5(x),f_7(x)]\\ &= (x^4+x+1)\cdot(x^4+x^3+x^2+x+1)\cdot(x^2+x+1)\cdot(x^4+x^3+1)\\ &= x^{14}+x^{13}+x^{12}+x^{11}+x^{10}+x^9+x^8+x^7+x^6+x^5+x^4+x^3+x^2+x+1\end{aligned}$$

这时得到的码为(15,1)的 BCH 码，实际上是一个简单的重复码。该码的设计距离为 $d=2t+1=9$，可以计算该码的实际最小码距 $d_{\min}$ 是 15。在此情况下，设计距离不等于实际最小码距，码字设计过度了，该码实际可纠正$(d_{\min}-1)/2=7$ 个随机错误！

例 5.5　设 C_0 和 C_1 都是码长 $n=2^m-1$ 的 BCH 码，对应的纠错能力分别为 t_0 和 t_1，假设 $t_1\geqslant t_0$，证明 C_1 中的所有码字都是 C_0 中的码字，即 C_1 是 C_0 的子集合。

证明　对于 C_0，其生成多项式可表示为

$$g_0(x)=\mathrm{LCM}[f_1(x),\cdots,f_{2t_0-1}(x)]$$

每个极小多项式最高阶数为 m，$g_0(x)$中包含着 t_0 个极小多项式的乘积，因此其阶数 r_0 最高为 $t_0\cdot m$，即 $r_0\leqslant t_0\cdot m$，基于 $g_0(x)$会得到$(n,n-r_0)$的 BCH 码集合 C_0，共有 2^{n-r_0} 个码字。

同样地，对于 C_1，其生成多项式为 $g_1(x)=\mathrm{LCM}[f_1(x),\cdots,f_{2t_1-1}(x)]$，基于 $g_1(x)$会得到$(n,n-r_1)$的 BCH 码集合 C_1，其中 $r_1\leqslant t_1\cdot m$，共有 2^{n-r_1} 个码字。因为 $t_1\geqslant t_0$，所以码集合 C_0 中的码字数目$|C_0|$要大于等于码集合 C_1 中的码字数目$|C_1|$。

比较 $g_0(x)$和 $g_1(x)$，由于 $t_1\geqslant t_0$，会发现 $g_1(x)$比 $g_0(x)$多 t_1-t_0 个极小多项式，即 $g_1(x)$能够被 $g_0(x)$整除，即

$$g_1(x)=B(x)\cdot g_0(x) \tag{5.20}$$

码集合 C_1 中的任一码字多项式都能被 $g_1(x)$整除，同样根据式(5.20)，它也能被 $g_0(x)$整除，也是码集合 C_0 中的一个码字，由于$|C_0|\geqslant|C_1|$，所以 C_1 是 C_0 的子集合。

例 5.6　在表 5.9 所示的扩展域 GF(2^4)中，元素 $\beta=a^7$ 也是该域的本原元，假设$g_0(x)$是 GF(2)中的最低阶多项式，其根为 $\beta,\beta^2,\beta^3,\beta^4$，基于这个多项式能够产生码长 15、纠正 2 个错误的 BCH 码。

(1) 求该生成多项式 $g_0(x)$；

(2) 若信息多项式 $u(x)=x^4+1$，求其对应的非系统码和系统码；

(3) 求典型生成矩阵 $\boldsymbol{G}_{\mathrm{sys}}$；

(4) 若用生成多项式 $g_1(x)=(x+1)\cdot g_0(x)$构造 BCH 码，求典型生成矩阵 $\boldsymbol{G}'_{\mathrm{sys}}$，并比较由 $\boldsymbol{G}_{\mathrm{sys}}$和 $\boldsymbol{G}'_{\mathrm{sys}}$得到的码集合最小码距 $d_{\min}$发生了怎样的变化。

解　(1) 在表 5.9 所示的扩展域中，元素 $\beta=a^7$，它对应的极小多项式为 x^4+x^3+1，元素 $\beta^2=a^{14}$，它对应的极小多项式为 x^4+x^3+1，元素 $\beta^3=a^{21}=a^6$，它对应的极小多项式为 $x^4+x^3+x^2+x+1$，元素 $\beta^4=a^{28}=a^{13}$，它对应的极小多项式为 x^4+x^3+1，因此 $g_0(x)$是这些多项式的最小公倍式，为

$$\begin{aligned}g_0(x) &= (x^4+x^3+1)\cdot(x^4+x^3+x^2+x+1)\\ &= x^8+x^4+x^2+x+1\end{aligned}$$

所以基于 $g_0(x)$可以产生(15,7)的 BCH 码。

(2) 非系统码多项式为

$$A_{\text{non-sys}}(x) = u(x) \cdot g_0(x) = (x^4+1) \cdot (x^8+x^4+x^2+x+1)$$
$$= x^{12}+x^6+x^5+x^2+x+1$$

即 $\boldsymbol{A}_{\text{non-sys}} = [0\ \ 0\ \ 1\ \ 0\ \ 0\ \ 0\ \ 0\ \ 0\ \ 1\ \ 1\ \ 0\ \ 0\ \ 1\ \ 1\ \ 1]$。

系统码多项式为

$$A_{\text{sys}}(x) = x^{n-k} \cdot u(x) + \text{rem}\left(\frac{x^{n-k} \cdot u(x)}{g_0(x)}\right) = x^8(x^4+1) + \text{rem}\left(\frac{x^8(x^4+1)}{x^8+x^4+x^2+x+1}\right)$$
$$= x^{12}+x^8+x^6+x^5+x^4$$

即 $\boldsymbol{A}_{\text{sys}} = [0\ \ 0\ \ 1\ \ 0\ \ 0\ \ 0\ \ 1\ \ 0\ \ 1\ \ 1\ \ 1\ \ 0\ \ 0\ \ 0\ \ 0]$。

(3) 已知生成多项式 $g_0(x) = x^8+x^4+x^2+x+1$,可求出 $x^8 \sim x^{14}$ 对 $g_0(x)$ 的余式,为

$$\begin{aligned}
&x^8 \text{ -- } x^4+x^2+x+1\\
&x^9 \text{ -- } x^5+x^3+x^2+x\\
&x^{10} \text{ -- } x^6+x^4+x^3+x^2\\
&x^{11} \text{ -- } x^7+x^5+x^4+x^3\\
&x^{12} \text{ -- } x^6+x^5+x^2+x+1\\
&x^{13} \text{ -- } x^7+x^6+x^3+x^2+x\\
&x^{14} \text{ -- } x^7+x^3+x+1
\end{aligned}$$

典型生成矩阵多项式为

$$\boldsymbol{G}_{\text{sys}}(x) = \begin{bmatrix} x^{14}+x^7+x^3+x+1\\ x^{13}+x^7+x^6+x^3+x^2+x\\ x^{12}+x^6+x^5+x^2+x+1\\ x^{11}+x^7+x^5+x^4+x^3\\ x^{10}+x^6+x^4+x^3+x^2\\ x^9+x^5+x^3+x^2+x\\ x^8+x^4+x^2+x+1 \end{bmatrix}$$

从 $\boldsymbol{G}_{\text{sys}}(x)$ 中提取出系数,可得对应的典型生成矩阵为

$$\boldsymbol{G}_{\text{sys}} = \begin{bmatrix} 1000000 & 10001011\\ 0100000 & 11001110\\ 0010000 & 01100111\\ 0001000 & 10111000\\ 0000100 & 01011100\\ 0000010 & 00101110\\ 0000001 & 00010111 \end{bmatrix}$$

(4) $g_1(x) = (x+1) \cdot g_0(x) = x^9+x^8+x^5+x^4+x^3+1$,可求出 $x^9 \sim x^{14}$ 对 $g_1(x)$ 的余式,为

$$\begin{aligned}
&x^9 \text{ -- } x^8+x^5+x^4+x^3+1\\
&x^{10} \text{ -- } x^8+x^6+x^3+x+1\\
&x^{11} \text{ -- } x^8+x^7+x^5+x^3+x^2+x+1\\
&x^{12} \text{ -- } x^6+x^5+x^2+x+1\\
&x^{13} \text{ -- } x^7+x^6+x^3+x^2+x
\end{aligned}$$

$$x^{14} -- x^8 + x^7 + x^4 + x^3 + x^2$$

典型生成矩阵多项式为

$$G'_{sys}(x) = \begin{bmatrix} x^{14} + x^8 + x^7 + x^4 + x^3 + x^2 \\ x^{13} + x^7 + x^6 + x^3 + x^2 + x \\ x^{12} + x^6 + x^5 + x^2 + x + 1 \\ x^{11} + x^8 + x^7 + x^5 + x^3 + x^2 + x + 1 \\ x^{10} + x^8 + x^6 + x^3 + x + 1 \\ x^9 + x^8 + x^5 + x^4 + x^3 + 1 \end{bmatrix}$$

从 $G'_{sys}(x)$ 中提取出系数，可得对应的典型生成矩阵为

$$G'_{sys} = \begin{bmatrix} 100000 & 110011100 \\ 010000 & 011001110 \\ 001000 & 001100111 \\ 000100 & 110101111 \\ 000010 & 101001011 \\ 000001 & 100111001 \end{bmatrix}$$

由 G_{sys} 得到的码集合，最小码距 $d_{min} = 5$。由 G'_{sys} 得到的码集合，最小码距 $d_{min} = 6$。

5.4　BCH 码的译码

假设一个能纠错 t 位的 (n,k)BCH 码，其发送码多项式为 $A(x)$，接收码多项式为 $B(x)$，传输过程中由于干扰和噪声的影响，错误码多项式为 $E(x)$，如图 5.1 所示，有

$$B(x) = A(x) + E(x) \tag{5.21}$$

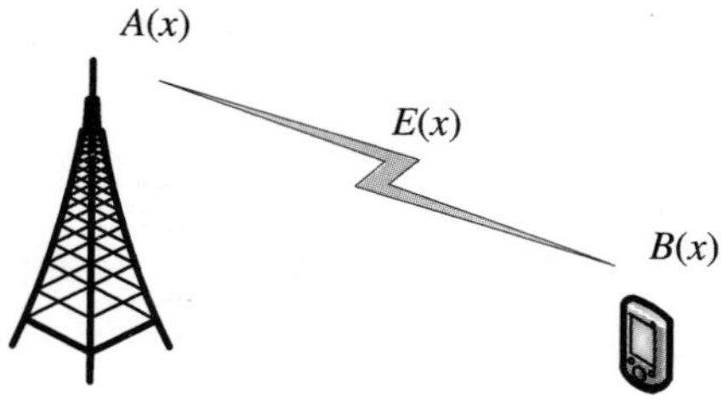

图 5.1　发送和接收示意图

其中

$$B(x) = b_{n-1}x^{n-1} + b_{n-2}x^{n-2} + \cdots + b_1x + b_0 \tag{5.22}$$

$$A(x) = a_{n-1}x^{n-1} + a_{n-2}x^{n-2} + \cdots + a_1x + a_0 \tag{5.23}$$

$$E(x) = e_{n-1}x^{n-1} + e_{n-2}x^{n-2} + \cdots + e_1x + e_0 \tag{5.24}$$

由式(5.17)可知，$a, a^2, \cdots, a^{2t}$ 是生成多项式 $g(x)$ 的根，即 $g(a^i) = 0 (i = 1, 2, \cdots, 2t)$，所以 $A(a^i) = 0$，这样

$$B(a^i)=A(a^i)+E(a^i)=E(a^i) \tag{5.25}$$

定义伴随式

$$S_i \triangleq B(a^i)=E(a^i) \tag{5.26}$$

这样就可得到一个 $2t$ 元组的伴随式向量 $\boldsymbol{S}$，为

$$\boldsymbol{S}=[S_1 \quad S_2 \quad \cdots \quad S_{2t}] \tag{5.27}$$

如果 $\boldsymbol{S}=[0 \quad 0 \quad \cdots \quad 0]$，则接收多项式 $B(x)$ 是一个有效的码多项式，如果 $\boldsymbol{S}\neq\boldsymbol{0}$，$B(x)$ 不是一个有效的码多项式，意味着传输过程中有错误产生，需要对误码进行纠错。

在式(5.8)中，已经证明了 $p^2(x)=p(x^2)$，同理有 $B^2(x)=B(x^2)$，用 a^i 代替 x，有

$$(B(a^i))^2=B(a^{2i}) \tag{5.28}$$

$$S_{2i}=S_i^2 \tag{5.29}$$

因此在计算伴随式时，只计算奇数下标的伴随式即可，即 $S_1,S_3,\cdots,S_{2t-1}$。

例 5.7 采用例 5.4 中能纠错 3 位的(15,5)BCH 码，其生成多项式为 $g(x)=x^{10}+x^8+x^5+x^4+x^2+x+1$，假设发送的码多项式为 $A(x)=0$，但接收端收到的码多项式为 $B(x)=x^{12}+x^5+x^3$，计算其伴随式时，只需计算奇数下标，即

$$S_1=B(a)=a^{12}+a^5+a^3=1 \quad (\text{由表 } 5.9)$$

$$S_3=B(a^3)=a^{36}+a^{15}+a^9=a^6+1+a^9=a^{10}$$

$$S_5=B(a^5)=a^{60}+a^{25}+a^{15}=1+a^{10}+1=a^{10}$$

偶数下标的值可由式(5.29)计算得到：

$$S_2=S_1^2=1,\quad S_4=S_2^2=1,\quad S_6=S_3^2=a^{20}=a^5$$

这样，接收码多项式的伴随式向量 $S=(1,1,a^{10},1,a^{10},a^5)$，因为 $\boldsymbol{S}\neq\boldsymbol{0}$，就意味着 $B(x)$ 中存在传输错误。

仍是该 BCH 码，假设接收到的码多项式为 $B(x)=x^{10}+x^8+x^5+x^4+x^2+x+1$，计算可知 $\boldsymbol{S}=\boldsymbol{0}$(不计算也知道，因为接收的码多项式与生成多项式 $g(x)$ 相同，$a,a^2,\cdots,a^6$ 都是生成多项式的根)，此时，译码器会认为传输没有出错，但实际上发送的码多项式是 $A(x)=0$，显然译码器没有检测到错误，为什么会产生这种现象呢？因为该 BCH 码的设计码距 $d=7$，只能纠正 3 位错误或检测 6 位错误，而实际上接收码多项式为 $B(x)=x^{10}+x^8+x^5+x^4+x^2+x+1$，即有 7 位错码，超出了码字的检错能力范围。

5.4.1 Peterson-Gorenstein-Zierler 译码算法

错误码多项式为 $E(x)=e_{n-1}x^{n-1}+e_{n-2}x^{n-2}+\cdots+e_1x+e_0$，其中最多有 t 个系数为非零(可纠 t 个错误)，假设实际发生了 v 个错误，其中 $0\leqslant v\leqslant t$。设错误发生在位置 i_1，$i_2,\cdots,i_v$，则错误码多项式可写为

$$E(x)=e_{i_1}x^{i_1}+e_{i_2}x^{i_2}+\cdots+e_{i_v}x^{i_v} \tag{5.30}$$

其中 e_{i_k} 为第 k 个错误的程度，对二元码，$e_{i_k}=1$。

对纠错问题，我们必须知道两件事：

(1) 错误在哪里发生的，即错误位置；

(2) 错误程度。

因此，未知量为 $i_1,i_2,\cdots,i_v$ 和 $e_{i_1},e_{i_2},\cdots,e_{i_v}$，分别表明错误发生的位置和程度。

由式(5.26),有

$$S_1 = E(a) = e_{i_1} a^{i_1} + e_{i_2} a^{i_2} + \cdots + e_{i_v} a^{i_v} \tag{5.31}$$

定义错误程度 $Y_k = e_{i_k}$ 和错误位置 $X_k = a^{i_k}(k=1,2,\cdots,v)$,其中 i_k 为第 k 个错误位置,X_k 是与这个位置相关的域元素,这样式(5.31)可写为

$$S_1 = Y_1X_1 + Y_2X_2 + \cdots + Y_vX_v \tag{5.32}$$

用同样的方法,可得 $S_2, S_3, \cdots, S_{2t}$,建立 $2t$ 个联立方程组,它有 v 个错误位置未知量 $X_1, X_2, \cdots, X_v$ 和 v 个错误程度未知量 $Y_1, Y_2, \cdots, Y_v$:

$$\begin{cases} S_1 = Y_1X_1 + Y_2X_2 + \cdots + Y_vX_v \\ S_2 = Y_1X_1^2 + Y_2X_2^2 + \cdots + Y_vX_v^2 \\ \vdots \\ S_{2t} = Y_1X_1^{2t} + Y_2X_2^{2t} + \cdots + Y_vX_v^{2t} \end{cases} \tag{5.33}$$

定义错误定位多项式为

$$U(x) = U_vx^v + U_{v-1}x^{v-1} + \cdots + U_1x + U_0 \tag{5.34}$$

其中,$U_0=1$。这个多项式的根是错误位置的逆 X_k^{-1},即

$$U(x) = (1+X_1x)(1+X_2x)\cdots(1+X_vx) \tag{5.35}$$

所以,如果我们知道错误定位多项式 $U(x)$的系数,便可以求得错误位置 $X_1, X_2, \cdots, X_v$。

如果是二进制 BCH 码,则错误程度就可忽略,式(5.33)可写为

$$\begin{cases} S_1 = X_1 + X_2 + \cdots + X_v \\ S_2 = X_1^2 + X_2^2 + \cdots + X_v^2 \\ \vdots \\ S_{2t} = X_1^{2t} + X_2^{2t} + \cdots + X_v^{2t} \end{cases} \tag{5.36}$$

由式(5.34)和式(5.35)可知,错误定位多项式可写为

$$\begin{aligned} U(x) &= (1+X_1x)(1+X_2x)\cdots(1+X_vx) \\ &= U_0 + U_1x + U_2x^2 + \cdots + U_vx^v \end{aligned} \tag{5.37}$$

所以,有

$$\begin{cases} U_0 = 1 \\ U_1 = X_1 + X_2 + \cdots + X_v \\ U_2 = X_1X_2 + X_2X_3 + \cdots + X_{v-1}X_v \\ U_3 = X_1X_2X_3 + X_1X_2X_4 + \cdots + X_{v-2}X_{v-1}X_v \\ \vdots \\ U_v = X_1X_2\cdots X_v \end{cases} \tag{5.38}$$

这些恒等式称为初等对称函数(elementary-symmetric functions),结合式(5.36)和式(5.38),我们不难得到

$$\begin{cases} S_1 + U_1 = 0 \\ S_2 + U_1S_1 + 2U_2 = 0 \\ \vdots \\ S_k + U_1S_{k-1} + U_2S_{k-2} + \cdots + U_{k-1}S_1 + kU_k = 0, \quad 1 \leqslant k \leqslant v \\ \vdots \\ S_v + U_1S_{v-1} + U_2S_{v-2} + \cdots + U_{v-1}S_1 + vU_v = 0 \end{cases} \tag{5.39a}$$

$$\begin{cases} S_{v+1}+U_1S_v+U_2S_{v-1}+U_vS_1=0 \\ S_{v+2}+U_1S_{v+1}+U_2S_v+U_vS_2=0 \\ \vdots \\ S_k+U_1S_{k-1}+U_2S_{k-2}+\cdots+U_{v-1}S_{k-v+1}+U_vS_{k-v}=0 \\ \vdots \\ S_{2t}+U_1S_{2t-1}+U_2S_{2t-2}+\cdots+U_vS_{2t-v}=0 \end{cases},\quad k>v \tag{5.39b}$$

这就是著名的牛顿恒等式，即

$$S_j=-\sum_{i=1}^{v}U_iS_{j-i} \tag{5.40}$$

由于在循环码中没有减法运算，上式可写为

$$S_j=\sum_{i=1}^{v}U_iS_{j-i} \tag{5.41}$$

写成矩阵形式，即

$$\begin{bmatrix} S_1 & S_2 & \cdots & S_{v-1} & S_v \\ S_2 & S_3 & \cdots & S_v & S_{v+1} \\ \vdots & \vdots & \ddots & \vdots & \vdots \\ S_v & S_{v+1} & \cdots & S_{2v-2} & S_{2v-1} \end{bmatrix}\begin{bmatrix} U_v \\ U_{v-1} \\ \vdots \\ U_1 \end{bmatrix}=\begin{bmatrix} S_{v+1} \\ S_{v+2} \\ \vdots \\ S_{2v} \end{bmatrix} \tag{5.42}$$

其中 $\boldsymbol{M}=\begin{bmatrix} S_1 & S_2 & \cdots & S_{v-1} & S_v \\ S_2 & S_3 & \cdots & S_v & S_{v+1} \\ \vdots & \vdots & \ddots & \vdots & \vdots \\ S_v & S_{v+1} & \cdots & S_{2v-2} & S_{2v-1} \end{bmatrix}$ 称为伴随矩阵，错误定位多项式的系数可通过对伴随式矩阵 $\boldsymbol{M}$ 求逆得到。

这样 Peterson-Gorenstein-Zierler 译码步骤可总结为：

(1) 作为测试值，令 $v=t$，计算伴随矩阵 $\boldsymbol{M}$ 的行列式。如果行列式的值为零，令 $v=t-1$，再一次计算 $\boldsymbol{M}$ 的行列式。重复这个过程直到找到一个 v 值，使伴随矩阵的行列式不为 0，该 v 值就是实际产生的错误数目。

(2) 求 $\boldsymbol{M}$ 的逆，并计算错误定位多项式 $U(x)$ 的系数。

(3) 求解 $U(x)=0$ 的零点，从中可计算错误位置 $X_1,X_2,\cdots,X_v$。如果是二元码，就到此为止(因为错误程度为 1)。

(4) 如果不是二元码，回到式(5.33)的方程组得到错误程度。

例 5.8 采用例 5.4 中能纠错 3 位的(15,5)BCH 码，其生成多项式为 $g(x)=x^{10}+x^8+x^5+x^4+x^2+x+1$，接收端收到的码多项式为 $B(x)=x^5+x^3$，求发送的码多项式 $A(x)$。这里假设发送的码多项式为 $A(x)=0$，但因为收到的码多项式为 $B(x)=x^5+x^3$，因此有两个错误：分别在第 4 个位置和第 6 个位置，但译码器并不知道，它甚至不知道有几个错误发生。

解 首先计算伴随式，$t=3$，可计算 $S_1\sim S_6$：

$$S_1=B(a)=a^5+a^3=a^{11}$$

$$S_2=(S_1)^2=a^{22}=a^7$$

$$S_3=B(a^3)=a^{15}+a^9=1+a^9=a^7$$

$$S_4=(S_2)^2=a^{14}$$

$$S_5 = B(a^5) = a^{25} + a^{15} = a^{10} + 1 = a^5$$
$$S_6 = (S_3)^2 = a^{14}$$

因为这是个纠 3 个错的码，首先令 $v = t = 3$，则

$$\boldsymbol{M} = \begin{bmatrix} S_1 & S_2 & S_3 \\ S_2 & S_3 & S_4 \\ S_3 & S_4 & S_5 \end{bmatrix} = \begin{bmatrix} a^{11} & a^7 & a^7 \\ a^7 & a^7 & a^{14} \\ a^7 & a^{14} & a^5 \end{bmatrix}$$

$\det(\boldsymbol{M}) = 0$，这表明发生的错误数少于 3 个。

再令 $v = t - 1 = 2$，则

$$\boldsymbol{M} = \begin{bmatrix} S_1 & S_2 \\ S_2 & S_3 \end{bmatrix} = \begin{bmatrix} a^{11} & a^7 \\ a^7 & a^7 \end{bmatrix}$$

$\det(\boldsymbol{M}) \neq 0$，这表明实际发生了 2 个错误。

计算伴随矩阵的逆 $\boldsymbol{M}^{-1}$，有

$$\boldsymbol{M}^{-1} = \begin{bmatrix} a^7 & a^7 \\ a^7 & a^{11} \end{bmatrix}$$

$$\begin{bmatrix} U_2 \\ U_1 \end{bmatrix} = \boldsymbol{M}^{-1} \cdot \begin{bmatrix} S_3 \\ S_4 \end{bmatrix} = \begin{bmatrix} a^7 & a^7 \\ a^7 & a^{11} \end{bmatrix} \begin{bmatrix} a^7 \\ a^{14} \end{bmatrix}$$

求解 U_1 和 U_2 可得 $U_1 = a^{11}$ 及 $U_2 = a^8$，从而

$$U(x) = a^8 x^2 + a^{11} x + 1 = (1 + a^3 x)(1 + a^5 x)$$

因此错误定位多项式的解 a^{-3} 和 a^{-5}，错误位置为解的逆，即 a^3 和 a^5。因为该码是二元码，错误程度为 1，故 $E(x) = x^3 + x^5$，可求得发送的码多项式为 $A(x) = B(x) + E(x) = 0$。

5.4.2 Berlekamp-Massey 迭代译码算法[4]

在该算法中，误差定位多项式 $U(x)$ 是通过迭代 $2t$ 步得到的，在第 μ 步，有

$$U^{(\mu)}(x) = 1 + U_1^{(\mu)} x + U_2^{(\mu)} x^2 + \cdots + U_{l_\mu}^{(\mu)} x^{l_\mu} \tag{5.43}$$

其中 $U_1^{(\mu)}, U_2^{(\mu)}, \cdots, U_{l_\mu}^{(\mu)}$ 满足前 μ 个牛顿恒等式，l_μ 是多项式 $U^{(\mu)}(x)$ 的度。

在第 $\mu + 1$ 步，基于 $U^{(\mu)}(x)$ 来推导 $U^{(\mu+1)}(x)$，其系数应满足前 $\mu + 1$ 个牛顿恒等式。首先，检查 $U^{(\mu)}(x)$ 的因子是否也满足前 $\mu + 1$ 个牛顿恒等式，如果满足，则 $U^{(\mu+1)}(x) = U^{(\mu)}(x)$；如果不满足，就在 $U^{(\mu)}(x)$ 中增加一个校正项，使得其系数满足前 $\mu + 1$ 个牛顿恒等式。为了检查 $U^{(\mu)}(x)$ 的因子是否满足前 $\mu + 1$ 个牛顿恒等式，可计算

$$d_\mu = S_{\mu+1} + U_1^{(\mu)} S_\mu + U_2^{(\mu)} S_{\mu-1} + \cdots + U_{l_\mu}^{(\mu)} S_{\mu+1-l_\mu} \tag{5.44}$$

其中 d_μ 称为第 μ 个差值(discrepancy)，上式右边部分实际上是第 $\mu + 1$ 个牛顿恒等式的左边部分。

如果 $d_\mu = 0$，则 $U^{(\mu+1)}(x) = U^{(\mu)}(x)$；如果 $d_\mu \neq 0$，则回到第 μ 步之前的 ρ，其部分解是 $U^{(\rho)}(x)$，使得 $d_\rho \neq 0$，$\mu - \rho + l_\rho$ 具有最小值，其中 l_ρ 是 $U^{(\rho)}(x)$ 的度。则迭代过程的第 $\mu + 1$ 步为

$$U^{(\mu+1)}(x) = U^{(\mu)}(x) + d_\mu d_\rho^{-1} x^{\mu-\rho} U^{(\rho)}(x) \tag{5.45}$$

其中 $d_\mu d_\rho^{-1} x^{\mu-\rho} U^{(\rho)}(x)$ 是校正项，其度为 $\mu - \rho + l_\rho$。因为 ρ 的选择是使 $\mu - \rho + l_\rho$ 最小，也即最小化校正项的度。

这样，$U^{(\mu+1)}(x)$的度就为

$$l_{\mu+1} = \max\{l_\mu, \mu - \rho + l_\rho\} \tag{5.46}$$

无论哪种情况（$d_\mu = 0$ 或 $d_\mu \neq 0$），在第 $\mu+1$ 个迭代步骤的差值为

$$d_{\mu+1} = S_{\mu+2} + U_1^{(\mu+1)} S_{\mu+1} + U_2^{(\mu+1)} S_\mu + \cdots + U_{l_{\mu+1}}^{(\mu+1)} S_{\mu+2-l_{\mu+1}} \tag{5.47}$$

其中 $U_1^{(\mu+1)}, U_2^{(\mu+1)}, \cdots, U_{l_{\mu+1}}^{(\mu+1)}$ 是 $U^{(\mu+1)}(x)$的系数。

重复上述检测和校正过程，直到达到第 $2t$ 步，就可得到计算后的误差定位多项式：

$$U(x) = U^{(2t)}(x) \tag{5.48}$$

如果接收多项式 $B(x)$中的错误个数是 t 或更少，则 $U^{(2t)}(x)$的度也是 t 或更少，此时，$U^{(2t)}(x)$的根的逆就是错误位置。如果 $U^{(2t)}(x)$的根的数目小于它的度，就意味着错误数目大于该 BCH 码的纠错能力，通常就无法定位这些错误。

为了实现迭代过程找到 $U(x)$，我们从表 5.10 开始，并填充相关内容。对应于 $\mu = -1$ 和 $\mu = 0$ 的行给出了找到 $U(x)$的初始条件。

表 5.10 寻找误差定位多项式的 Berlekamp-Massey 迭代过程

步骤 μ	部分解 $U^{(\mu)}(x)$	差值 d_μ	度 l_μ	步骤和度的差 $\mu - l_\mu$
-1	1	1	0	-1
0	1	S_1	0	0
1				
2				
⋮				
$2t$				

例 5.9 考虑能纠正 3 个错误的(15,5)BCH 码，其生成多项式 $g(x) = x^{10} + x^8 + x^5 + x^4 + x^2 + x + 1$，$a, a^2, a^3, a^4, a^5, a^6$ 是它的根，假设发送的是全零码字，即 $A(x) = 0$，接收到的码多项式为 $B(x) = x^{12} + x^5 + x^3$。

首先计算校正子，由例 5.8 可知，$S_1 = 1, S_2 = 1, S_3 = a^{10}, S_4 = 1, S_5 = a^{10}, S_6 = a^5$，这样，接收码多项式的伴随式向量 $\boldsymbol{S} = [1 \quad 1 \quad a^{10} \quad 1 \quad a^{10} \quad a^5]$。

因为 $t = 3$，基于校正子 $\boldsymbol{S} = [1 \quad 1 \quad a^{10} \quad 1 \quad a^{10} \quad a^5]$我们需要找到度为 3 或更少的误差定位多项式 $U(x) = U_0 + U_1 x + U_2 x^2 + U_3 x^3$，其系数满足下列 6 个牛顿恒等式：

$$\begin{cases} 1 + U_1 = 0 \\ 1 + U_1 + 2U_2 = 0 \\ a^{10} + U_1 + U_2 + 3U_3 = 0 \\ 1 + a^{10}U_1 + U_2 + U_3 = 0 \\ a^{10} + U_1 + a^{10}U_2 + U_3 = 0 \\ a^5 + a^{10}U_1 + U_2 + a^{10}U_3 = 0 \end{cases}$$

执行迭代过程（具体计算过程在下面），可以得到表 5.11。

表 5.11 寻找错误定位多项式的步骤

步骤 μ	部分解 $U^{(\mu)}(x)$	差值 d_μ	度 l_μ	步骤 μ 和度 l_μ 的差 $\mu-l_\mu$
-1	1	1	0	-1
0	1	1	0	0(取 $\rho=-1$)
1	$1+x$	0	1	0
2	$1+x$	a^5	1	1(取 $\rho=0$)
3	$1+x+a^5x^2$	0	2	1
4	$1+x+a^5x^2$	a^{10}	2	2(取 $\rho=2$)
5	$1+x+a^5x^3$	0	3	2
6	$1+x+a^5x^3$	–	–	–

在步骤 $\mu=0$ 时，$U^{(0)}(x)=1$，我们基于 $U^{(0)}(x)$ 寻找部分解 $U^{(1)}(x)$，首先检测 $U^{(0)}(x)$ 的系数是否满足第 1 个牛顿恒等式，即根据式(5.44)，计算差值 d_0：

$$d_0 = S_1 = 1$$

由于 $d_0\neq 0$，意味着 $U^{(1)}(x)\neq U^{(0)}(x)$，回到第 0 步之前的第 ρ 步($d_\rho\neq 0$)，这里回到 $\rho=-1$步，其部分解为 $U^{(-1)}(x)=1$，$d_{\rho=-1}=1$，$\mu-\rho+l_\rho=0-(-1)+0=1$。在第 0 步根据式(5.45)通过增加下面的校正项来更新部分解 $U^{(0)}(x)$：

$$d_\mu d_\rho^{-1}x^{\mu-\rho}U^{(\rho)}(x) = d_0 d_{-1}^{-1}x^{0-(-1)}U^{(-1)}(x) = 1\cdot 1^{-1}\cdot x\cdot 1 = x$$

这样就可得到 $U^{(1)}(x)$：

$$U^{(1)}(x) = U^{(0)}(x) + x = 1 + x$$

其度 $l_1=1$，系数满足第 1 个牛顿恒等式，步骤 μ 和度 l_μ 的差 $\mu-l_\mu=1-1=0$，再计算 d_1：

$$d_1 = S_2 + U_1^{(1)}S_1 = 1+1\cdot 1 = 0$$

由于 $d_1=0$，$U^{(2)}(x)=U^{(1)}(x)=1+x$，其度 $l_2=1$，系数满足前 2 个牛顿恒等式，步骤 μ 和度 l_μ 的差 $\mu-l_\mu=2-1=1$，再计算 d_2：

$$d_2 = S_3 + U_1^{(2)}S_2 = a^{10}+1\cdot 1 = a^5 \quad \text{(由表 5.9 可容易计算得出)}$$

由于 $d_2\neq 0$，意味着 $U^{(3)}(x)\neq U^{(2)}(x)$，回到第 2 步之前的第 ρ 步($d_\rho\neq 0$)，这里回到 $\rho=0$ 步，其部分解为 $U^{(0)}(x)=1$，$d_{\rho=0}=1$，$\mu-\rho+l_\rho=2-0+0=2$。在第 2 步增加下面的校正项来更新部分解 $U^{(2)}(x)$：

$$d_\mu d_\rho^{-1}x^{\mu-\rho}U^{(\rho)}(x) = d_2 d_0^{-1}x^{2-0}U^{(0)}(x) = a^5\cdot 1^{-1}\cdot x^2\cdot 1 = a^5x^2$$

这样就可得到 $U^{(3)}(x)$：

$$U^{(3)}(x) = U^{(2)}(x) + a^5x^2 = 1 + x + a^5x^2$$

其度 $l_3=2$，系数满足前 3 个牛顿恒等式，步骤 μ 和度 l_μ 的差 $\mu-l_\mu=3-2=1$，再计算 d_3：

$$d_3 = S_4 + U_1^{(3)}S_3 + U_2^{(3)}S_2 = 1+1\cdot a^{10}+a^5\cdot 1 = 0$$

由于 $d_3=0$，$U^{(4)}(x)=U^{(3)}(x)=1+x+a^5x^2$，其度 $l_4=2$，系数满足前 4 个牛顿恒等式，步骤 μ 和度 l_μ 的差 $\mu-l_\mu=4-2=2$，再计算 d_4：

$$d_4 = S_5 + U_1^{(4)}S_4 + U_2^{(4)}S_3 = a^{10}+1\cdot 1+a^5\cdot a^{10} = a^{10}$$

由于 $d_4\neq 0$，意味着 $U^{(5)}(x)\neq U^{(4)}(x)$，回到第 4 步之前的第 ρ 步($d_\rho\neq 0$)，这里回到 $\rho=2$ 步，其部分解为 $U^{(2)}(x)=1+x$，$d_{\rho=2}=a^5$，$\mu-\rho+l_\rho=4-2+1=3$。在第 4 步增加下面的

校正项来更新部分解 $U^{(4)}(x)$：

$$d_\mu d_\rho^{-1} x^{\mu-\rho} U^{(\rho)}(x) = d_4 d_2^{-1} x^{4-2} U^{(2)}(x) = a^{10} \cdot a^{-5} \cdot x^2 \cdot (1+x) = a^5 x^2 + a^5 x^3$$

这样就可得到 $U^{(5)}(x)$：

$$U^{(5)}(x) = U^{(4)}(x) + a^5 x^2 + a^5 x^3 = 1 + x + a^5 x^3$$

其度 $l_5 = 3$，系数满足前 5 个牛顿恒等式，步骤 μ 和度 l_μ 的差 $\mu - l_\mu = 5 - 3 = 2$，再计算 d_5：

$$d_5 = S_6 + U_1^{(5)} S_5 + U_2^{(5)} S_4 + U_3^{(5)} S_3 = a^5 + 1 \cdot a^{10} + 0 \cdot 1 + a^5 \cdot a^{10} = 0$$

由于 $d_5 = 0$，$U^{(6)}(x) = U^{(5)}(x) = 1 + x + a^5 x^3$，其度 $l_6 = 3$，系数满足前 6 个牛顿恒等式，步骤 μ 和度 l_μ 的差 $\mu - l_\mu = 6 - 3 = 3$。

因此 $U^{(6)}(x)$就是误差定位多项式，有

$$U(x) = U^{(6)}(x) = 1 + x + a^5 x^3$$

通过将 $a^0, a, \cdots, a^{14}$ 依次代入上式，发现 $U(a^3) = U(a^{10}) = U(a^{12}) = 0$，因此 a^3, a^{10}, a^{12} 是 $U(x)$的根，这 3 个根的逆：$a^{-3} = a^{12}$，$a^{-10} = a^5$，$a^{-12} = a^3$ 就是错误位置，因此错误多项式为

$$E(x) = x^3 + x^5 + x^{12}$$

发送的码多项式为 $A(x) = B(x) + e(x) = 0$，因此译码完成。

例 5.10 假设发送的是全 0 码字，接收的码多项式为 $B(x) = x + x^3 + x^5 + x^7$，校正子向量为 $\boldsymbol{S} = [a^{10} \quad a^5 \quad a^{12} \quad a^{10} \quad a^5 \quad a^9]$，六个牛顿恒等式为

$$\begin{cases} a^{10} + U_1 = 0 \\ a^5 + a^{10} U_1 + 2U_2 = 0 \\ a^{12} + a^5 U_1 + a^{10} U_2 + 3U_3 = 0 \\ a^{10} + a^{12} U_1 + a^5 U_2 + a^{10} U_3 = 0 \\ a^5 + a^{10} U_1 + a^{12} U_2 + a^5 U_3 = 0 \\ a^9 + a^5 U_1 + a^{10} U_2 + a^{12} U_3 = 0 \end{cases}$$

根据迭代译码算法，可得到表 5.12。

表 5.12 当接收码多项式为 $B(x) = x + x^3 + x^5 + x^7$ 时的具体计算步骤

步骤 μ	部分解 $U^{(\mu)}(x)$	差值 d_μ	度 l_μ	步骤和度的差 $\mu - l_\mu$
-1	1	1	0	-1
0	1	a^{10}	0	0(取 $\rho = -1$)
1	$1 + a^{10} x$	0	1	0
2	$1 + a^{10} x$	a^{11}	1	1(取 $\rho = 0$)
3	$1 + a^{10} x + a x^2$	0	2	1
4	$1 + a^{10} x + a x^2$	a^{13}	2	2(取 $\rho = 2$)
5	$1 + a^{10} x + a^5 x^2 + a^{12} x^3$	0	3	2
6	$1 + a^{10} x + a^5 x^2 + a^{12} x^3$	–	–	–

我们发现错误定位多项式为 $U(x) = U^{(6)}(x) = 1 + a^{10} x + a^5 x^2 + a^{12} x^3$，通过搜索，发现在 $GF(2^4)$中没有 $U(x)$的根，因此译码器不能定位错误，译码失败。因为接收到的码多项式有 4 个错误，超出了码字的纠错能力范围。

如果仅仅是对二进制 BCH 码进行译码，能够证明第 $1,3,\cdots,2t-1$ 个牛顿恒等式成立，则第 $2,4,\cdots,2t$ 个牛顿恒等式也同样成立，这意味着用迭代算法寻找错误定位多项式 $U(x)$，在第 $2\mu-1$ 步的部分解 $U^{(2\mu-1)}(x)$ 也是第 2μ 步的部分解 $U^{(2\mu)}(x)$，即

$$U^{(2\mu)}(x) = U^{(2\mu-1)}(x),\quad 1\leqslant\mu\leqslant t \tag{5.49}$$

这从表 5.11 和表 5.12 也能看出来。

这样，第 $2\mu-1$ 步和第 2μ 步可以合并成一步，寻找错误定位多项式 $U(x)$ 的步骤可减少到 t 步，如表 5.13 所示。注意：这种简化仅对二进制 BCH 码的译码有效，不适用于非二进制 BCH 码的译码。

表 5.13　简化的计算步骤

步骤 μ	部分解 $U^{(\mu)}(x)$	差值 d_μ	度 l_μ	步骤和度的差 $2\mu-l_\mu$
$-1/2$	1	1	0	-1
0	1	S_1	0	0
1				
2				
⋮				
t				

根据第 μ 行的内容递推第 $\mu+1$ 行的步骤：

(1) 如果 $d_\mu=0$，则 $U^{(\mu+1)}(x)=U^{(\mu)}(x)$。

(2) 如果 $d_\mu\neq0$，找到第 μ 行之前的某行，比如第 ρ 行，其部分解为 $U^{(\rho)}(x)$，使得 $d_\rho\neq0$ 以及 $2(\mu-\rho)+l_\rho$ 具有最小值，则

$$U^{(\mu+1)}(x) = U^{(\mu)}(x) + d_\mu d_\rho^{-1}x^{2(\mu-\rho)}U^{(\rho)}(x) \tag{5.50}$$

上式的度为 $l_{\mu+1}=\max\{l_\mu,2(\mu-\rho)+l_\rho\}$。

(3) 计算差值

$$d_{\mu+1} = S_{2\mu+3} + U_1^{(\mu+1)}S_{2\mu+2} + U_2^{(\mu+1)}S_{2\mu+1} + \cdots + U_{l_{\mu+1}}^{(\mu+1)}S_{2\mu+3-l_{\mu+1}} \tag{5.51}$$

例 5.11　使用简化算法重新译码例 5.9，表 5.11 就减少到表 5.14 的内容（后面有具体计算步骤），而错误定位多项式与例 5.9 的解是相同的。

表 5.14　使用简化步骤计算例 5.7

步骤 μ	部分解 $U^{(\mu)}(x)$	差值 d_μ	度 l_μ	步骤和度的差 $2\mu-l_\mu$
$-1/2$	1	1	0	-1
0	1	$S_1=1$	0	0(取 $\rho=-1/2$)
1	$1+x$	a^5	1	1(取 $\rho=0$)
2	$1+x+a^5x^2$	a^{10}	2	2(取 $\rho=1$)
3	$1+x+a^5x^3$	−	3	3

第 0 步，$d_0=S_1=1\neq0$，$U^{(1)}(x)\neq U^{(0)}(x)$，回到第 0 步之前的第 ρ 步（$d_\rho\neq0$），这里 $\rho=-1/2$，其部分解为 $U^{(\rho)}(x)=U^{(-1/2)}(x)=1$，$l_{\rho=-1/2}=0$，$d_{\rho=-1/2}=1$，$2(\mu-\rho)+l_\rho=2(0-(-1/2))+0=1$。在第 0 步增加下面的校正项来更新部分解 $U^{(1)}(x)$：

$$d_\mu d_\rho^{-1} x^{2(\mu-\rho)} U^{(\rho)}(x) = d_0 d_{-1/2}^{-1} x^{2(0-(-1/2))} U^{(-1/2)}(x) = 1 \cdot 1^{-1} \cdot x \cdot 1 = x$$

这样可得到 $U^{(1)}(x)$：

$$U^{(1)}(x) = U^{(0)}(x) + x = 1 + x$$

计算 d_1 的值：

$$d_1 = S_3 + U_1^{(1)} S_2 = a^{10} + 1 \cdot 1 = a^5$$

在第 1 步，$d_1 \neq 0$，$U^{(2)}(x) \neq U^{(1)}(x)$，回到第 1 步之前的第 ρ 步（$d_\rho \neq 0$），这里 $\rho = 0$，其部分解为 $U^{(\rho)}(x) = U^{(0)}(x) = 1$，$l_{\rho=0} = 0$，$d_{\rho=0} = 1$，$2(\mu-\rho) + l_\rho = 2(1-0) + 0 = 2$。在第 1 步增加下面的校正项来更新部分解 $U^{(2)}(x)$：

$$d_\mu d_\rho^{-1} x^{2(\mu-\rho)} U^{(\rho)}(x) = d_1 d_0^{-1} x^{2(1-0)} U^{(0)}(x) = a^5 \cdot 1^{-1} \cdot x^2 \cdot 1 = a^5 x^2$$

这样可得到 $U^{(2)}(x)$：

$$U^{(2)}(x) = U^{(1)}(x) + a^5 x^2 = 1 + x + a^5 x^2$$

计算 d_2 的值：

$$d_2 = S_5 + U_1^{(2)} S_4 + U_2^{(2)} S_3 = a^{10} + 1 \cdot 1 + a^5 \cdot a^{10} = a^{10}$$

在第 2 步，$d_2 \neq 0$，$U^{(3)}(x) \neq U^{(2)}(x)$，回到第 2 步之前的第 ρ 步（$d_\rho \neq 0$），这里 $\rho = 1$，其部分解为 $U^{(\rho)}(x) = U^{(1)}(x) = 1 + x$，$l_{\rho=1} = 1$，$d_{\rho=1} = a^5$，$2(\mu-\rho) + l_\rho = 2(2-1) + 1 = 3$。在第 2 步增加下面的校正项来更新部分解 $U^{(3)}(x)$：

$$d_\mu d_\rho^{-1} x^{2(\mu-\rho)} U^{(\rho)}(x) = d_2 d_1^{-1} x^{2(2-1)} U^{(1)}(x) = a^{10} \cdot a^{-5} \cdot x^2 \cdot (1 + x) = a^5 x^2 + a^5 x^3$$

这样可得到 $U^{(3)}(x)$：

$$U^{(3)}(x) = U^{(2)}(x) + a^5 x^2 + a^5 x^3 = 1 + x + a^5 x^3$$

至此，$U^{(3)}(x)$就是误差定位多项式，有

$$U(x) = U^{(3)}(x) = 1 + x + a^5 x^3$$

其余运算与例 5.9 相同，通过将 $a^0, a, \cdots, a^{14}$ 依次代入上式，发现 $U(a^3) = U(a^{10}) = U(a^{12}) = 0$，因此 a^3, a^{10}, a^{12} 是 $U(x)$的根，这 3 个根的逆：$a^{-3} = a^{12}$，$a^{-10} = a^5$，$a^{-12} = a^3$ 就是错误位置，因此错误多项式为

$$E(x) = x^3 + x^5 + x^{12}$$

发送的码多项式为 $A(x) = B(x) + E(x) = 0$，因此译码完成。

本章小结

BCH 码是根据纠错能力需求设计生成多项式的，这与循环码的情况不同，本章详细介绍了如何得到一个生成多项式的具体过程，基于生成多项式的编码步骤与第 4 章的循环码相同，本章不再赘述。BCH 码的译码主要介绍了 Peterson-Gorenstein-Zierler 和 Berlekamp-Massey 算法，由于不再局限于纠正单错，因此算法复杂度要比循环码的译码算法（纠正单错）高。

习题

5.1 用多项式 $p(x) = x^4 + x^3 + 1$ 构建扩展域 GF(2^4)。

(1) 写出非零元素的幂形式和多项式形式；

(2) 写出每个非零元素对应的极小多项式 $f_i(x)$；

(3) 当纠错能力 t 分别为 1,2,3 时,求其对应的生成多项式。

5.2　采用例 5.4 中能纠错 3 位的(15,5)BCH 码,其生成多项式为 $g(x)=x^{10}+x^8+x^5+x^4+x^2+x+1$,计算下面两个接收码多项式的校正子,并检查是否有错误发生。

(1) $B_1(x)=x^8+x^2+x$;

(2) $B_2(x)=x^8+x^2+x+1$。

参考文献

[1] Hocquenghem A. Codes correcteurs d'erreurs[J]. Chiffers, 1959, 2: 147-156.

[2] Berlekamp E R. Algebraic coding theory[M]. New York: McGraw-Hill, 1967.

[3] Massey J L. Shift-register synthesis and BCH decoding[J]. IEEE Transactions on Information Theory, 1969, 15(1): 122-127.

[4] Lin S, Li J. Fundamentals of classical and modern error-correcting codes[M]. Cambridge: Cambridge University Press, 2022.

[5] Wicker S B. Error control systems for digital communication and storage[M]. Upper Saddle River: Prentice Hall, 1995.

第6章 卷积码

本章内容主要包括卷积码的基本概念、表示方式、结构特性、距离特性及在不同信道下的译码方法等，并通过举例对重点内容进行详解，主要参考了《Error Control Coding: Fundamentals and Applications》(第2版)[1]。

6.1 引言

卷积码是1955年由Elias提出的[2]，它与线性分组码最大的不同，在于其编码器具有记忆性，而线性分组码没有。所谓记忆性，指的是编码器的当前输出不仅与当前时刻的输入有关，还与以前时刻的输入有关。再者，卷积码编码时不对数据进行分组处理，数据随时来随时编码输出，译码时接收到码序列就开始译码；而线性分组码编码时要将数据分为固定大小的数据块，再进行编码，译码时必须接收到完整的码序列才能译码。

线性分组码用(n,k)表示，其中n是编码序列的码长，k是信息序列的长度，编码码率表示为$R=k/n$；卷积码用(n,k,v)表示，编码码率仍然表示为$R=k/n$，但n和k的含义发生了变化，其中k表示每次进入编码器的比特数，n表示编码器每次输出的比特数(注意：不再是码长)，v是全局约束长度，卷积码性能的好坏很大程度上取决于v的大小。

6.2 卷积码的编码

卷积码的编码方式可分为两类：前馈和反馈，在每类中又可分为系统和非系统形式[1]。首先考虑非系统形式的前馈编码器。

例6.1 编码码率$R=1/2$的非系统前馈卷积编码器。

考虑一个编码码率$R=1/2$、存储器阶数(输入数据支路上移位寄存器的个数)$m=2$的非系统前馈卷积编码器，其连接图如图6.1所示。在该编码器中每次输入$k=1$比特信息(信息序列$\boldsymbol{u}$)，就会有$n=2$比特输出(编码序列$\boldsymbol{v}^{(1)},\boldsymbol{v}^{(2)}$)。由于模2加法器是一个线性运算，因此编码器是一个线性系统，所有卷积码都可用这类线性前馈移位寄存器编码器实现。

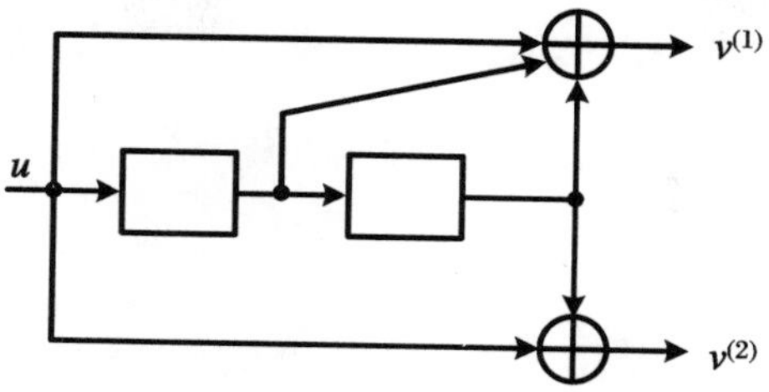

图 6.1 编码码率 $R=1/2$ 的非系统前馈卷积编码器

信息序列 $\boldsymbol{u}=[u_0 \quad u_1 \quad u_2 \quad \cdots]$进入编码器，每次 1 比特，由于编码器是一个线性系统，两个编码器输出序列 $\boldsymbol{v}^{(1)}=[v_0^{(1)} \quad v_1^{(1)} \quad v_2^{(1)} \quad \cdots]$和 $\boldsymbol{v}^{(2)}=[v_0^{(2)} \quad v_1^{(2)} \quad v_2^{(2)} \quad \cdots]$可通过输入序列 $\boldsymbol{u}$ 和两个编码器连接向量的离散卷积得到，因此称为卷积码。比如序列 $\boldsymbol{A}=[1 \quad 0 \quad 1 \quad 1]$，序列 $\boldsymbol{B}=[1 \quad 0 \quad 1 \quad 0]$，两者的离散卷积运算如图 6.2(a)～(g)所示，计算结果为 $\boldsymbol{A}\otimes\boldsymbol{B}=[1 \quad 0 \quad 0 \quad 1 \quad 1 \quad 1 \quad 0]$，其中$\otimes$表示离散卷积。

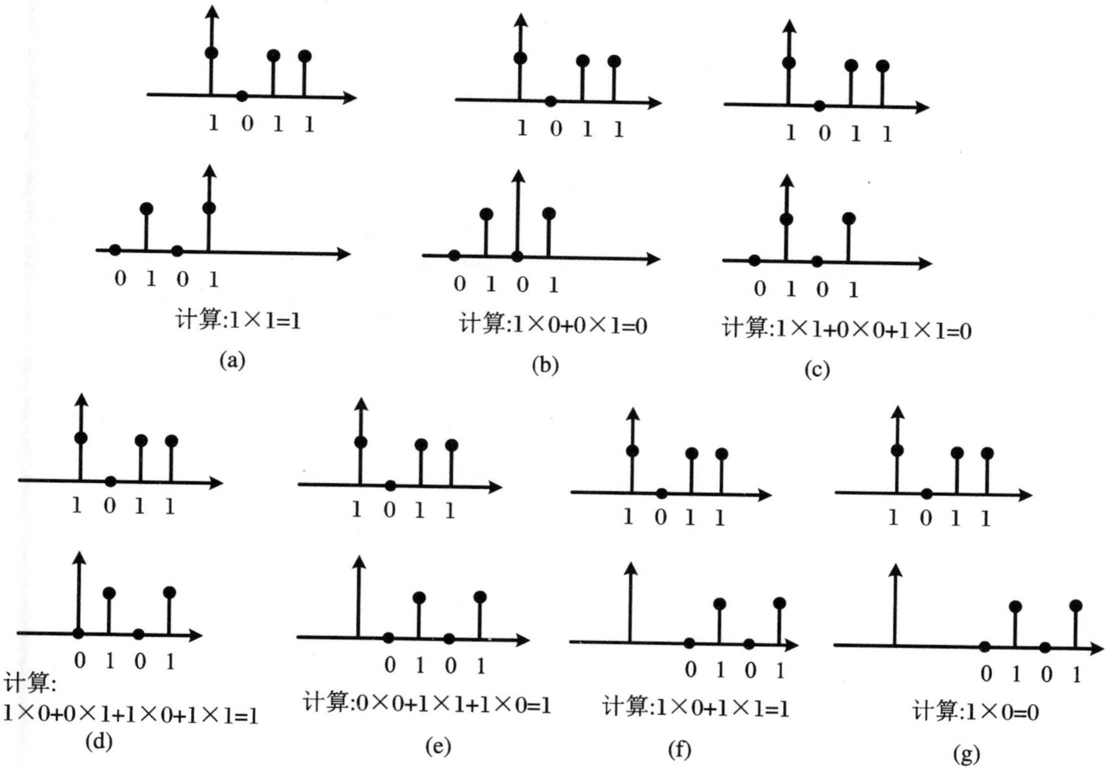

图 6.2 离散卷积计算示例

对一个具有 m 阶存储器、编码码率为 1/2 的编码器，两个连接向量可写为 $\boldsymbol{g}^{(1)}=[g_0^{(1)} \quad g_1^{(1)} \quad g_2^{(1)} \quad \cdots \quad g_m^{(1)}]$和 $\boldsymbol{g}^{(2)}=[g_0^{(2)} \quad g_1^{(2)} \quad g_2^{(2)} \quad \cdots \quad g_m^{(2)}]$，对图 6.1 所示的编码器，$\boldsymbol{g}^{(1)}=[1 \quad 1 \quad 1]$，$\boldsymbol{g}^{(2)}=[1 \quad 0 \quad 1]$。这样，编码输出序列可写为

$$\begin{cases} \boldsymbol{v}^{(1)} = \boldsymbol{u} \otimes \boldsymbol{g}^{(1)} \\ \boldsymbol{v}^{(2)} = \boldsymbol{u} \otimes \boldsymbol{g}^{(2)} \end{cases} \tag{6.1}$$

其中⊗表示离散卷积，且加法运算都是模2加运算，对于所有 $l \geq 0$，有

$$v_l^{(j)} = \sum_{i=0}^{m} u_{l-i} g_i^{(j)} = u_l g_0^{(j)} + u_{l-1} g_1^{(j)} + \cdots + u_{l-m} g_m^{(j)}, \quad j = 1,2 \tag{6.2}$$

其中对于所有 $l < i$，$u_{l-i} \triangleq 0$，这样对图6.1所示的编码器，有

$$\begin{cases} v_l^{(1)} = u_l + u_{l-1} + u_{l-2} \\ v_l^{(2)} = u_l \qquad\quad\;\; + u_{l-2} \end{cases} \tag{6.3}$$

编码后，两个输出序列 $v_l^{(1)}$，$v_l^{(2)}$ 复用成一个序列，称为码字(codeword)，表示为

$$\boldsymbol{v} = [v_0^{(1)} \quad v_0^{(2)} \quad v_1^{(1)} \quad v_1^{(2)} \quad v_2^{(1)} \quad v_2^{(2)} \quad \cdots] \tag{6.4}$$

例如信息序列 $\boldsymbol{u} = [1 \quad 0 \quad 1 \quad 1 \quad 1]$，则输出序列为

$$\boldsymbol{v}^{(1)} = [1 \quad 0 \quad 1 \quad 1 \quad 1] \otimes [1 \quad 1 \quad 1] = [1 \quad 1 \quad 0 \quad 0 \quad 1 \quad 0 \quad 1]$$

$$\boldsymbol{v}^{(2)} = [1 \quad 0 \quad 1 \quad 1 \quad 1] \otimes [1 \quad 0 \quad 1] = [1 \quad 0 \quad 0 \quad 1 \quad 0 \quad 1 \quad 1]$$

复用成一个序列为 $\boldsymbol{v} = [11 \quad 10 \quad 00 \quad 01 \quad 10 \quad 01 \quad 11]$。

如果我们用连接图进行计算，输入信息序列仍是 $\boldsymbol{u} = [1 \quad 0 \quad 1 \quad 1 \quad 1]$，其具体计算过程如图6.3(a)～(h)所示。初始阶段，需要清空寄存器，即寄存器内是00，当第1个数据“1”到来时，此时输出为11，如图6.3(a)所示。当第2个数据“0”到来时，移位寄存器的内容变为10，此时输出为10，如图6.3(b)所示。

当5个输入数据都已计算结束时，如图6.3(e)所示，仍有数据信息留在连接图中，它们都是含有信息量的，需要通过补零将计算结果继续输出。补第1个“0”，寄存器内有2个数据信息“11”，输出为01，如图6.3(f)所示；补第2个“0”，寄存器内只有1个数据信息“1”，输出为11，如图6.3(g)所示；如果此时再补零，就会发现参与计算的所有数据都是补的零，如图6.3(h)所示，编码输出00中没有信息量，因此只需补 $m = 2$ 个零即可。因此，通过连接图进行计算，也可以得到编码输出序列为 $\boldsymbol{v} = [11 \quad 10 \quad 00 \quad 01 \quad 10 \quad 01 \quad 11]$。

如果将连接向量 $\boldsymbol{g}^{(1)}$ 和 $\boldsymbol{g}^{(2)}$ 写出矩阵形式，则生成矩阵可写为

$$\boldsymbol{G} = \begin{bmatrix} g_0^{(1)} g_0^{(2)} & g_1^{(1)} g_1^{(2)} & g_2^{(1)} g_2^{(2)} & \cdots & g_m^{(1)} g_m^{(2)} & & \\ & g_0^{(1)} g_0^{(2)} & g_1^{(1)} g_1^{(2)} & \cdots & g_{m-1}^{(1)} g_{m-1}^{(2)} & g_m^{(1)} g_m^{(2)} & \\ & & g_0^{(1)} g_0^{(2)} & \cdots & g_{m-2}^{(1)} g_{m-2}^{(2)} & g_{m-1}^{(1)} g_{m-1}^{(2)} & g_m^{(1)} g_m^{(2)} \\ & & & \ddots & & & \ddots \end{bmatrix} \tag{6.5}$$

其中 $\boldsymbol{G}$ 的每一行都与前一行相同，只是向右移了 $n = 2$ 位。它是一个半无限矩阵，对应于信息序列 $\boldsymbol{u}$ 是一个任意长度的序列，编码输出序列可计算为

$$\boldsymbol{v} = \boldsymbol{u}\boldsymbol{G} \tag{6.6}$$

如果 $\boldsymbol{u}$ 只有有限长度 h，则 $\boldsymbol{G}$ 具有 h 行、$2(m+h)$ 列，$\boldsymbol{v}$ 的长度为 $2(m+h)$。例如上例中 $\boldsymbol{u} = [1 \quad 0 \quad 1 \quad 1 \quad 1]$，则

$$\boldsymbol{v} = \boldsymbol{u} \cdot \boldsymbol{G} = [1 \quad 0 \quad 1 \quad 1 \quad 1] \begin{bmatrix} 11 & 10 & 11 & & & & \\ & 11 & 10 & 11 & & & \\ & & 11 & 10 & 11 & & \\ & & & 11 & 10 & 11 & \\ & & & & 11 & 10 & 11 \end{bmatrix}$$

$$= [11 \quad 10 \quad 00 \quad 01 \quad 10 \quad 01 \quad 11]$$

这与前面的计算一致。

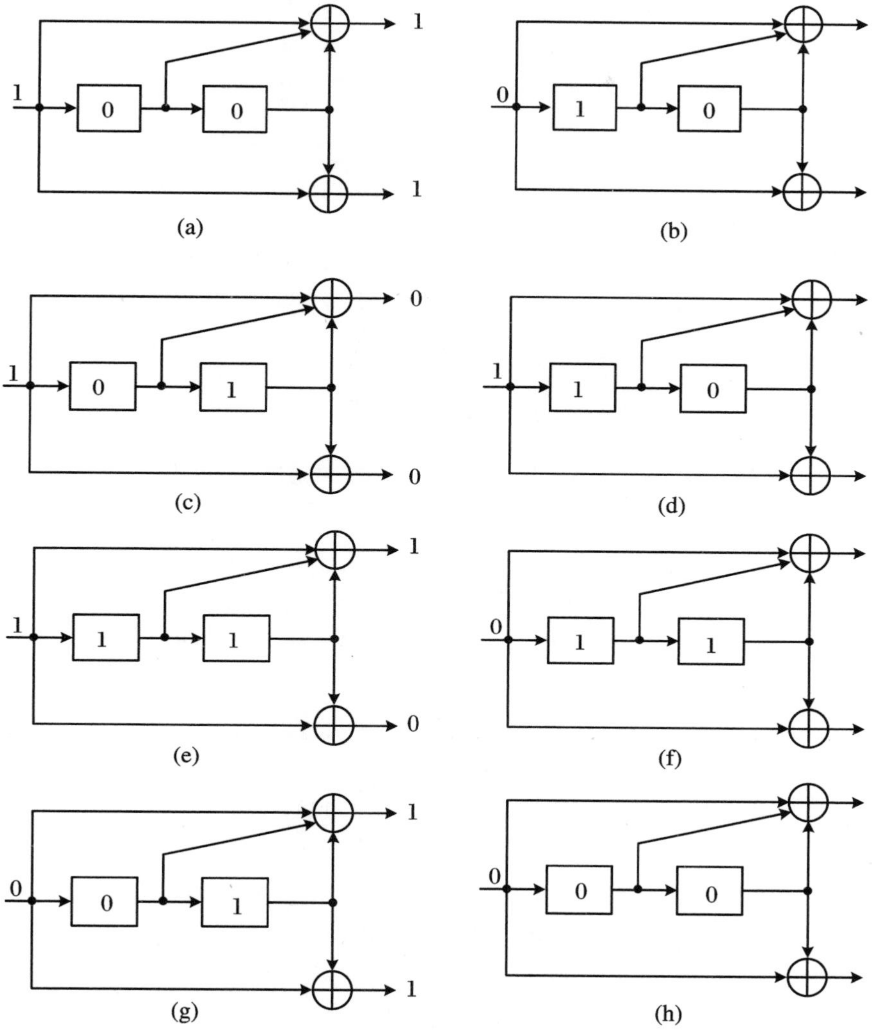

图 6.3 基于连接图的编码输出具体计算过程

例 6.2 编码码率 $R=2/3$ 的非系统前馈卷积编码器。

一个编码码率 $R=2/3$、存储器阶数 $m=1$(注意:对每个输入信息序列而言,支路的移位寄存器最大数目是 1)的编码器如图 6.4 所示,该编码器有 $k=2$ 个输入信息序列($\boldsymbol{u}^{(1)}$ 和 $\boldsymbol{u}^{(2)}$)、$n=3$ 个输出序列($\boldsymbol{v}^{(1)}, \boldsymbol{v}^{(2)}$ 和 $\boldsymbol{v}^{(3)}$)。信息序列进入编码器时每次进入 $k=2$ 个比特,可写为 $\boldsymbol{u}=[\boldsymbol{u}_0 \quad \boldsymbol{u}_1 \quad \boldsymbol{u}_2 \quad \cdots]=[u_0^{(1)}u_0^{(2)} \quad u_1^{(1)}u_1^{(2)} \quad u_2^{(1)}u_2^{(2)} \quad \cdots]$,或作为两个输入序列 $\boldsymbol{u}^{(1)}=[u_0^{(1)} \quad u_1^{(1)} \quad u_2^{(1)} \quad \cdots]$ 和 $\boldsymbol{u}^{(2)}=[u_0^{(2)} \quad u_1^{(2)} \quad u_2^{(2)} \quad \cdots]$。对应于每个输入序列,都有 3 个连接向量。设 $\boldsymbol{g}_i^{(j)}=[g_{i,0}^{(j)} \quad g_{i,1}^{(j)} \quad \cdots \quad g_{i,m}^{(j)}]$ 表示对应于输入 i 和输出 j 的连接向量,这样我们可得到图 6.4 所示编码器的连接向量为

$$\begin{cases} \boldsymbol{g}_1^{(1)}=[1 \quad 1], \boldsymbol{g}_1^{(2)}=[0 \quad 1], \boldsymbol{g}_1^{(3)}=[1 \quad 1] \\ \boldsymbol{g}_2^{(1)}=[0 \quad 1], \boldsymbol{g}_2^{(2)}=[1 \quad 0], \boldsymbol{g}_2^{(3)}=[1 \quad 0] \end{cases} \tag{6.7}$$

这样我们可写出编码方程如下:

$$\begin{cases} \boldsymbol{v}^{(1)} = \boldsymbol{u}^{(1)} \otimes \boldsymbol{g}_1^{(1)} + \boldsymbol{u}^{(2)} \otimes \boldsymbol{g}_2^{(1)} \\ \boldsymbol{v}^{(2)} = \boldsymbol{u}^{(1)} \otimes \boldsymbol{g}_1^{(2)} + \boldsymbol{u}^{(2)} \otimes \boldsymbol{g}_2^{(2)} \\ \boldsymbol{v}^{(3)} = \boldsymbol{u}^{(1)} \otimes \boldsymbol{g}_1^{(3)} + \boldsymbol{u}^{(2)} \otimes \boldsymbol{g}_2^{(3)} \end{cases} \tag{6.8}$$

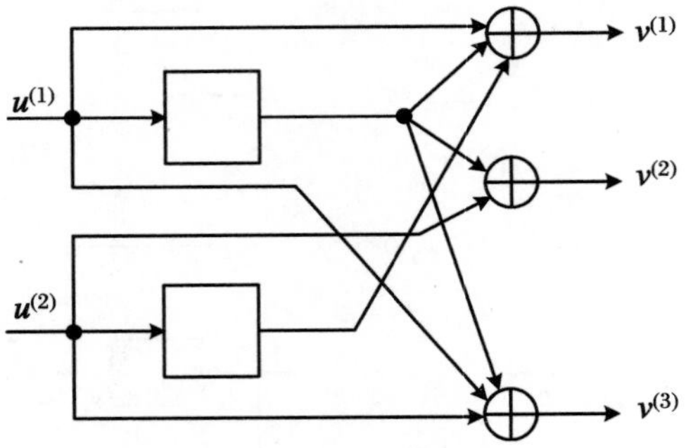

图 6.4　一个编码码率为 $R=2/3$ 的非系统前馈卷积编码器

复用后，码字为

$$\boldsymbol{v} = [v_0^{(1)}\, v_0^{(2)}\, v_0^{(3)} \quad v_1^{(1)}\, v_1^{(2)}\, v_1^{(3)} \quad v_2^{(1)}\, v_2^{(2)}\, v_2^{(3)} \quad \cdots] \tag{6.9}$$

例如当 $\boldsymbol{u}^{(1)}=[1\quad 0\quad 1]$和 $\boldsymbol{u}^{(2)}=[1\quad 1\quad 0]$时，则有

$$\boldsymbol{v}^{(1)} = [1\quad 0\quad 1]\otimes[1\quad 1]+[1\quad 1\quad 0]\otimes[0\quad 1]=[1\quad 0\quad 0\quad 1]$$
$$\boldsymbol{v}^{(2)} = [1\quad 0\quad 1]\otimes[0\quad 1]+[1\quad 1\quad 0]\otimes[1\quad 0]=[1\quad 0\quad 0\quad 1]$$
$$\boldsymbol{v}^{(3)} = [1\quad 0\quad 1]\otimes[1\quad 1]+[1\quad 1\quad 0]\otimes[1\quad 0]=[0\quad 0\quad 1\quad 1]$$

所以输出序列为

$$\boldsymbol{v} = [110\quad 000\quad 001\quad 111]$$

对于编码码率为 2/3、存储器阶数为 m 的卷积码，其生成矩阵可写为

$$\boldsymbol{G} = \begin{bmatrix} g_{1,0}^{(1)} g_{1,0}^{(2)} g_{1,0}^{(3)} & g_{1,1}^{(1)} g_{1,1}^{(2)} g_{1,1}^{(3)} & \cdots & g_{1,m}^{(1)} g_{1,m}^{(2)} g_{1,m}^{(3)} & \\ g_{2,0}^{(1)} g_{2,0}^{(2)} g_{2,0}^{(3)} & g_{2,1}^{(1)} g_{2,1}^{(2)} g_{2,1}^{(3)} & \cdots & g_{2,m}^{(1)} g_{2,m}^{(2)} g_{2,m}^{(3)} & \\ & g_{1,0}^{(1)} g_{1,0}^{(2)} g_{1,0}^{(3)} & \cdots & g_{1,m-1}^{(1)} g_{1,m-1}^{(2)} g_{1,m-1}^{(3)} & g_{1,m}^{(1)} g_{1,m}^{(2)} g_{1,m}^{(3)} \\ & g_{2,0}^{(1)} g_{2,0}^{(2)} g_{2,0}^{(3)} & \cdots & g_{2,m-1}^{(1)} g_{2,m-1}^{(2)} g_{2,m-1}^{(3)} & g_{2,m}^{(1)} g_{2,m}^{(2)} g_{2,m}^{(3)} \\ & \ddots & & & \ddots \end{bmatrix} \tag{6.10}$$

编码方程仍写为 $\boldsymbol{v}=\boldsymbol{u}\cdot\boldsymbol{G}$，注意：$\boldsymbol{G}$ 中每 $k=2$ 行都与前 2 行相同，只是向右移 $n=3$ 位。在例 6.2 中，其生成矩阵可写为 $\boldsymbol{G}=\begin{bmatrix} 101 & 111 & \\ 011 & 100 & \\ & 101 & 111 \\ & 011 & 100 \\ & & \ddots \quad \ddots \end{bmatrix}$，当输入序列为 $\boldsymbol{u}^{(1)}=[1\quad 0\quad 1]$和 $\boldsymbol{u}^{(2)}=[1\quad 1\quad 0]$时，$\boldsymbol{u}=[\boldsymbol{u}_0\quad \boldsymbol{u}_1\quad \boldsymbol{u}_2]=[11\quad 01\quad 10]$，有

$$\boldsymbol{v} = \boldsymbol{u}\cdot\boldsymbol{G} = [11\quad 01\quad 10]\begin{bmatrix} 101 & 111 & & \\ 011 & 100 & & \\ & 101 & 111 & \\ & 011 & 100 & \\ & & 101 & 111 \\ & & 011 & 100 \end{bmatrix} = [110\quad 000\quad 001\quad 111]$$

仍与前面的计算一致。

在以上两例中，从存储输入序列的 k 个支路的移位寄存器到 n 个模 2 加法器的连接，直接对应于在 kn 个生成器序列中的非零项，可以看出，当输入序列数 $k>1$ 时，复杂度明显增加。

下面给出与移位寄存器长度有关的四个定义：

定义 6.1 设 $v_i(i=1,2,\cdots,k)$ 是卷积编码器（有 k 个输入序列）第 i 个支路的移位寄存器长度。

例如在如图 6.1 所示编码码率 $R=1/2$ 的编码器中，$v=2$；在如图 6.4 所示编码码率 $R=2/3$ 的编码器中，$v_1=v_2=1$。

定义 6.2 编码器的存储器阶数 m 定义为

$$m=\max_{1\leqslant i\leqslant k} v_i \tag{6.11}$$

即 m 是所有 k 个支路中移位寄存器长度的最大值。

例如在如图 6.1 所示编码码率 $R=1/2$ 的编码器中，$m=v=2$；在如图 6.4 所示编码码率 $R=2/3$ 的编码器中，$m=\max\{v_1,v_2\}=\max\{1,1\}=1$。

定义 6.3 编码器的全局约束长度 v 定义为

$$v=\sum_{1\leqslant i\leqslant k} v_i \tag{6.12}$$

即 v 是所有 k 个支路中移位寄存器长度的总和。

例如在如图 6.1 所示编码码率 $R=1/2$ 的编码器中，$v=2$；在如图 6.4 所示编码码率 $R=2/3$ 的编码器中，$v=v_1+v_2=1+1=2$。

定义 6.4 全局约束长度为 v、编码码率为 $R=k/n$ 的卷积编码器常表示为一个 (n,k,v) 编码器。

例如图 6.1 中编码码率 $R=1/2$ 的编码器可表示为(2,1,2)编码器，图 6.4 中编码码率 $R=2/3$ 的编码器可表示为(3,2,2)编码器。

因此，对于 $(n,1,v)$ 编码器，全局约束长度 v 就等于存储器阶数 m。

通常，一个存储器阶数为 m 的 (n,k,v) 前馈编码器，其生成矩阵可写为

$$\boldsymbol{G}=\begin{bmatrix} \boldsymbol{G}_0 & \boldsymbol{G}_1 & \boldsymbol{G}_2 & \cdots & \boldsymbol{G}_m & & \\ & \boldsymbol{G}_0 & \boldsymbol{G}_1 & \cdots & \boldsymbol{G}_{m-1} & \boldsymbol{G}_m & \\ & & \boldsymbol{G}_0 & \cdots & \boldsymbol{G}_{m-2} & \boldsymbol{G}_{m-1} & \boldsymbol{G}_m \\ & & \ddots & & & & \end{bmatrix} \tag{6.13}$$

其中 $\boldsymbol{G}_l$ 是一个 $k\times n$ 的子矩阵，表示为

$$\boldsymbol{G}_l=\begin{bmatrix} g_{1,l}^{(1)} & g_{1,l}^{(2)} & \cdots & g_{1,l}^{(n)} \\ g_{2,l}^{(1)} & g_{2,l}^{(2)} & \cdots & g_{2,l}^{(n)} \\ \vdots & \vdots & \ddots & \vdots \\ g_{k,l}^{(1)} & g_{k,l}^{(2)} & \cdots & g_{k,l}^{(n)} \end{bmatrix} \tag{6.14}$$

仍需要注意的是，生成矩阵 $\boldsymbol{G}$ 中的 k 行（一组）都与前 k 行（一组）相同，只是向右移 n 位。对于一个信息序列 $\boldsymbol{u}=[\boldsymbol{u}_0 \quad \boldsymbol{u}_1 \quad \cdots]=[u_0^{(1)}u_0^{(2)}\cdots u_0^{(k)} \quad u_1^{(1)}u_1^{(2)}\cdots u_1^{(k)} \quad \cdots]$，码字 $\boldsymbol{v}=\boldsymbol{u}\boldsymbol{G}=[v_0^{(1)}v_0^{(2)}\cdots v_0^{(n)} \quad v_1^{(1)}v_1^{(2)}\cdots v_1^{(n)} \quad \cdots]$。

码字 $\boldsymbol{v}$ 是生成矩阵 $\boldsymbol{G}$ 的线性组合，因此 (n,k,v) 是一个线性码。在线性系统中，时域中的卷积可用更方便的多项式乘法来代替。这样编码方程中每个序列都可以用一个对应的

多项式来代替,例如对一个$(2,1,v)$编码器,编码运算的方程式可写为

$$\begin{cases} v^{(1)}(D) = u(D)g^{(1)}(D) \\ v^{(2)}(D) = u(D)g^{(2)}(D) \end{cases} \tag{6.15}$$

其中 $u(D)=u_0+u_1D+u_2D^2+\cdots$是信息序列多项式,$D$ 是时延算子,D 的指数表示相对于序列中的初始比特延时了多少时间单元。

$$\begin{cases} v^{(1)}(D) = v_0^{(1)} + v_1^{(1)}D + v_2^{(1)}D^2 + \cdots \\ v^{(2)}(D) = v_0^{(2)} + v_1^{(2)}D + v_2^{(2)}D^2 + \cdots \end{cases} \tag{6.16}$$

是编码序列多项式。

$$\begin{cases} g^{(1)}(D) = g_0^{(1)} + g_1^{(1)}D + \cdots + g_m^{(1)}D^m \\ g^{(2)}(D) = g_0^{(2)} + g_1^{(2)}D + \cdots + g_m^{(2)}D^m \end{cases} \tag{6.17}$$

是生成多项式。

这样码字可写为

$$\boldsymbol{v}(D) = [v^{(1)}(D) \quad v^{(2)}(D)] \tag{6.18}$$

或经过复用后,写为

$$v(D) = v^{(1)}(D^2) + D \cdot v^{(2)}(D^2) \tag{6.19}$$

例 6.3 如图 6.1 所示的(2,1,2)编码器,连接向量为 $\boldsymbol{g}^{(1)}=[1 \quad 1 \quad 1]$和 $\boldsymbol{g}^{(2)}=[1 \quad 0 \quad 1]$,对应的生成多项式就为 $g^{(1)}(D)=1+D+D^2$ 及 $g^{(2)}(D)=1+D^2$,若信息序列是

$$\boldsymbol{u}=[1 \quad 0 \quad 1 \quad 1 \quad 1]$$

其对应的多项式为 $u(D)=1+D^2+D^3+D^4$,则编码方程式为

$$v^{(1)}(D) = u(D)g^{(1)}(D) = (1+D^2+D^3+D^4)\cdot(1+D+D^2) = 1+D+D^4+D^6$$

$$v^{(2)}(D) = u(D)g^{(2)}(D) = (1+D^2+D^3+D^4)\cdot(1+D^2) = 1+D^3+D^5+D^6$$

码字可写为

$$\boldsymbol{v}(D) = [1+D+D^4+D^6 \quad 1+D^3+D^5+D^6]$$

或

$$v(D) = 1+D+D^2+D^7+D^8+D^{11}+D^{12}+D^{13}$$

注意:生成多项式的最低阶项(常数项)对应于移位寄存器连接的最左端,最高阶项对应于移位寄存器连接的最右端。例如图 6.1 中,从移位寄存器到输出 $\boldsymbol{v}^{(1)}$ 的连接是 $\boldsymbol{g}^{(1)}=[1 \quad 1 \quad 1]$,对应的生成多项式为 $g^{(1)}(D)=1+D+D^2$。

在$(n,1,v)$编码器中,由于移位寄存器的最右端必须连接到至少一个输出上,因此至少有一个生成多项式的阶数必然等于移位寄存器的长度 m,即

$$m = \max_{1\leqslant j\leqslant n}\{\deg g^{(j)}(D)\} \tag{6.20}$$

在 $k>1$ 的(n,k,v)编码器中,对于每个支路输入(共有 k 个支路输入),都有 n 个生成多项式,有

$$m = \max_{1\leqslant j\leqslant n}\{\deg g_i^{(j)}(D)\}, \quad 1\leqslant i\leqslant k \tag{6.21}$$

其中 $g_i^{(j)}(D)$是第 i 个输入到第 j 个输出的生成多项式。

由于编码器是一个线性系统,$u^{(i)}(D)$表示第 i 个输入序列,$v^{(j)}(D)$表示第 j 个输出序列,生成多项式 $g_i^{(j)}(D)$可解释为输入 i 到输出 j 的转移函数。对于有 k 个输入、n 个输出的线性系统,共有 kn 个转移函数,可用 $k\times n$ 的生成矩阵多项式表示:

$$G(D)=\begin{bmatrix} g_1^{(1)}(D) & g_1^{(2)}(D) & \cdots & g_1^{(n)}(D) \\ g_2^{(1)}(D) & g_2^{(2)}(D) & \cdots & g_2^{(n)}(D) \\ \vdots & \vdots & \ddots & \vdots \\ g_k^{(1)}(D) & g_k^{(2)}(D) & \cdots & g_k^{(n)}(D) \end{bmatrix} \tag{6.22}$$

例如对于图 6.1 的(2,1,2)编码器,其生成矩阵多项式为

$$G(D)=[1+D+D^2 \quad 1+D^2]$$

对于图 6.4 的(3,2,2)编码器,其生成矩阵多项式为

$$G(D)=\begin{bmatrix} 1+D & D & 1+D \\ D & 1 & 1 \end{bmatrix}$$

使用生成矩阵多项式,(n,k,v)前馈编码器的编码方程可写为

$$\boldsymbol{v}(D)=\boldsymbol{U}(D)\cdot \boldsymbol{G}(D) \tag{6.23}$$

其中 $\boldsymbol{U}(D) \triangleq [u^{(1)}(D) \quad u^{(2)}(D) \quad \cdots \quad u^{(k)}(D)]$是输入序列,$\boldsymbol{v}(D) \triangleq [v^{(1)}(D) \quad v^{(2)}(D) \quad \cdots \quad v^{(n)}(D)]$是输出序列(码字),复用后码字可表示为

$$v(D)=v^{(1)}(D^n)+D\cdot v^{(2)}(D^n)+\cdots+D^{n-1}\cdot v^{(n)}(D^n) \tag{6.24}$$

例 6.4 在如图 6.4 所示的(3,2,2)编码器 $G(D)=\begin{bmatrix} 1+D & D & 1+D \\ D & 1 & 1 \end{bmatrix}$中,对于输入序列 $u^{(1)}(D)=1+D^2$ 和 $u^{(2)}(D)=1+D$,根据式(6.23),可计算码字多项式为

$$\begin{aligned} \boldsymbol{v}(D) &= [v^{(1)}(D) \quad v^{(2)}(D) \quad v^{(3)}(D)] \\ &= [1+D^2 \quad 1+D]\begin{bmatrix} 1+D & D & 1+D \\ D & 1 & 1 \end{bmatrix} \\ &= [1+D^3 \quad 1+D^3 \quad D^2+D^3] \end{aligned}$$

即 $v^{(1)}(D)=1+D^3$, $v^{(2)}(D)=1+D^3$, $v^{(3)}(D)=D^2+D^3$。

复用后可写为

$$\begin{aligned} v(D) &= v^{(1)}(D^3)+D\cdot v^{(2)}(D^3)+D^2\cdot v^{(3)}(D^3) \\ &= 1+(D^3)^3+D\cdot(1+(D^3)^3)+D^2\cdot((D^3)^2+(D^3)^3) \\ &= 1+D+D^8+D^9+D^{10}+D^{11} \end{aligned}$$

我们也可以将式(6.24)的复用码字 $v(D)$写成

$$v(D)=\sum_{i=1}^{k} u^{(i)}(D^n)g_i(D) \tag{6.25}$$

其中

$$g_i(D)=g_i^{(1)}(D^n)+D\cdot g_i^{(2)}(D^n)+\cdots+D^{n-1}\cdot g_i^{(n)}(D^n), \quad 1\leqslant i\leqslant k \tag{6.26}$$

是第 i 个输入到输出的复合生成多项式。

例 6.5 如图 6.1 所示的(2,1,2)编码器,其复合生成多项式为

$$\begin{aligned} g(D) &= g^{(1)}(D^2)+D\cdot g^{(2)}(D^2) \\ &= 1+D^2+(D^2)^2+D\cdot(1+(D^2)^2) \\ &= 1+D+D^2+D^4+D^5 \end{aligned}$$

当输入信息多项式 $u(D)=1+D^2+D^3+D^4$ 时,码字为

$$\begin{aligned} v(D) &= u(D^2)\cdot g(D) \\ &= (1+D^4+D^6+D^8)\cdot(1+D+D^2+D^4+D^5) \\ &= 1+D+D^2+D^7+D^8+D^{11}+D^{12}+D^{13} \end{aligned}$$

卷积编码器的一个重要子类是系统编码器，其特点是前 k 个输出序列是 k 个输入序列的拷贝，即

$$\boldsymbol{v}^{(i)} = \boldsymbol{u}^{(i)}, \quad i = 1,2,\cdots,k \tag{6.27}$$

连接向量满足

$$g_i^{(j)} = \begin{cases} 1, & 若\ j = i \\ 0, & 若\ j \neq i \end{cases}, \quad i = 1,2,\cdots,k \tag{6.28}$$

在系统前馈编码器中，生成矩阵可表示为

$$\boldsymbol{G} = \begin{bmatrix} \boldsymbol{I} & \boldsymbol{P}_0 & \boldsymbol{0} & \boldsymbol{P}_1 & \boldsymbol{0} & \boldsymbol{P}_2 & \cdots & \boldsymbol{0} & \boldsymbol{P}_m & & & & \\ & & \boldsymbol{I} & \boldsymbol{P}_0 & \boldsymbol{0} & \boldsymbol{P}_1 & \cdots & \boldsymbol{0} & \boldsymbol{P}_{m-1} & \boldsymbol{0} & \boldsymbol{P}_m & & \\ & & & & \boldsymbol{I} & \boldsymbol{P}_0 & \cdots & \boldsymbol{0} & \boldsymbol{P}_{m-2} & \boldsymbol{0} & \boldsymbol{P}_{m-1} & \boldsymbol{0} & \boldsymbol{P}_m \\ & & & & & & \ddots & & & & & & \end{bmatrix} \tag{6.29}$$

其中 $\boldsymbol{I}$ 是 $k \times k$ 的单位阵，$\boldsymbol{0}$ 是 $k \times k$ 的全 0 阵，$\boldsymbol{P}_l$ 是 $k \times (n-k)$ 的矩阵，为

$$\boldsymbol{P}_l = \begin{bmatrix} g_{1,l}^{(k+1)} & g_{1,l}^{(k+2)} & \cdots & g_{1,l}^{(n)} \\ g_{2,l}^{(k+1)} & g_{2,l}^{(k+2)} & \cdots & g_{2,l}^{(n)} \\ \vdots & \vdots & \ddots & \vdots \\ g_{k,l}^{(k+1)} & g_{k,l}^{(k+2)} & \cdots & g_{k,l}^{(n)} \end{bmatrix} \tag{6.30}$$

这样生成矩阵多项式可写为

$$\boldsymbol{G}(D) = \begin{bmatrix} 1 & 0 & \cdots & 0 & g_1^{(k+1)}(D) & \cdots & g_1^{(n)}(D) \\ 0 & 1 & \cdots & 0 & g_2^{(k+1)}(D) & \cdots & g_2^{(n)}(D) \\ \vdots & \vdots & \ddots & \vdots & \vdots & \ddots & \vdots \\ 0 & 0 & \cdots & 1 & g_k^{(k+1)}(D) & \cdots & g_k^{(n)}(D) \end{bmatrix} \tag{6.31}$$

由于前 k 个输出序列是系统的，即为 k 个输入序列，它们也被称为输出信息序列，后面的 $n-k$ 个输出序列被称为输出校验序列。通常，需要 kn 个生成多项式来定义 (n,k,v) 非系统前馈编码器，需要 $k\times(n-k)$ 个生成多项式来定义系统前馈编码器。

例 6.6 编码码率 $R=1/2$ 的系统前馈卷积编码器。

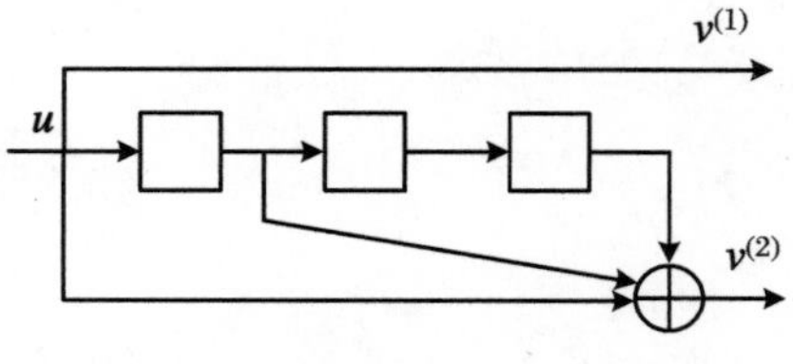

图 6.5 编码码率 $R=1/2$ 的系统前馈卷积编码器

一个(2,1,3)系统前馈编码器如图 6.5 所示，连接向量为 $\boldsymbol{g}^{(1)} = [1\quad 0\quad 0\quad 0]$ 和 $\boldsymbol{g}^{(2)} = [1\quad 1\quad 0\quad 1]$，则生成矩阵可写为

$$\boldsymbol{G} = \begin{bmatrix} 11 & 01 & 00 & 01 & & & \\ & 11 & 01 & 00 & 01 & & \\ & & 11 & 01 & 00 & 01 & \\ & & & \ddots & & \ddots & \end{bmatrix}$$

生成矩阵多项式为 $\boldsymbol{G}(D) = [1\quad 1+D+D^3]$。

当输入序列 $u(D) = 1 + D^2 + D^3$ 时，输出信息序列为

$$v^{(1)}(D) = u(D)\cdot g^{(1)}(D) = (1+D^2+D^3)\cdot 1 = 1 + D^2 + D^3$$

输出校验序列为

$$\begin{aligned} v^{(2)}(D) &= u(D)\cdot g^{(2)}(D) = (1+D^2+D^3)\cdot(1+D+D^3) \\ &= 1 + D + D^2 + D^3 + D^4 + D^5 + D^6 \end{aligned}$$

这样，码字就为

$$\boldsymbol{v}(D) = [v^{(1)}(D) \quad v^{(2)}(D)]$$
$$= [1 + D^2 + D^3 \quad 1 + D + D^2 + D^3 + D^4 + D^5 + D^6]$$

或

$$v(D) = v^{(1)}(D^2) + D \cdot v^{(2)}(D^2)$$
$$= 1 + D + D^3 + D^4 + D^5 + D^6 + D^7 + D^9 + D^{11} + D^{13}$$

也可写为

$$\boldsymbol{v} = [11 \quad 01 \quad 11 \quad 11 \quad 01 \quad 01 \quad 01]$$

例 6.7 编码码率 $R = 2/3$ 的系统前馈卷积编码器。

生成矩阵多项式为

$$\boldsymbol{G}(D) = \begin{bmatrix} 1 & 0 & 1 + D + D^2 \\ 0 & 1 & 1 + D \end{bmatrix}$$

在如图 6.6(a)所示的方式中，编码器需要共 $v = v_1 + v_2 = 2 + 1 = 3$ 个时延单元，因此它是一个(3,2,3)编码器。再者，由于输出信息序列为 $v^{(1)}(D) = u^{(1)}(D)$及 $v^{(2)}(D) = u^{(2)}(D)$，输出校验序列就为

$$v^{(3)}(D) = u^{(1)}(D) \cdot g_1^{(3)}(D) + u^{(2)}(D) \cdot g_2^{(3)}(D)$$
$$= (1 + D + D^2) \cdot u^{(1)}(D) + (1 + D) \cdot u^{(2)}(D)$$

也可以用图 6.6(b)来表示，注意这种方式只需要 $v = 2$ 个时延单元，因此是一个(3,2,2)编码器。

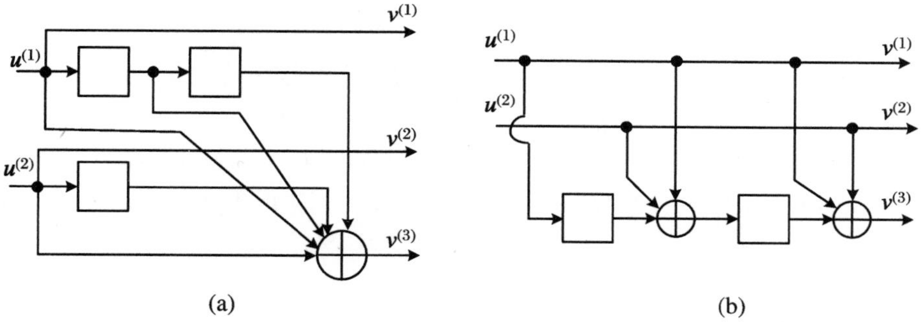

图 6.6 编码码率 $R = 2/3$ 的系统前馈卷积编码器的两种表示方式

因此，对于同样的卷积码，可以有不同的表示方式。我们知道，卷积码可以用状态图表示(共有 2^v 个状态)，译码时的复杂度正比于状态数，因此我们希望寻找具有最小状态数(即最小全局约束长度 v)的编码器实现。

例 6.8 编码码率 $R = 1/3$ 的系统反馈卷积编码器。

考虑一个编码码率 $R = 1/3$ 的非系统前馈卷积编码器，如图 6.7(a)所示，其生成矩阵多项式为

$$\boldsymbol{G}(D) = [g^{(1)}(D) \quad g^{(2)}(D) \quad g^{(3)}(D)] = [1 + D + D^2 \quad 1 + D^2 \quad 1 + D]$$

它是一个(3,1,2)的编码器，有 4 种状态；图 6.7(b)所示的方式具有相同的生成矩阵多项式，但它是一个(3,1,5)编码器，有 $2^5 = 32$ 种状态。如果将 $\boldsymbol{G}(D)$除以多项式 $g^{(1)}(D) = 1 + D + D^2$，如图 6.7(c)所示，会得到一个系统反馈编码器的生成矩阵多项式，为

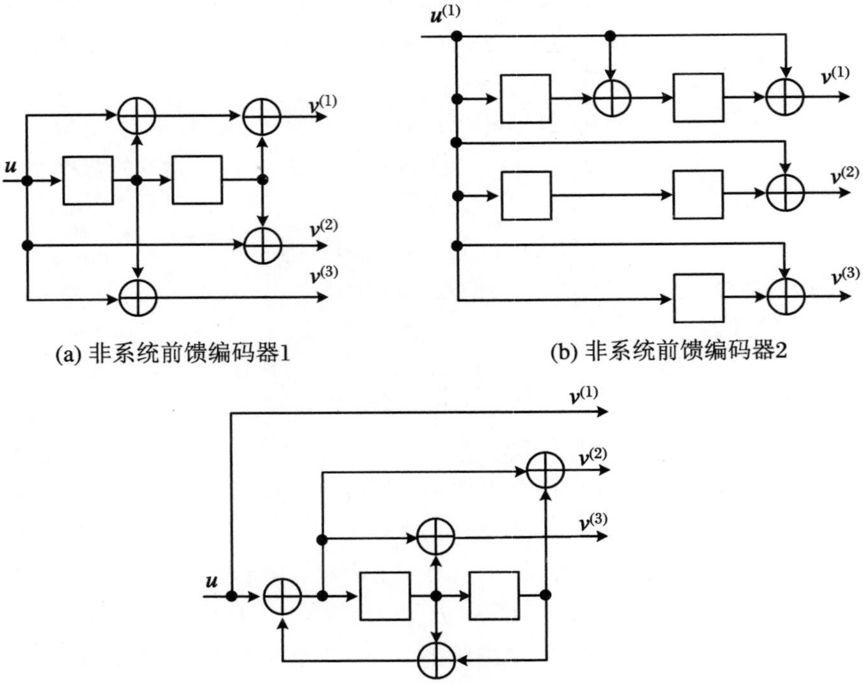

(a) 非系统前馈编码器1　(b) 非系统前馈编码器2

(c) 系统反馈编码器

图 6.7

$$\boldsymbol{G}'(D) = [1 \quad g^{(2)}(D)/g^{(1)}(D) \quad g^{(3)}(D)/g^{(1)}(D)]$$
$$= [1 \quad (1+D^2)/(1+D+D^2) \quad (1+D)/(1+D+D^2)]$$

此时 $\boldsymbol{G}'(D)$所表示的编码器的脉冲响应具有无限长周期，即 $\boldsymbol{G}'(D)$的反馈移位寄存器实现是一个无限脉冲响应(IIR)线性系统，因此，对应于 $\boldsymbol{G}'(D)$的生成矩阵 $\boldsymbol{G}'$就是一个无限长的序列。例如，生成多项式 $g^{(2)}(D)/g^{(1)}(D)$的比值为$(1+D^2)/(1+D+D^2)=1+D+D^2+D^4+D^5+D^7+D^8+D^{10}+\cdots$，对应的无限长序列为[1　1　1　0　1　1　0　1　1　0　1　…]。

注意：由 $\boldsymbol{G}'(D)$产生的编码器输出序列与由 $\boldsymbol{G}(D)$产生的编码器输出序列完全相同，因为在由 $\boldsymbol{G}(D)$产生的码中，如果由信息序列 $u(D)$产生码字 $\boldsymbol{v}(D)$，即 $\boldsymbol{v}(D)=u(D)\cdot\boldsymbol{G}(D)$；在由 $\boldsymbol{G}'(D)$产生的码中，$u'(D)=(1+D+D^2)\cdot u(D)$，因此产生相同的码字 $\boldsymbol{v}(D)$，即 $\boldsymbol{v}(D)=u'(D)\cdot\boldsymbol{G}'(D)=u(D)\cdot\boldsymbol{G}(D)$。

通常，如果 $k\times n$ 的多项式矩阵$\boldsymbol{G}(D)$是一个编码码率 $R=k/n$ 的非系统卷积编码器的生成矩阵，则可通过初等行变换把它变为系统生成矩阵$\boldsymbol{G}'(D)$，形成系统反馈编码器。在反馈编码器中，由于单个非零输入的响应具有无限长周期，由反馈编码器产生的码称为递归卷积码(Recursive Convolutional Code，RCC)，递归码的这种特性是并行级联卷积码(Turbo码)具有优异性能的关键因素。

例 6.9　在例 6.2 所示的非系统前馈卷积码中，其生成矩阵多项式 $\boldsymbol{G}(D)$为

$$\boldsymbol{G}(D) = \begin{bmatrix} 1+D & D & 1+D \\ D & 1 & 1 \end{bmatrix}$$

它是一个(3,2,2)卷积码，状态数为 4。为了将它转化为一个等效的系统反馈编码器，我们可进行如下的初等行变换：

$$G(D)=\begin{bmatrix}1+D & D & 1+D\\ D & 1 & 1\end{bmatrix}$$

$$\xrightarrow{\frac{①}{1+D}}\begin{bmatrix}1 & \frac{D}{1+D} & 1\\ D & 1 & 1\end{bmatrix}\xrightarrow{①\times D+②}\begin{bmatrix}1 & \frac{D}{1+D} & 1\\ 0 & D\cdot\frac{D}{1+D}+1 & D+1\end{bmatrix}$$

$$\xrightarrow{②\times\frac{1+D}{1+D+D^2}}\begin{bmatrix}1 & \frac{D}{1+D} & 1\\ 0 & 1 & \frac{1+D^2}{1+D+D^2}\end{bmatrix}\xrightarrow{②\times\frac{D}{1+D}+①}\begin{bmatrix}1 & 0 & \frac{1}{1+D+D^2}\\ 0 & 1 & \frac{1+D^2}{1+D+D^2}\end{bmatrix}$$

其中①表示生成矩阵的第一行，②表示生成矩阵的第二行。

这样就可得到系统反馈形式的生成矩阵：

$$G'(D)=\begin{bmatrix}1 & 0 & 1/(1+D+D^2)\\ 0 & 1 & (1+D^2)/(1+D+D^2)\end{bmatrix}$$

同样，由 $G'(D)$ 产生的递归码与由 $G(D)$ 产生的非递归码完全相同，对应于上式系统反馈编码器，如图 6.8(a)所示，显然，它是一个(3,2,4)编码器，状态数为 16。

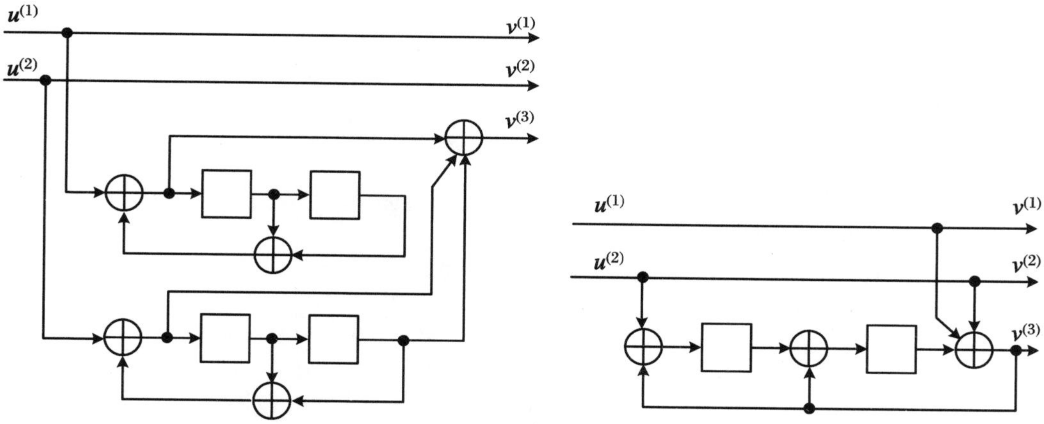

(a) 系统反馈编码器1　　(b) 系统反馈编码器2

图 6.8

如果我们将编码器改成如图 6.8(b)所示，则它就是(3,2,2)编码器，状态数只有 4 个，这样译码时的复杂度就会大大降低。在例 6.2 中，非系统前馈编码器实现也只有 4 个状态数，因此，这两种方式都是最小编码器实现。

6.3　卷积码的结构特性

一个编码器的状态定义为其移位寄存器的内容。对一个 (n,k,v) 非系统前馈卷积编码器来说，在第 l 时刻、第 $i(1\leqslant i\leqslant k)$ 个支路移位寄存器（当 $u_l^{(1)},u_l^{(2)},\cdots,u_l^{(k)}$ 是编码器的输入)包含有 v_i 个比特,表示为 $s_{l-1}^{(i)}, s_{l-2}^{(i)}, \cdots, s_{l-v_i}^{(i)}$,其中 $s_{l-1}^{(i)}$ 表示最左边时延单元的内容,$s_{l-v_i}^{(i)}$ 表示最右边时延单元的内容。

定义 6.5 编码器在第 l 时刻的状态 $\boldsymbol{\sigma}_l$ 表示为

$$\boldsymbol{\sigma}_l = [s_{l-1}^{(1)} s_{l-2}^{(1)} \cdots s_{l-v_1}^{(1)} \quad s_{l-1}^{(2)} s_{l-2}^{(2)} \cdots s_{l-v_2}^{(2)} \quad \cdots \quad s_{l-1}^{(k)} s_{l-2}^{(k)} \cdots s_{l-v_k}^{(k)}] \tag{6.32}$$

因为全局约束长度为 v,因此共有 2^v 个不同的状态。对一个$(n,1,v)$编码器,在第 l 时刻编码器的状态可简化为

$$\boldsymbol{\sigma}_l = [s_{l-1} \quad s_{l-2} \quad \cdots \quad s_{l-v}] \tag{6.33}$$

在前馈编码器的情况下,我们可从编码器框图(例如图 6.1)中知道:在第 l 时刻、第 i 个支路移位寄存器的内容是前 v_i 个输入,即 $u_{l-1}^{(i)}, u_{l-2}^{(i)}, \cdots, u_{l-v_i}^{(i)}$,因此,编码器状态为

$$\boldsymbol{\sigma}_l = [u_{l-1}^{(1)} u_{l-2}^{(1)} \cdots u_{l-v_1}^{(1)} \quad u_{l-1}^{(2)} u_{l-2}^{(2)} \cdots u_{l-v_2}^{(2)} \quad \cdots \quad u_{l-1}^{(k)} u_{l-2}^{(k)} \cdots u_{l-v_k}^{(k)}] \tag{6.34}$$

在$(n,1,v)$编码器中,上式简化为

$$\boldsymbol{\sigma}_l = [u_{l-1} \quad u_{l-2} \quad \cdots \quad u_{l-v}] \tag{6.35}$$

每输入 k 比特都会引起寄存器内容的移位,即转移到一个新的状态,因此,在状态图中进入和离开每个状态都有 2^k 个分支。

例 6.10 图 6.1 所示的(2,1,2)前馈编码器的状态图如图 6.9(a)所示,图 6.4 所示的(3,2,2)前馈编码器的状态图如图 6.9(b)所示。

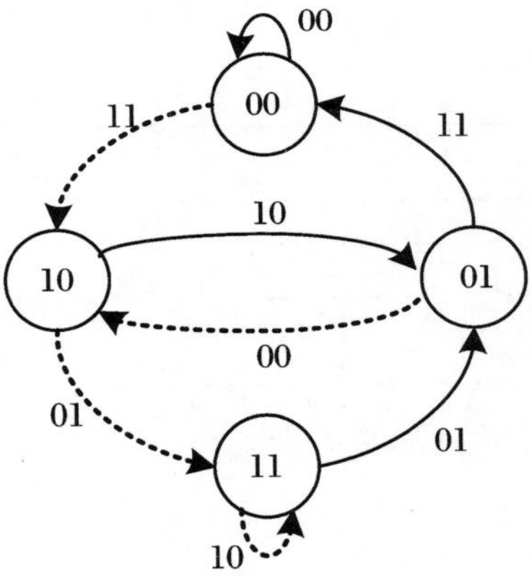

(a) (2,1,2)编码器的状态图

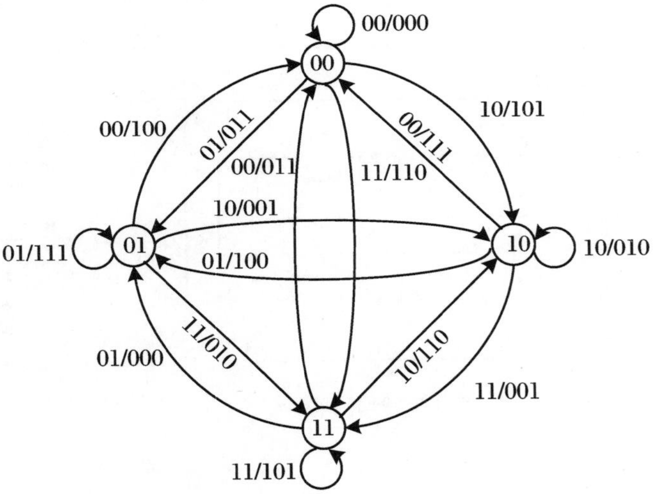

(b) (3,2,2)编码器的状态图

图 6.9

其中,在图 6.9(a)中,虚线表示比特是"1",实线表示比特是"0"。比如,在当前状态是"10"时,如果数据比特是"1",则下一个状态将转移到"11";如果数据比特是"0",则下一个状态将转移到"01"。后面为了表达方便,我们也可将状态 00 用 S_0、10 用 S_2、01 用 S_1、11 用 S_3 表示。线上的标字表示该支路的输出。

编码器初始状态一般都是从全 0 态(S_0)开始,给定输入信息序列,根据状态图就可得到码字,记得一定要补零(mk 个 0)返回到全 0 态。

例如在图 6.9(a)所示的(2,1,2)状态图中,当输入信息序列为 $\boldsymbol{u} = [1 \quad 0 \quad 1 \quad 1 \quad 1]$,输出序列为 $\boldsymbol{v} = [11 \quad 10 \quad 00 \quad 01 \quad 10 \quad 01 \quad 11]$,具体输出过程如图 6.10 所示。开始时,编

码器的状态处于全0态，当第一个比特“1”到来时，输出为“11”，此后状态转移到“10”，如图6.10中的①所示。在状态“10”处，到来的数据为“0”，输出为“10”，状态转移到“01”，如图6.10中的②所示。当5位数据比特输入结束时，此时状态停留在“11”，如图6.10中的⑤所示，很显然，编码器并没有回到全0态，还需要补 $m = 2$ 个0以便返回到全0态，如图6.10中的⑥和⑦所示。

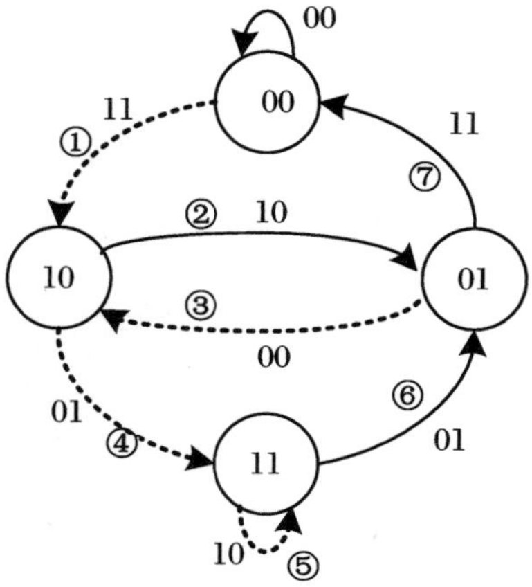

图6.10 基于状态图的编码输出过程

例6.11 假设一个编码码率1/2的卷积码，其生成矩阵多项式为 $\boldsymbol{G}(D) = [1 + D^2 + D^3 \quad 1 + D + D^3]$。

(1) 画出编码器的连接图和状态图；

(2) 求生成矩阵 $\boldsymbol{G}$；

(3) 当输入序列为 $\boldsymbol{u} = [1 \quad 0 \quad 1 \quad 1 \quad 0 \quad 1 \quad 1]$ 时，求编码输出序列。

解 (1) 由生成矩阵多项式可知其生成多项式为 $g^{(1)}(D) = 1 + D^2 + D^3$，$g^{(2)}(D) = 1 + D + D^3$，对应的连接图为

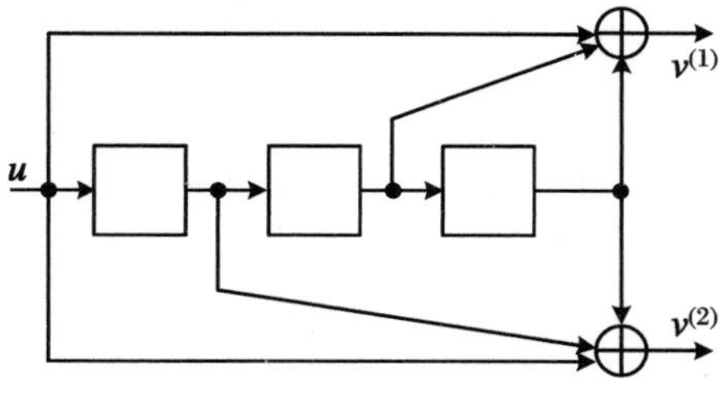

对应的状态图为

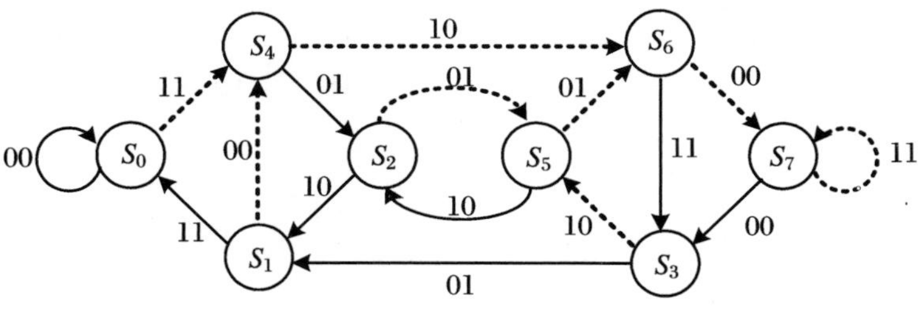

其中虚线表示输入为“1”,实线表示输入为“0”。

(2) 生成矩阵为

$$G = \begin{bmatrix} 11 & 01 & 10 & 11 & & & \\ & 11 & 01 & 10 & 11 & & \\ & & 11 & 01 & 10 & 11 & \\ & & & \ddots & & \ddots & \end{bmatrix}$$

(3) 当输入序列为 $\boldsymbol{u} = [1\quad 0\quad 1\quad 1\quad 0\quad 1\quad 1]$时,编码输出序列既可由状态图读出,也可通过生成多项式计算出。

从状态图的全 0 态开始,按输入信息顺序读出相应的支路输出,最后返回到全 0 态,如下图所示,输出编码序列为[11 01 01 01 11 10 01 11 01 11]。

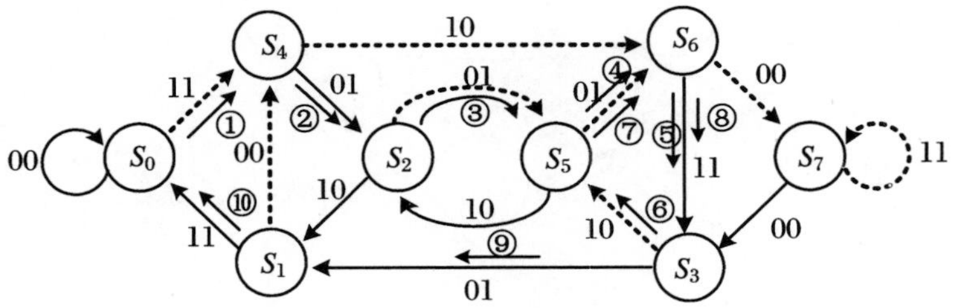

另外,当根据生成多项式计算编码输出时,输入信息多项式为

$$u(D) = 1 + D^2 + D^3 + D^5 + D^6$$

第一个支路输出为

$$\begin{aligned} v^{(1)}(D) &= u(D)g^{(1)}(D) = (1 + D^2 + D^3 + D^5 + D^6)\cdot(1 + D^2 + D^3) \\ &= 1 + D^4 + D^5 + D^7 + D^9 \end{aligned}$$

第二个支路输出为

$$\begin{aligned} v^{(2)}(D) &= u(D)g^{(2)}(D) = (1 + D^2 + D^3 + D^5 + D^6)\cdot(1 + D + D^3) \\ &= 1 + D + D^2 + D^3 + D^4 + D^6 + D^7 + D^8 + D^9 \end{aligned}$$

$$\begin{aligned} v(D) &= v^{(1)}(D^2) + D\cdot v^{(2)}(D^2) \\ &= 1 + D + D^3 + D^5 + D^7 + D^8 + D^9 + D^{10} + D^{13} + D^{14} + D^{15} + D^{17} + D^{18} + D^{19} \end{aligned}$$

写成序列即为[11 01 01 01 11 10 01 11 01 11],与前面计算一致。

例 6.12 假设一个编码器的生成矩阵多项式为 $\boldsymbol{G}(D) = \begin{bmatrix} 1+D & D & 1 \\ D^2 & 1 & 1+D+D^2 \end{bmatrix}$。

(1) 确定该(n,k,v)编码器中n,k,v;

(2) 画出该编码器的连接图;

(3) 将 $\boldsymbol{G}(D)$转换为系统形式 $\boldsymbol{G}_{\text{sys}}(D)$。

解 (1) 根据 $\boldsymbol{G}(D)$,可知 $n=3,k=2,v=3$,即(3,2,3)的卷积编码器。

(2) 根据 $\boldsymbol{G}(D)$可画出编码器的连接图,为

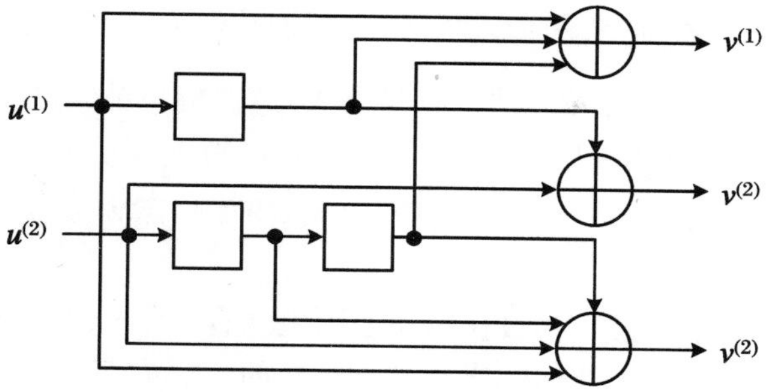

(3) 通过对 $\boldsymbol{G}(D)$进行初等行变换(具体过程如下):

$$\boldsymbol{G}(D)=\begin{bmatrix}1+D & D & 1\\ D^2 & 1 & 1+D+D^2\end{bmatrix}\xrightarrow{\frac{①}{1+D}}\begin{bmatrix}1 & \dfrac{D}{1+D} & \dfrac{1}{1+D}\\ D^2 & 1 & 1+D+D^2\end{bmatrix}$$

$$\xrightarrow{①\times D^2+②}\begin{bmatrix}1 & \dfrac{D}{1+D} & \dfrac{1}{1+D}\\ 0 & \dfrac{1+D+D^3}{1+D} & \dfrac{1+D^2+D^3}{1+D}\end{bmatrix}$$

$$\xrightarrow{②\times\frac{D}{1+D+D^3}+①}\begin{bmatrix}1 & 0 & \dfrac{1+D+D^2+D^3}{1+D+D^3}\\ 0 & 1 & \dfrac{1+D^2+D^3}{1+D+D^3}\end{bmatrix}$$

最后可得

$$\boldsymbol{G}_{\text{sys}}(D)=\begin{bmatrix}1 & 0 & \dfrac{1+D+D^2+D^3}{1+D+D^3}\\ 0 & 1 & \dfrac{1+D^2+D^3}{1+D+D^3}\end{bmatrix}$$

在卷积码的编码器中,如果设计不当,容易造成灾难性错误传播。所谓灾难性错误传播,指的是有限数量的码元传输错误会引起无限数量的译码错误。对于编码码率为 $1/n$ 的编码方式,发生灾难性错误传播的条件是这些生成多项式有共同的多项式因子(阶数不低于1)。

例6.13 一个(2,1,2)非系统前馈卷积编码器,如图6.11所示,其生成矩阵多项式为

$$\boldsymbol{G}(D)=[g^{(1)}(D)\quad g^{(2)}(D)]=[1+D\quad 1+D^2]$$

我们很容易看出

$$\text{GCD}[g^{(1)}(D)\quad g^{(2)}(D)]=\text{GCD}[1+D\quad 1+D^2]=1+D$$

所以该编码器会引起灾难性错误传播。

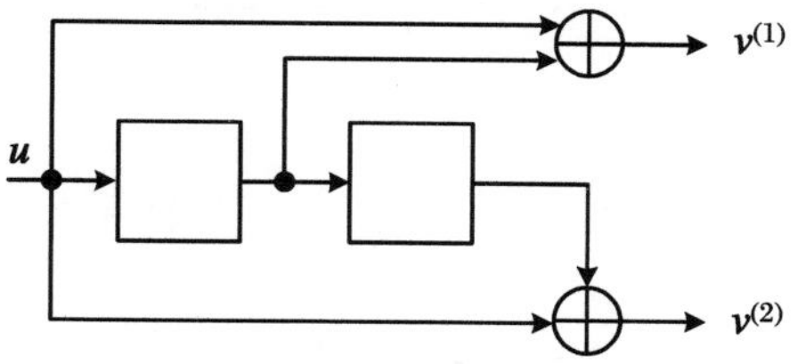

图6.11 (2,1,2)编码器

当信息序列为 $u(D)=\dfrac{1}{1+D}=1+D+D^2+\cdots$时(无限长),输出序列为 $v^{(1)}(D)=1$ 和 $v^{(2)}(D)=1+D$,也就是说,虽然信息序列重量为无限,但输出编码序列的重量只有 3。如果它在 BSC 上传输,由于信道噪声的影响,这 3 个非 0 比特变成了 0,接收序列就变成了全 0 序列,经最大似然(maximum likelihood)译码器后判决信息序列 $\hat{u}(D)=0(D)$,这就意味着全 1 序列被译为了全 0 序列。

对于任意编码码率的编码器,当且仅当状态图包含有一个全 0 输出的闭环路径(初始状态 S_0 的全 0 输出闭环路径除外)时,编码器是灾难性的。例如例 6.13 中的编码器状态图如图6.12所示,围绕状态 S_3 有一个闭环路径,即 $S_3\to S_3$ 的输出码重为 0。

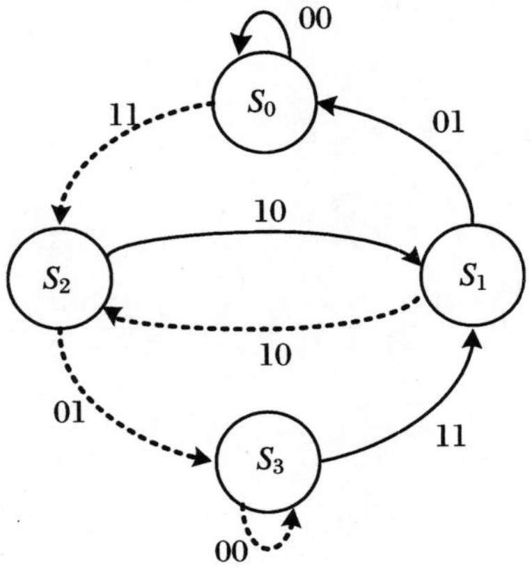

图 6.12 灾难性编码器(2,1,2)的状态图

例 6.14 一个生成矩阵多项式为 $\boldsymbol{G}(D)=[1+D^2 \quad 1+D+D^2+D^3]$。

(1) 求两个生成多项式的共同多项式因子。

(2) 画出该编码器的状态图。

(3) 找出一个无限重量的信息序列来产生一个有限重量的输出码序列。

解 (1) 因为 $g^{(1)}(D)=1+D^2$,$g^{(2)}(D)=1+D+D^2+D^3=(1+D)\cdot(1+D^2)=(1+D)\cdot g^{(1)}(D)$,所以存在共同的多项式因子 $1+D^2$。

(2)

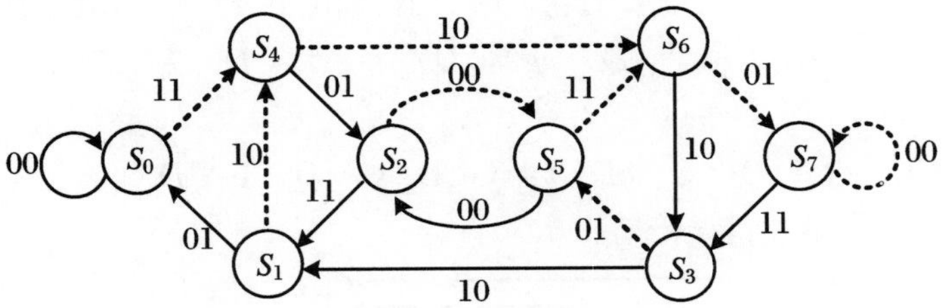

(3) 当信息序列多项式为 $u(D)=\dfrac{1}{1+D}$时,第一个支路输出为

$$v^{(1)}(D)=u(D)\cdot g^{(1)}(D)=\frac{1}{1+D}\cdot(1+D^2)=1+D$$

第二个支路输出为

$$v^{(2)}(D) = u(D) \cdot g^{(2)}(D) = \frac{1}{1+D} \cdot (1+D)(1+D^2) = 1 + D^2$$

因此，当输入 $u(D)=\frac{1}{1+D}$对应的数据序列为 $\boldsymbol{u}=[1\quad 1\quad 1\quad \cdots]$时，输出码序列的码重为4。

当信息序列多项式为 $u(D)=\frac{1}{1+D^2}$时，第一个支路输出为

$$v^{(1)}(D) = u(D) \cdot g^{(1)}(D) = \frac{1}{1+D^2} \cdot (1+D^2) = 1$$

第二个支路输出为

$$v^{(2)}(D) = u(D) \cdot g^{(2)}(D) = \frac{1}{1+D^2} \cdot (1+D)(1+D^2) = 1 + D$$

因此，当输入 $u(D)=\frac{1}{1+D^2}$对应的数据序列为 $\boldsymbol{u}=[1\quad 0\quad 1\quad 0\quad 1\quad 0\quad \cdots]$时，输出码序列的码重为3。

寻找到性能优异的卷积码是一个工作量极大的过程，在表6.1和表6.2中给出了一些经过实际验证的优码，其中连接向量的每个数字都是八进制的，即每个数字都是用3位二进制表示的。

表 6.1　$R=1/3$ 的卷积码

v	$g^{(1)}$	$g^{(2)}$	$g^{(3)}$	d_{free}
1	1	3	3	5
2	5	7	7	8
3	13	15	17	10
4	25	33	37	12
5	47	53	75	13
6	117	127	155	15
7	225	331	367	16
8	575	623	727	18
9	1167	1375	1545	20
10	2325	2731	3747	22
11	5745	6471	7553	24
12	2371	13725	14733	24

表 6.2　$R=1/2$ 的卷积码

v	$g^{(1)}$	$g^{(2)}$	d_{free}
1	3	1	3
2	5	7	5
3	13	17	6
4	27	31	7
5	53	75	8

续表

v	$g^{(1)}$	$g^{(2)}$	d_{free}
6	117	155	10
7	247	371	10
8	561	753	12
9	1131	1537	12
10	2473	3217	14
11	4325	6747	15
12	10627	16765	16
13	27251	37363	16

比如表 6.2 中的(2,1,5)卷积码，$g^{(1)}=53$ 和 $g^{(2)}=75$，意味着连接向量为 $\boldsymbol{g}^{(1)}=[101\quad 011]$和 $\boldsymbol{g}^{(2)}=[111\quad 101]$，连接多项式为 $g^{(1)}(D)=1+D^2+D^4+D^5$ 和 $g^{(2)}(D)=1+D+D^2+D^3+D^5$。

对状态图加以修改可得到所有非零码字汉明重量的详细描述，即码字重量枚举函数(Weight Enumerating Function，WEF)。状态 S_0 分为初始态和终止态，每个分支用分支增益 X^d 进行标识，其中 d 是该分支上 n 个编码输出的比特重量。每条连接着初始态和终止态的路径，都表示一个从状态 S_0 分开，又在状态 S_0 汇聚的非零码字，路径增益是路径上所有分支增益的乘积。例如图 6.9(a)所示的状态图可修正为图 6.13。

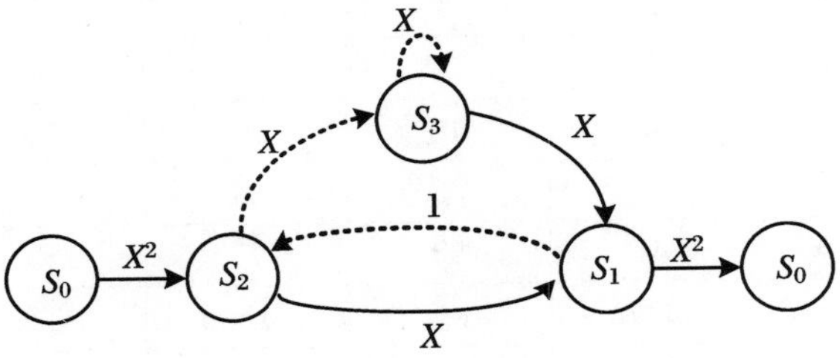

图 6.13　(2,1,2)编码器的修正状态图

图 6.13 中，表示状态序列 $S_0S_2S_3S_1S_0$ 的路径具有的路径增益为 $X^2\cdot X\cdot X\cdot X^2=X^6$，即对应的码字重量为 6。

如果将修正状态图作为一个信号流图来考虑，就可得到码字的重量枚举函数为

$$A(X)=\sum_d A_d X^d \tag{6.36}$$

其中 A_d 是重量为 d 的码字的数目。

在一个状态流图中，若连接初始态和终止态的路径经过任一状态不超过 2 次，则该路径称为前向路径(forward path)，设 F_i 是第 i 个前向路径的增益。如果一个闭环路径，从任一状态开始，又返回到该状态，且经过任一状态不超过 2 次，则称为一个环(cycle)，设 C_i 是第 i 个环的增益。在环集合中，如果没有一个状态属于该集合中的多(≥2)个环，则该环集合是不相交的。设$\{i\}$是所有环集合，$\{i',j'\}$是所有不相交环对(pair)的集合，$\{i'',j'',l''\}$是所有不相交环三角的集合，依次类推。

我们定义

$$\Delta = 1 - \sum_i C_i + \sum_{i',j'} C_{i'} C_{j'} - \sum_{i'',j'',l''} C_{i''} C_{j''} C_{l''} + \cdots \tag{6.37}$$

其中 $\sum_i C_i$ 是所有环增益的和，$\sum_{i',j'} C_{i'} C_{j'}$ 是所有不相交环对增益乘积之和，$\sum_{i'',j'',l''} C_{i''} C_{j''} C_{l''}$ 是所有不相交环三角增益乘积之和，依次类推。Δ_i 的定义与 Δ 类似，表示去掉第 i 个前向路径上的所有状态及连接这些状态的分支后，再进行与 Δ 相同的计算，这样码字的重量枚举函数可计算为

$$A(X) = \frac{\sum_i F_i \Delta_i}{\Delta} \tag{6.38}$$

例 6.15 计算图 6.13 中(2,1,2)卷积码的 WEF。

在图 6.13 所示的修正状态图中，共有 3 个环：

环 1 $S_2 S_1 S_2 (C_1 = X \cdot 1 = X)$；

环 2 $S_2 S_3 S_1 S_2 (C_2 = X \cdot X \cdot 1 = X^2)$；

环 3 $S_3 S_3 (C_3 = X)$。

有 1 个不相交的环对：

环对 1 (环 1,环 3)$(C_1 \cdot C_3 = X \cdot X = X^2)$。

除此之外，没有其他不相交环，因此

$$\Delta = 1 - (X + X^2 + X) + X^2 = 1 - 2X$$

有 2 个前向路径：

前向路径 1 $S_0 S_2 S_1 S_0 (F_1 = X^2 \cdot X \cdot X^2 = X^5)$；

前向路径 2 $S_0 S_2 S_3 S_1 S_0 (F_2 = X^2 \cdot X \cdot X \cdot X^2 = X^6)$。

前向路径 2 涵盖了图中的所有状态，因此与该路径不相交的子图不能包含任何状态，即有

$$\Delta_2 = 1$$

与前向路径 1 不相交的子图如图 6.14 所示，为

$$\Delta_1 = 1 - X$$

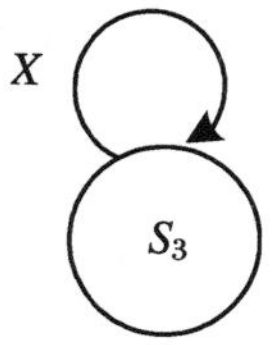

图 6.14 计算 Δ_1 时的子图

则重量枚举函数可计算为

$$A(X) = \frac{F_1 \Delta_1 + F_2 \Delta_2}{\Delta} = \frac{X^5(1 - X) + X^6 \cdot 1}{1 - 2X} = \frac{X^5}{1 - 2X}$$
$$= X^5 + 2X^6 + 4X^7 + 8X^8 + 16X^9 + \cdots$$

码字的 WEF 提供了所有从状态 S_0 分开，又回到状态 S_0 的所有非零码字的重量分布的详细描述，在这个式子中，我们知道，有 1 个码字重量为 5，2 个码字重量为 6，4 个码字重量为 7，依次类推。

在修正状态图中，如果每个分支用 W^ω 来标识对应的非零输入信息，其中 ω 表示该分

支上信息比特的重量；每经过一个分支标识一个 L 因子，则该码的码字输入-输出重量枚举函数(Input-Output Weight Enumerating Function，IOWEF)可表示为

$$A(W,X,L)=\sum_{\omega,d,l}A_{\omega,d,l}W^{\omega}X^{d}L^{l} \tag{6.39}$$

其中因子 $A_{\omega,d,l}$ 表示具有码字重量为 d、信息重量为 ω、经过 l 个分支的码字数，图 6.13 就变为图 6.15 所示的增加修正状态图。

$$\begin{aligned}\Delta &= 1-(XWL^2+X^2W^2L^3+XWL)+X^2W^2L^3\\ &= 1-XWL^2-XWL\end{aligned}$$

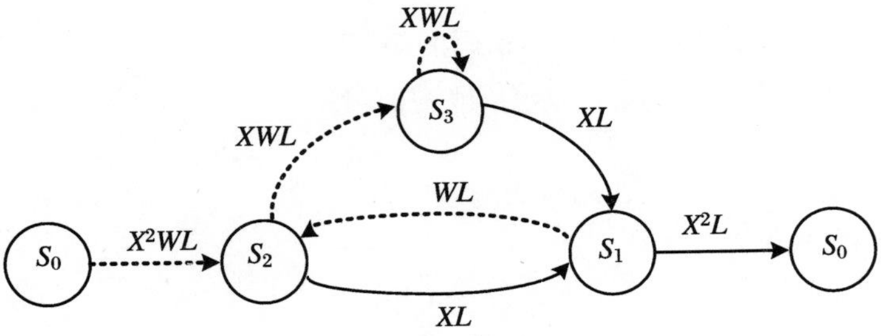

图 6.15 (2,1,2)编码器的增加修正状态图

以及

$$\sum_i F_i\Delta_i = X^5WL^3\cdot(1-XWL)+X^6W^2L^4 = X^5WL^3$$

因此，码字 IOWEF 为

$$A(W,X,L)=\frac{X^5WL^3}{1-XW(L+L^2)}=X^5WL^3+X^6W^2(L^4+L^5)+\cdots \tag{6.40}$$

这意味着重量为 5 的码字有 1 个，它经过了 3 个分支，输入的信息重量为 1；重量为 6 的码字有 2 个，经过 4 个分支的输入信息重量为 2，经过 5 个分支的输入信息重量也为 2，依次类推。

在 $A(W,X,L)$ 中的 $WL^{\nu+1}$ 项对应于输入重量为 1，它表示这是通过增加修正状态图的最短路径，但应注意，它并不一定是输出序列具有最小重量的路径。例如在例 6.14 的(2,1,3)卷积码中，其增加修正状态图为

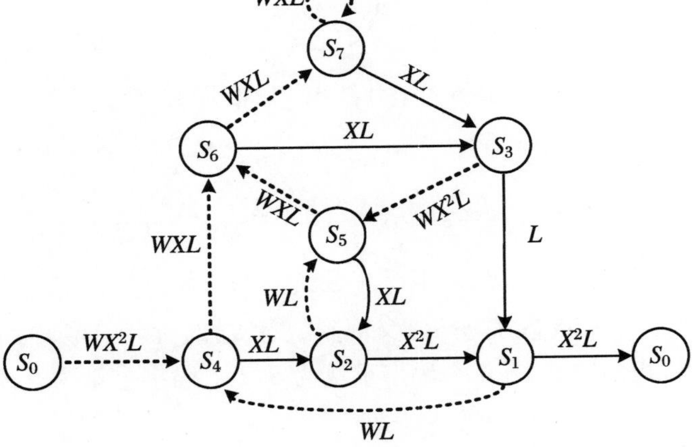

最短路径为 $S_0\to S_4\to S_2\to S_1\to S_0$，它经过了4个路径，输出序列的码重为7（$X^2\cdot X\cdot X^2\cdot X^2=X^7$），而路径 $S_0\to S_4\to S_6\to S_3\to S_1\to S_0$，经过了5个路径，输出序列的码重为6（$X^2\cdot X\cdot X\cdot 1\cdot X^2=X^6$）。

还应注意的是，WEF $A(X)$是码(code)的特性，对不同编码器表示它是不变的；而IOWEF $A(W,X,L)$是编码器特性，它依赖于输入序列和码字(codeword)之间的映射关系。

IOWEF 的另一个表示方式是只包含输入和输出重量的信息，而不包含路径信息，如将式(6.39)中 $A(W,X,L)$的L 变量设为1，可得

$$A(W,X)=\sum_{\omega,d}A_{\omega,d}W^{\omega}X^{d}=A(W,X,L)|_{L=1} \tag{6.41}$$

其中 $A_{\omega,d}=\sum_{l}A_{\omega,d,l}$ 表示输出序列重量为d、输入信息重量为 ω 的码字数目。

类似地，从 IOWEF 也能够得到 WEF $A(X)$：

$$A(X)=\sum_{d}A_{d}X^{d}=A(W,X)|_{W=1}=A(W,X,L)|_{W=L=1} \tag{6.42}$$

其中 $A_d=\sum_{\omega}A_{\omega,d}$。

码字的条件重量枚举函数(Conditional Weight Enumerating Function，CWEF)，能够列举出与特定信息重量相关的所有码字重量。当信息重量为 ω 时，CWEF 为

$$A_{\omega}(X)=\sum_{d}A_{\omega,d}X^{d} \tag{6.43}$$

结合式(6.41)和式(6.43)，IOWEF 可表示为

$$A(W,X)=\sum_{\omega}W^{\omega}A_{\omega}(X) \tag{6.44}$$

很显然，CWEF 也是编码器的特性。

例6.16 根据式(6.41)，式(6.40)简化的 IOWEF 变为

$$A(W,X)=A(W,X,L)|_{L=1}=X^5W+2X^6W^2+\cdots \tag{6.45}$$

该式表明有1个码字输出序列重量为5，此时的输入信息重量为1；有2个码字输出序列重量为6，输入信息重量都为2，依次类推。

式(6.45)可重写为另一个形式：

$$A(W,X)=A(W,X,L)|_{L=1}=WX^5+W^2\cdot 2X^6+W^3\cdot 4X^7+\cdots \tag{6.46}$$

得到

$$A_1(X)=X^5,\quad A_2(X)=2X^6,\quad A_3(X)=4X^7$$

符合式(6.44)的结果，即

$$A(W,X)=\sum_{\omega}W^{\omega}A_{\omega}(X)=WX^5+W^2\cdot 2X^6+W^3\cdot 4X^7+\cdots \tag{6.47}$$

6.4 卷积码的距离特性

卷积码的性能取决于所用的译码算法以及该码的距离特性，对卷积码来说，最重要的距离度量是最小自由距离 d_{free}。

定义 6.6 卷积码的最小自由距离定义为

$$d_{\text{free}} \triangleq \min_{u',u''}\{d(\boldsymbol{v}',\boldsymbol{v}''):\boldsymbol{u}' \neq \boldsymbol{u}''\} \tag{6.48}$$

其中 $\boldsymbol{v}'$和 $\boldsymbol{v}''$是码字,分别对应于输入序列 $\boldsymbol{u}'$和 $\boldsymbol{u}''$。

在上式中,假设了码字 $\boldsymbol{v}'$和 $\boldsymbol{v}''$具有有限长度,且是从全 0 态 S_0 开始、在全 0 态 S_0 结束。如果 $\boldsymbol{u}'$和 $\boldsymbol{u}''$长度不同,就在短序列后补 0,使得对应的码字序列有相同的长度。因此,d_{free} 是该码集合中任意两个有限长度码字的最小距离。

由于卷积码是线性码,故

$$\begin{aligned} d_{\text{free}} &= \min_{u',u''}\{\omega(\boldsymbol{v}'+\boldsymbol{v}''):\boldsymbol{u}' \neq \boldsymbol{u}''\} = \min_{u}\{\omega(\boldsymbol{v}):\boldsymbol{u} \neq \boldsymbol{0}\} \\ &= \min_{u}\{\omega(\boldsymbol{u}\boldsymbol{G}):\boldsymbol{u} \neq \boldsymbol{0}\} \end{aligned} \tag{6.49}$$

其中 $\boldsymbol{v}$ 是输出码字序列,对应于输入信息序列 $\boldsymbol{u}$。因此,d_{free}是由有限长输入信息序列产生的输出序列中的最小重量。在状态图中,即为从全 0 态离开,又回到全 0 态的有限长路径的最小输出码字重量,因此是 WEF $A(X)$中的最低阶数。如对于例 6.1 中的(2,1,2)编码器,从其重量枚举函数(例 6.15)可知 $d_{\text{free}}=5$。

6.5 卷积码的译码

6.5.1 Viterbi 译码算法

在 6.3 节我们介绍了卷积码的状态图,但我们注意到,在状态图中没有时间的概念,而网格图就改善了这一点。以图 6.1 所示编码器的网格图为例,在初始时刻(T_0),状态从全 0 态开始,输入数据是 0 还是 1,决定了在 T_1 时刻状态是“00”还是“10”,但不会转移到 “01”或“11”状态,只有经过 m 个时刻后(即到达 T_2 时刻),才能遍历每个状态。同时要注意,在状态图的最后 m 个时刻,需要补零返回到全 0 态。因此,前 m 个时刻对应于编码器开始从 S_0“启程”,最后 m 个时刻对应于向 S_0“返航”。同时也可看到,在开始和最后的 m 个时刻,并不是所有状态都会出现,但在网格图的中央部分,在每个时间单元都会包含所有状态,且在每个状态处都有 2^k 个分支离开和到达,如图 6.16 所示,图中平行线路径具有相同的输出,因此图中只在一条路径上标明输出值。这里要注意:状态“00”→“00”的路径虽然与状态“11”→“11”的路径平行,但不具有相同的输出,因为它们的初始状态不同。

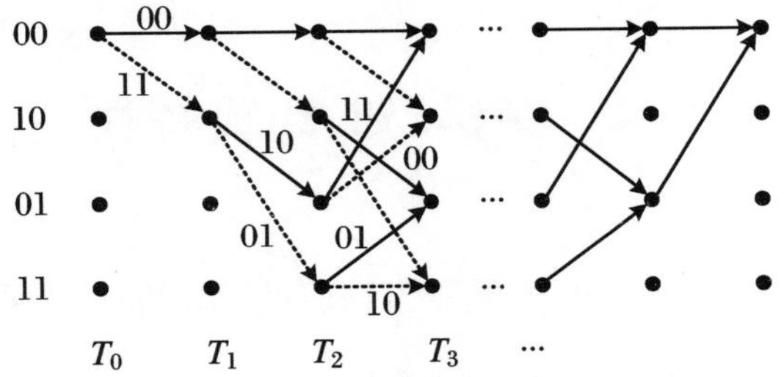

图 6.16 (2,1,2)卷积码的网格图

基于卷积码的网格图，1967 年 Viterbi 提出了 Viterbi 译码算法[3]，后来 Omura 证明 Viterbi 译码算法等效于在加权图中寻找最优路径的一个动态规划问题[4]，随后 Forney 证明它实际上是最大似然译码算法[5]，即译码器选择输出的码字通常使接收序列的条件概率最大化。

假定信息序列长度为 $h=5$，则网格图包含有 $h+m+1=8$ 个时刻，用 T_0 到 $T_{h+m}=T_7$ 来标识，如图 6.17 所示。离开每个状态的完成分支表示输入比特为 0(即 $u_i=0$，i 表示第 i 个时刻)，虚线分支表示输入比特为 1。每个分支的输出 $\boldsymbol{v}_i$ 由 n 个比特组成，这样共有 $2^h=2^5=32$ 个码字(注意：后面补充的 $m=2$ 个 0 是已知信息)，每个码字都可用网格图中的唯一路径表示，码字长度 $N=n\cdot(h+m)=2\cdot(5+2)=14$。例如当信息序列为 $\boldsymbol{u}=[1\quad 0\quad 1\quad 1\quad 1]$时，对应的码字如图 6.17 中粗实线所示，$\boldsymbol{v}=[11\quad 10\quad 00\quad 01\quad 10\quad 01\quad 11]$。

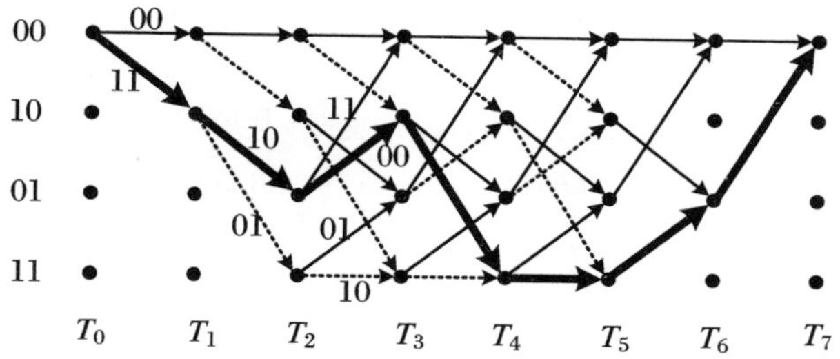

图 6.17 当输入信息为[1 0 1 1 1]时的网格图

在一般的(n,k,v)编码器情况下，信息序列长度 $K^*=k\cdot h$，离开和进入每个状态都有 2^k 个分支，有 2^{K^*} 个不同路径通过网格图，对应着 2^{K^*} 个码字。假设长度 $K^*=k\cdot h$ 的信息序列 $\boldsymbol{u}=[\boldsymbol{u}_1\quad \boldsymbol{u}_2\quad \cdots\quad \boldsymbol{u}_h]$被编码成长度为 $N=n\cdot(h+m)$的码字 $\boldsymbol{v}=[\boldsymbol{v}_1\quad \boldsymbol{v}_2\quad \cdots\quad \boldsymbol{v}_{h+m}]$，在经过一个二值输入、多值输出的离散无记忆信道(Discrete Memoryless Channel，DMC)后，接收序列为 $\boldsymbol{r}=[\boldsymbol{r}_1\quad \boldsymbol{r}_2\quad \cdots\quad \boldsymbol{r}_{h+m}]$。也可表示为 $\boldsymbol{u}=[u_1\quad u_2\quad \cdots\quad u_{K^*}]$，$\boldsymbol{v}=[v_1\quad v_2\quad \cdots\quad v_N]$，$\boldsymbol{r}=[r_1\quad r_2\quad \cdots\quad r_N]$，译码器对接收到的序列 $\boldsymbol{r}$ 进行处理，得到 $\boldsymbol{v}$ 的估计 $\hat{\boldsymbol{v}}$。在离散无记忆信道情况下，最大似然译码器是按照最大化对数似然函数 $\log P(\boldsymbol{r}|\boldsymbol{v})$作为选择 $\hat{\boldsymbol{v}}$ 的准则。对于 DMC，有

$$P(\boldsymbol{r}\mid\boldsymbol{v})=\prod_{l=1}^{h+m}P(\boldsymbol{r}_l\mid\boldsymbol{v}_l)=\prod_{l=1}^{N}P(r_l\mid v_l)\tag{6.50}$$

两边取对数后得

$$\log P(\boldsymbol{r}\mid\boldsymbol{v})=\sum_{l=1}^{h+m}\log P(\boldsymbol{r}_l\mid\boldsymbol{v}_l)=\sum_{l=1}^{N}\log P(r_l\mid v_l)\tag{6.51}$$

其中 $P(r_l|v_l)$是信道转移概率，当所有码字等概率时，这是最小错误概率译码准则。

对数似然函数 $\log P(\boldsymbol{r}|\boldsymbol{v})$，用 $M(\boldsymbol{r}|\boldsymbol{v})$表示，称为路径度量；$\log P(\boldsymbol{r}_l|\boldsymbol{v}_l)$，称为分支度量，用 $M(\boldsymbol{r}_l|\boldsymbol{v}_l)$表示；$\log P(r_l|v_l)$称为比特度量，用 $M(r_l|v_l)$表示，这样式(6.51)可写为

$$M(\boldsymbol{r}\mid\boldsymbol{v})=\sum_{l=1}^{h+m}M(\boldsymbol{r}_l\mid\boldsymbol{v}_l)=\sum_{l=1}^{N}M(r_l\mid v_l)\tag{6.52}$$

如果我们只考虑前 t 个分支，则部分路径度量可表示为

$$M(\boldsymbol{r}\mid\boldsymbol{v})=\sum_{l=1}^{t}M(\boldsymbol{r}_l\mid\boldsymbol{v}_l)=\sum_{l=1}^{nt}M(r_l\mid v_l)\tag{6.53}$$

对于接收序列 $\boldsymbol{r}$,Viterbi 算法就是通过网格图找到具有最大度量的路径,即最大似然路径(码字)。在每个时刻的每个状态,都增加 2^k 个分支度量到以前存储的路径度量中(加),然后对进入每个状态的所有 2^k 个路径度量进行比较(比),选择具有最大度量值的路径(选),最后存储每个状态的幸存路径及其度量。

Viterbi 算法

步骤 1:从 $T_1 \sim T_m$ 时刻开始,计算并存储进入每个状态的路径及度量。

步骤 2:在 $T_{m+1} \sim T_{h+m}$ 时刻,对进入每个状态的所有 2^k 个路径计算部分度量,并加上前一时刻的度量。对于每个状态,比较进入该状态的所有 2^k 个路径度量,选择具有最大度量的路径,存储其度量,并删掉其他路径。

Viterbi 算法的基本计算"加、比、选"体现在步骤 2。值得注意的是,实际应用中,在每个状态存储的是对应于幸存路径的信息序列,而不是幸存路径自身,这样当算法结束时,就无须再通过码序列 $\hat{\boldsymbol{v}}$ 来恢复信息序列 $\hat{\boldsymbol{u}}$。

在 $T_{m+1} \sim T_h$ 时刻,有 2^ν 个幸存路径,每个状态(共有 2^ν 个状态)一个路径。随后,幸存路径数就会变少,最后,在 T_{h+m} 时刻就只有一个状态(即全 0 态),因此,也就只有一个幸存路径了,算法中止。

这样在 Viterbi 算法中最后的幸存路径 $\hat{\boldsymbol{v}}$ 是最大似然路径,即

$$M(\boldsymbol{r} \mid \hat{\boldsymbol{v}}) \geqslant M(\boldsymbol{r} \mid \boldsymbol{v}), \quad \boldsymbol{v} \neq \hat{\boldsymbol{v}} \tag{6.54}$$

从实现的角度看,用正整数度量表示要比用实际的比特度量表示更方便。比特度量 $M(r_l \mid v_l) = \log P(r_l \mid v_l)$ 可用 $c_2(\log P(r_l \mid v_l) + c_1)$ 来代替,其中 c_1 是任意实数,c_2 是任意正实数。可证明,如果路径 $\boldsymbol{v}$ 最大化 $M(\boldsymbol{r} \mid \boldsymbol{v}) = \sum_{l=1}^{N} M(r_l \mid v_l) = \sum_{l=1}^{N} \log P(r_l \mid v_l)$,则它也最大化 $c_2(\log P(r_l \mid v_l) + c_1)$,因此可以使用修正的度量,且不影响 Viterbi 算法的性能。如果选择 c_1 使最小度量为 0,则 c_2 可选择为使所有度量近似为整数。这样,由于用整数来近似表示度量,Viterbi 算法的性能变成了次优算法,但通过选择 c_1 和 c_2 可使得这种性能降低非常小。

例 6.17 对于二值输入、四值输出的 DMC 信道下的 Viterbi 算法。

二值输入、四值输出的 DMC 如图 6.18 所示,该信道的比特度量如图 6.19(a)所示(按照底为 10 的对数计算),比如,$p(0_1 \mid 0) = 0.4$,其对数值就为 $\log p(0_1 \mid 0) = \log 0.4 = -0.4$,$\log p(1_1 \mid 0) = \log 0.1 = -1$,选择 $c_1 = 1$ 使得最小度量为 0。选择 $c_2 = 17.3$ 使得其他度量近似为整数,得到整数度量如图 6.19(b)所示。

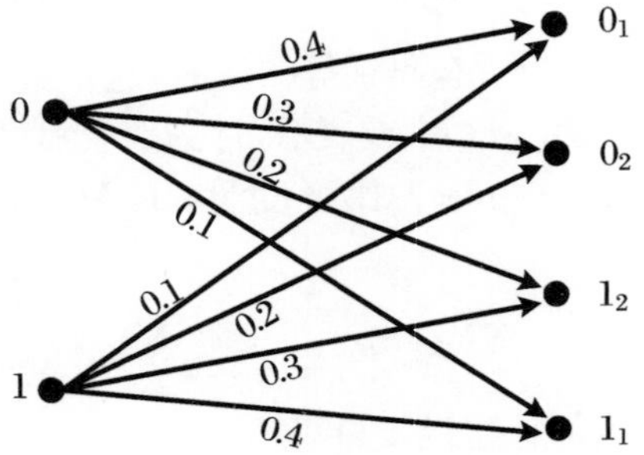

图 6.18 二值输入、四值输出的 DMC 信道模型

r_l \ v_l	0_1	0_2	1_2	1_1
0	−0.4	−0.52	−0.7	−1.0
1	−1.0	−0.7	−0.52	−0.4

(a) $\log P(r_l \mid v_l)$的值

r_l \ v_l	0_1	0_2	1_2	1_1
0	10	8	5	0
1	0	5	8	10

(b) $c_2(\log P(r_l \mid v_l)+c_1)$的值

图 6.19　信道的比特度量

假设图 6.17 中的码字在这样的信道中传输，接收到的序列为

$$\boldsymbol{r} = [1_1 0_1 \quad 1_1 1_2 \quad 1_1 0_1 \quad 0_1 1_2 \quad 1_2 0_1 \quad 0_2 1_1 \quad 1_2 1_1]$$

对该序列进行 Viterbi 译码如图 6.20(a)所示，具体译码过程如图 6.20(b)～(e)所示。

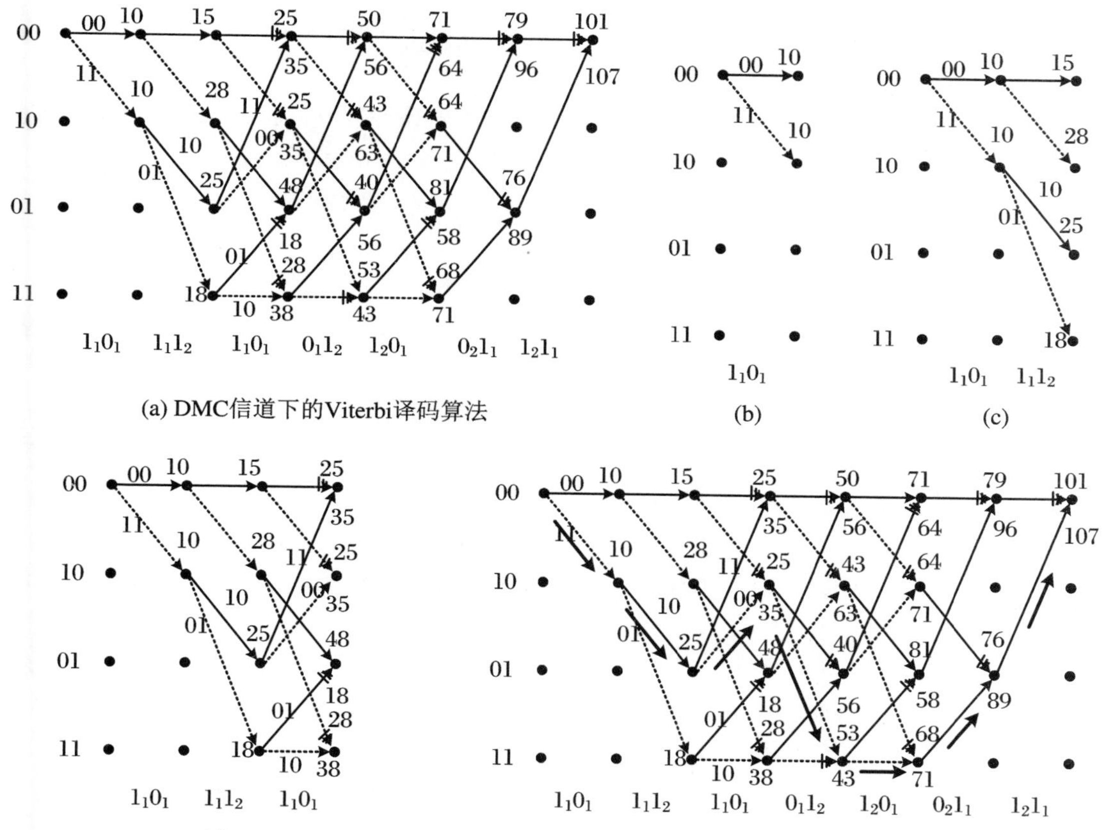

(a) DMC信道下的Viterbi译码算法　(b)　(c)　(d)　(e)

图 6.20

开始阶段，译码器的状态在“00”，当接收到第一组输入“$1_1 0_1$”时，分支路径有两条，分别与两个分支的输出“00”和“11”进行分支度量，为“10”和“10”，如图 6.20(b)所示。当接收到第二组输入“$1_1 1_2$”时，此时分支路径有四条，分别与四个分支的输出“00”“11”“10”“01”进行分支度量，分别为“5”“18”“15”“8”，加上前面的度量值，结果为“15”“28”“25”“18”，如图 6.20(c)所示。当接收到第三组输入“$1_1 0_1$”时，此时分支路径有八条，分别计算分支度量并加上前面

的度量值,此时在每个状态处都有两个不同的分支路径,选择具有较大度量值的分支,丢弃另一个分支,如图 6.20(d)所示。

依次类推,每个状态上的数字表示幸存路径的度量,另一个路径就将被删除,这样最后幸存路径的码字序列为 $\hat{\boldsymbol{v}}=[11\quad 10\quad 00\quad 01\quad 10\quad 01\quad 11]$,如图 6.20(e)所示,它对应的输入序列为 $\hat{\boldsymbol{u}}=[1\quad 0\quad 1\quad 1\quad 1]$。

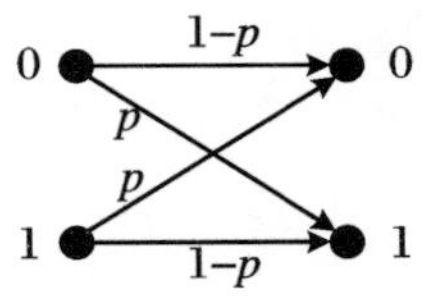

图 6.21 BSC

这里要注意两点:① 最后 m 个分支是"返航"阶段,网格图中输入只能为"0",因此分支数逐渐减少;② 最后的数据的译码输出为"10111",而不是"1011100",因为最后的两个"0"不是数据信息。

在二进制对称信道(BSC)情况下,如图 6.21 所示,转移概率为 $p<1/2$,接收序列 $\boldsymbol{r}$ 是二值输出的,此时式(6.51)可写为

$$\log P(\boldsymbol{r}\mid\boldsymbol{v})=d(\boldsymbol{r},\boldsymbol{v})\log\frac{p}{1-p}+N\log(1-p)\tag{6.55}$$

其中 $d(\boldsymbol{r},\boldsymbol{v})$是 $\boldsymbol{r}$ 和 $\boldsymbol{v}$ 之间的汉明距离。

简单证明如下:

在 N 个比特中,传输出错的比特数(即收发不一致的比特数)可表示为 $d(\boldsymbol{r},\boldsymbol{v})$,其概率为 p,传输正确的比特数就为 $N-d(\boldsymbol{r},\boldsymbol{v})$个,其概率为 $1-p$,所以有

$$\begin{aligned}\log P(\boldsymbol{r}\mid\boldsymbol{v})&=d(\boldsymbol{r},\boldsymbol{v})\cdot\log p+(N-d(\boldsymbol{r},\boldsymbol{v}))\cdot\log(1-p)\\&=d(\boldsymbol{r},\boldsymbol{v})\cdot\log\frac{p}{1-p}+N\log(1-p)\end{aligned}$$

由于 $\log\frac{p}{1-p}<0$,且 $N\log(1-p)$对所有 $\boldsymbol{v}$ 来说都是一个常数,因此最大似然译码($\max\log P(\boldsymbol{r}\mid\boldsymbol{v})$)就是最小化汉明距离($\min d(\boldsymbol{r},\boldsymbol{v})$)。

$$d(\boldsymbol{r},\boldsymbol{v})=\sum_{l=1}^{h+m}d(\boldsymbol{r}_l,\boldsymbol{v}_l)=\sum_{l=1}^{N}d(r_l,v_l)\tag{6.56}$$

因此,当我们将 Viterbi 算法应用到 BSC 时,$d(\boldsymbol{r}_l,\boldsymbol{v}_l)$成为分支度量,$d(r_l,v_l)$为比特度量,该算法就是寻找具有最小度量的路径,即与 $\boldsymbol{r}$ 汉明距离最近的路径。该算法运算仍然相同,只是用汉明距离代替了似然函数作为度量,在每个状态的幸存路径是具有最小度量的路径。

当接收到的序列为 $\boldsymbol{r}=[10\quad 11\quad 10\quad 01\quad 10\quad 01\quad 11]$时,Viterbi 译码过程如图 6.22 所示。值得注意的是,如果在某个状态的度量值相同,则可任意舍弃一个路径,保留另一个路径即可。

最后的码字判决为 $\hat{\boldsymbol{v}}=[11\quad 10\quad 00\quad 01\quad 10\quad 01\quad 11]$,它所对应的信息序列为 $\hat{\boldsymbol{u}}=[1\quad 0\quad 1\quad 1\quad 1]$。

如果考虑二值输入的加性高斯白噪声(AWGN)信道,解调器输出不进行量化,即二值输入、连续输出信道,调制采用二进制相移键控(BPSK),则 0 和 1 可用 BPSK 信号 $\pm\sqrt{\frac{2E_s}{T}}\cos(2\pi f_0 t)$表示,其中映射关系 $1\rightarrow+\sqrt{E_s}$,$0\rightarrow-\sqrt{E_s}$。考虑码字 $\boldsymbol{v}=[v_1\quad v_2\quad\cdots\quad v_N]$,按照映射关系 $1\rightarrow+1$ 和 $0\rightarrow-1$ 进行取值,归一化(用$\sqrt{E_s}$进行归一化)的接收序列 $\boldsymbol{r}=[r_1\quad r_2\quad\cdots\quad r_N]$是实际值(未量化)。这样在给定发送比特 v_l接收到 r_l的条件概率密度函数(pdf)为

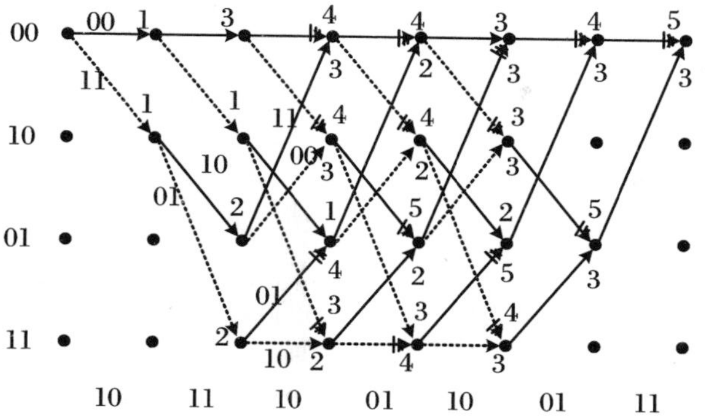

图 6.22 BSC 下的 Viterbi 译码算法

$$p(r_l \mid v_l) = \sqrt{\frac{E_s}{\pi N_0}} \exp\left(-\frac{(r_l\sqrt{E_s} - v_l\sqrt{E_s})^2}{N_0}\right)$$

$$= \sqrt{\frac{E_s}{\pi N_0}} \exp\left(-\frac{E_s}{N_0} \cdot (r_l - v_l)^2\right) \tag{6.57}$$

其中 N_0/E_s 是噪声的归一化单边功率谱密度(PSD)。如果信道是无记忆的,发送码字为 $\boldsymbol{v}$、接收序列为 $\boldsymbol{r}$ 的似然函数为

$$M(\boldsymbol{r} \mid \boldsymbol{v}) = \ln p(\boldsymbol{r} \mid \boldsymbol{v}) = \ln \prod_{l=1}^{N} p(r_l \mid v_l) = \sum_{l=1}^{N} \ln p(r_l \mid v_l)$$

$$= -\frac{E_s}{N_0}\sum_{l=1}^{N}(r_l - v_l)^2 + \frac{N}{2}\ln\frac{E_s}{\pi N_0}$$

$$= -\frac{E_s}{N_0}\sum_{l=1}^{N}(r_l^2 - 2r_l v_l + 1) + \frac{N}{2}\ln\frac{E_s}{\pi N_0}$$

$$= \frac{2E_s}{N_0}\sum_{l=1}^{N}(r_l v_l) - \frac{E_s}{N_0}(|\boldsymbol{r}|^2 + N) + \frac{N}{2}\ln\frac{E_s}{\pi N_0}$$

$$= C_1(\boldsymbol{r} \cdot \boldsymbol{v}) + C_2 \tag{6.58}$$

其中 $C_1 = 2E_s/N_0$ 和 $C_2 = -((E_s/N_0)(|\boldsymbol{r}|^2 + N) - (N/2)\ln(E_s/(\pi N_0)))$ 是常数,独立于码字 $\boldsymbol{v}$,$\boldsymbol{r} \cdot \boldsymbol{v}$ 表示接收向量 $\boldsymbol{r}$ 和码字 $\boldsymbol{v}$ 的内积(相关)。由于 C_1 是正数,最大化 $\boldsymbol{r} \cdot \boldsymbol{v}$ 的网格路径(码字)同样也最大化对数似然函数 $\ln p(\boldsymbol{r}|\boldsymbol{v})$。对应于码字 $\boldsymbol{v}$ 的路径度量为 $M(\boldsymbol{r}|\boldsymbol{v}) = \boldsymbol{r} \cdot \boldsymbol{v}$,分支度量为 $M(\boldsymbol{r}_l|\boldsymbol{v}_l) = \boldsymbol{r}_l \cdot \boldsymbol{v}_l (l = 1,2,\cdots,h+m)$,比特度量为 $M(r_l|v_l) = r_l \cdot v_l (l = 1,2,\cdots,N)$,Viterbi 算法就是要找到与接收序列相关值最大的那条路径(码字)。

对于连续输出 AWGN 信道,最大化对数似然函数等效为找到与接收序列 $\boldsymbol{r}$ 欧氏距离最近的那个码字 $\boldsymbol{v}$,而在 BSC,最大化对数似然函数等效为找到与接收序列 $\boldsymbol{r}$ 汉明距离最近的那个码字 $\boldsymbol{v}$。

例 6.18 一个(2,1,2)卷积编码器,生成多项式为 $g^{(1)}(D) = 1 + D + D^2$,$g^{(2)}(D) = 1 + D^2$。

(1) 画出状态图和网格图。

(2) 在 BSC 下,接收序列为 $\boldsymbol{r} = [10\ \ 01\ \ 00\ \ 10\ \ 00\ \ 10]$,用 Viterbi 译码算法译出信息序列。

(3) 在如图 6.18 和图 6.19 所示的二值输入、四值输出的 DMC 下,接收序列为 $\boldsymbol{r}$ =

$[1_1 0_2\quad 0_2 1_1\quad 0_1 0_1\quad 1_2 0_2\quad 0_1 0_2\quad 1_2 0_1]$，用 Viterbi 译码算法译出信息序列。

解　(1)

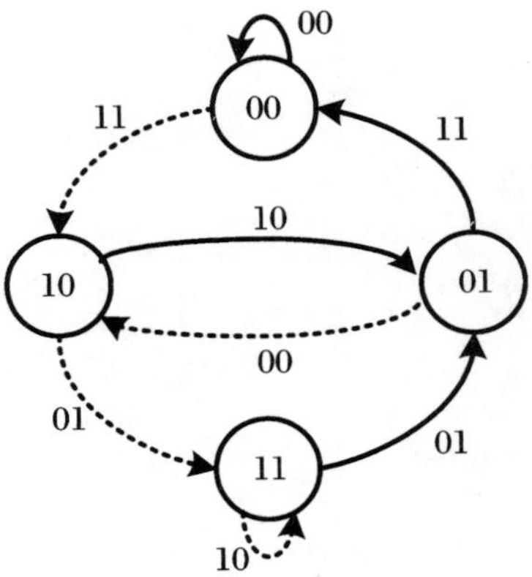

状态图

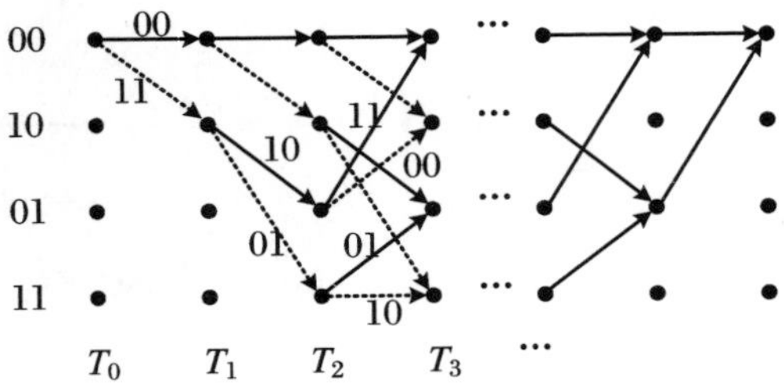

网格图

(2)

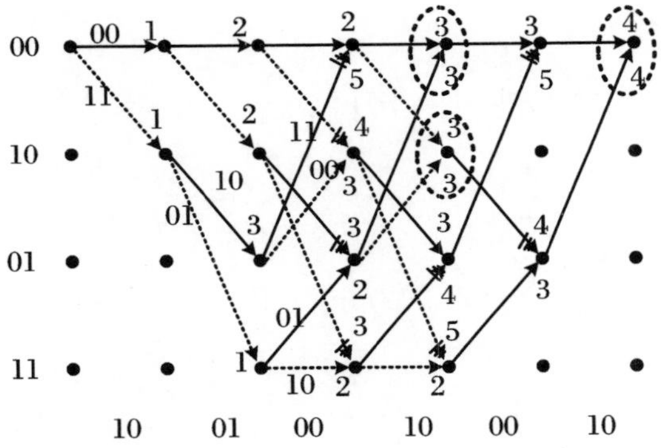

从图中可以看出，在圆圈处，不同路径到达该状态的度量值是相同的，根本原因在于接收序列中错误个数太多，超出了纠错能力。此时选择路径时可随机选择，当然不同的选择就会有不同的译码结果，这样可译出 3 种不同的信息序列：0000，1100，1111。

(3)

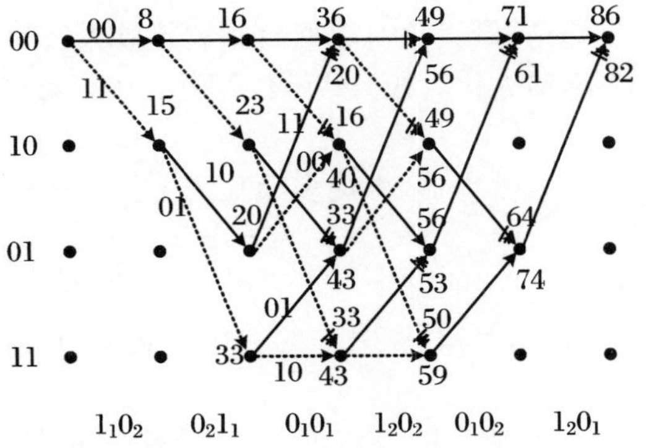

从图中可以看出,译出的信息序列为1100,没有出现度量值相同的情况。这是因为当接收序列由

$$\boldsymbol{r}=[10\quad 01\quad 00\quad 10\quad 00\quad 10]$$

变为

$$\boldsymbol{r}=[1_1 0_2\quad 0_2 1_1\quad 0_1 0_1\quad 1_2 0_2\quad 0_1 0_2\quad 1_2 0_1]$$

时,送给译码器的输入数据不是"0""1"这样的硬判决信息,而是软判决信息,译码结果更加可靠。

另外需要强调的是,在BSC下进行Viterbi译码,不同路径到达某一状态是基于最小汉明距离原则进行路径选择(即选择较小值的路径)的,而在二值输入、多值输出的DMC下,不同路径到达某一状态是基于最大度量值原则进行路径选择(即选择较大值的路径)的,不要混淆。

6.5.2 BCJR译码算法

给定一个接收序列 $\boldsymbol{r}$,Viterbi译码算法是寻找能够使对数似然函数最大化的码字 $\boldsymbol{v}$。BSC下,等效为找到一个在汉明距离上与(二进制)接收序列 $\boldsymbol{r}$ 最靠近的(二进制)码字 $\boldsymbol{v}$。对于更一般的连续输出的AWGN信道,等效为找到与(实值)接收序列 $\boldsymbol{r}$ 在欧氏距离最靠近的(二进制)码字 $\boldsymbol{v}$,一旦最大似然码字 $\boldsymbol{v}$ 确定了,它所对应的信息序列 $\boldsymbol{u}$ 就是译码输出(不包括补零比特,或称为结尾比特)。

由于Viterbi算法是寻找最相似的码字,即最小化码字错误率(WER)$P_{\mathrm{w}}(E)$,也即译码(ML)后的码字 $\hat{\boldsymbol{v}}$ 不等于发送码字 $\boldsymbol{v}$ 的概率 $p(\hat{\boldsymbol{v}}\neq\boldsymbol{v}\mid\boldsymbol{r})$最小。但在很多情况下,我们希望最小化比特错误率(BER)$P_{\mathrm{b}}(E)$,即在 $l(l=0,1,\cdots,K^*-1)$时刻译码信息比特 $\hat{u}_l$ 不等于发送比特 u_l 的概率 $p(\hat{u}_l\neq u_l\mid\boldsymbol{r})$最小。为了最小化BER,一个信息比特 u_l 被正确译码的后验概率 $p(\hat{u}_l=u_l\mid\boldsymbol{r})$必须最大化,最大化 $p(\hat{u}_l=u_l\mid\boldsymbol{r})$的算法称为最大后验概率(Maximum A Posteriori,MAP)算法。当信息比特等概率时,Viterbi算法(ML)最大化 $p(\hat{\boldsymbol{v}}=\boldsymbol{v}\mid\boldsymbol{r})$,虽然它不能保证 $p(\hat{u}_l=u_l\mid\boldsymbol{r})$也最大化,但 $p(\hat{\boldsymbol{v}}=\boldsymbol{v}\mid\boldsymbol{r})$和 $p(\hat{u}_l=u_l\mid\boldsymbol{r})$密切相关,Viterbi算法也可得到近最优的BER性能。

Viterbi算法最大化 $p(\hat{\boldsymbol{v}}=\boldsymbol{v}\mid\boldsymbol{r})=p(\hat{\boldsymbol{u}}=\boldsymbol{u}\mid\boldsymbol{r})$,其中 $\hat{\boldsymbol{u}}$ 和 $\boldsymbol{u}$ 是信息序列,分别对应于码字 $\hat{\boldsymbol{v}}$ 和 $\boldsymbol{v}$,这等效为最小化 $p(\hat{\boldsymbol{u}}\neq\boldsymbol{u}\mid\boldsymbol{r})$,BER为

$$p(\hat{u}_l\neq u_l\mid\boldsymbol{r})=\left(\frac{d(\hat{\boldsymbol{u}},\boldsymbol{u})}{K^*}\right)p(\hat{\boldsymbol{u}}\neq\boldsymbol{u}\mid\boldsymbol{r}),\quad l=0,1,\cdots,K^*-1 \tag{6.59}$$

从上式可看出,BER依赖于 $\hat{\boldsymbol{u}}$ 和 $\boldsymbol{u}$ 序列之间的汉明距离,因此最小化 $p(\hat{u}_l\neq u_l\mid\boldsymbol{r})$也涉及选择编码器具有以下特性:低重量码字对应于低重量信息序列,这样能够保证最大似然码字错误导致尽量少的比特错误,从而BER也就最小化了。

1974年,Bahl, Cocke, Jelinek及Raviv引入了MAP译码器,称为BCJR算法[6],它能够应用于任何线性分组码或卷积码,BCJR算法的计算复杂度比Viterbi算法要高得多,因此在信息比特等概率情况下一般选择Viterbi算法。但当信息比特不等概率时,BCJR算法能够获得更好的性能。迭代译码时,由于每次迭代信息比特的先验概率都会发生改变,此时

BCJR 算法更适合。

本小节主要讨论编码码率 $R=1/n$ 的卷积码在二值输入、连续输出 AWGN 信道下的 BCJR 算法(仍然基于前面讲到的对数似然率或 L 值)。译码器输入是接收到的序列 $\boldsymbol{r}$,信息比特的先验 L 值为

$$L_a(u_l) = \ln\left(\frac{p(u_l = +1)}{p(u_l = -1)}\right), \quad l = 0,1,\cdots,h-1 \tag{6.60}$$

这里对信息比特是否等概率没有要求,信息比特的后验对数似然值(L 值)为

$$L(u_l) = \ln\left(\frac{p(u_l = +1 \mid \boldsymbol{r})}{p(u_l = -1 \mid \boldsymbol{r})}\right) \tag{6.61}$$

基于 $L(u_l)$,译码器输出判决为

$$\hat{u}_l = \begin{cases} +1, & 若\ L(u_l) > 0 \\ -1, & 若\ L(u_l) < 0 \end{cases}, \quad l = 0,1,\cdots,h-1 \tag{6.62}$$

在迭代译码中,$L(u_l)$可作为译码器输出,输入到另一个译码器中,形成软输入软输出(SISO)译码算法。

我们知道

$$p(u_l = +1 \mid \boldsymbol{r}) = \frac{p(u_l = +1, \boldsymbol{r})}{p(\boldsymbol{r})} = \frac{\sum_{\boldsymbol{u}\in U_l^+} p(\boldsymbol{r} \mid \boldsymbol{v}) p(\boldsymbol{u})}{\sum_{\boldsymbol{u}} p(\boldsymbol{r} \mid \boldsymbol{v}) p(\boldsymbol{u})} \tag{6.63}$$

其中 $\boldsymbol{U}_l^+$ 是 $u_l = +1$ 的所有信息序列集合,$\boldsymbol{v}$ 是发送的码字对应于信息序列 $\boldsymbol{u}$,$p(\boldsymbol{r}|\boldsymbol{v})$是给定 $\boldsymbol{v}$ 时接收序列 $\boldsymbol{r}$ 的概率密度函数。同样我们可写出 $p(u_l = -1|\boldsymbol{r})$的表达式,式(6.61)就变为

$$L(u_l) = \ln\left(\frac{\sum_{\boldsymbol{u}\in U_l^+} p(\boldsymbol{r} \mid \boldsymbol{v}) p(\boldsymbol{u})}{\sum_{\boldsymbol{u}\in U_l^-} p(\boldsymbol{r} \mid \boldsymbol{v}) p(\boldsymbol{u})}\right) \tag{6.64}$$

其中 $\boldsymbol{U}_l^-$ 是 $u_l = -1$ 的所有信息序列集合。MAP 译码算法可通过式(6.64)计算 $L(u_l)$($l=0,1,\cdots,h-1$),再用式(6.62)进行判决。但这样的计算量非常大,对于具有网格结构和有限状态的码,如短约束长度的卷积码,利用基于网格图的递归计算能够大大简化处理过程。

首先,利用网格图结构,可将式(6.63)重写为

$$p(u_l = +1 \mid \boldsymbol{r}) = \frac{p(u_l = +1, \boldsymbol{r})}{p(\boldsymbol{r})} = \frac{\sum_{(s',s)\in\Sigma_l^+} p(s_l = s', s_{l+1} = s, \boldsymbol{r})}{p(\boldsymbol{r})} \tag{6.65}$$

其中 Σ_l^+ 表示在 l 时刻状态为 $s_l = s'$,$l+1$ 时刻状态为 $s_{l+1} = s$,这种状态转移是由输入比特 $u_l = +1$ 所引起的,所有这些状态对的集合就构成 Σ_l^+。同样可写出 $p(u_l = -1|\boldsymbol{r})$的表达式,这样式(6.64)可写为

$$L(u_l) = \ln\left(\frac{\sum_{(s',s)\in\Sigma_l^+} p(s_l = s', s_{l+1} = s, \boldsymbol{r})}{\sum_{(s',s)\in\Sigma_l^-} p(s_l = s', s_{l+1} = s, \boldsymbol{r})}\right) \tag{6.66}$$

其中 Σ_l^- 表示状态转移对应于输入比特 $u_l = -1$ 的集合。

式(6.64)和式(6.66)对 $L(u_l)$的计算是等效的,但式(6.64)中的加项涉及 2^{h-1}个信息

序列的集合，而式(6.66)中的加项只涉及 2^{ν} 个状态对的集合，因此，当 h 较大时，式(6.66)要简单得多。

通过递归的方法来推导式(6.66)中的联合概率密度函数：

$$p(s',s,\boldsymbol{r}) = p(s',s,\boldsymbol{r}_{t<l},\boldsymbol{r}_l,\boldsymbol{r}_{t>l}) \tag{6.67}$$

其中 $\boldsymbol{r}_{t<l}$ 表示在 l 时刻之前接收到的信息序列 $\boldsymbol{r}$，$\boldsymbol{r}_{t>l}$ 表示在 l 时刻之后接收到的信息序列 $\boldsymbol{r}$，应用贝叶斯准则，有

$$\begin{aligned} p(s',s,\boldsymbol{r}) &= p(\boldsymbol{r}_{t>l} \mid s',s,\boldsymbol{r}_{t<l},\boldsymbol{r}_l)p(s',s,\boldsymbol{r}_{t<l},\boldsymbol{r}_l) \\ &= p(\boldsymbol{r}_{t>l} \mid s',s,\boldsymbol{r}_{t<l},\boldsymbol{r}_l)p(s,\boldsymbol{r}_l \mid s',\boldsymbol{r}_{t<l})p(s',\boldsymbol{r}_{t<l}) \\ &= p(\boldsymbol{r}_{t>l} \mid s)p(s,\boldsymbol{r}_l \mid s')p(s',\boldsymbol{r}_{t<l}) \end{aligned} \tag{6.68}$$

其中最后一个等式是因为在 l 时刻接收到的分支的概率只依赖于 l 时刻的状态和 l 时刻的输入。

定义

$$\alpha_l(s') \triangleq p(s',\boldsymbol{r}_{t<l}) \tag{6.69a}$$

$$\gamma_l(s',s) \triangleq p(s,\boldsymbol{r}_l \mid s') \tag{6.69b}$$

$$\beta_{l+1}(s) \triangleq p(\boldsymbol{r}_{t>l} \mid s) \tag{6.69c}$$

这样，式(6.68)可写为

$$p(s',s,\boldsymbol{r}) = \beta_{l+1}(s)\gamma_l(s',s)\alpha_l(s') \tag{6.70}$$

对于概率 $\alpha_{l+1}(s)$，我们可重新将表达式写为

$$\begin{aligned} \alpha_{l+1}(s) = p(s,\boldsymbol{r}_{t<l+1}) &= \sum_{s'\in\sigma_l} p(s',s,\boldsymbol{r}_{t<l+1}) \\ &= \sum_{s'\in\sigma_l} p(s,\boldsymbol{r}_l \mid s',\boldsymbol{r}_{t<l})p(s',\boldsymbol{r}_{t<l}) \\ &= \sum_{s'\in\sigma_l} p(s,\boldsymbol{r}_l \mid s')p(s',\boldsymbol{r}_{t<l}) \\ &= \sum_{s'\in\sigma_l} \gamma_l(s',s)\alpha_l(s') \end{aligned} \tag{6.71}$$

其中 σ_l 是在 l 时刻的所有状态的集合。因此，利用前向递归式(6.71)，可计算出在 $l+1$ 时刻、每个状态 s 的前向度量 $\alpha_{l+1}(s)$。类似地，可写出概率 $\beta_l(s')$ 的表达式：

$$\beta_l(s') = \sum_{s\in\sigma_{l+1}} \gamma_l(s',s)\beta_{l+1}(s) \tag{6.72}$$

其中 σ_{l+1} 是在 $l+1$ 时刻的所有状态的集合。利用后向递归式(6.72)，可计算出在 l 时刻、每个状态 s' 的后向度量 $\beta_l(s')$。

在 $l=0$ 时刻开始的前向递归初始条件为

$$\alpha_0(s) = \begin{cases} 1, & s=0 \\ 0, & s\neq 0 \end{cases} \tag{6.73}$$

因为编码器是在全 0 态 $S_0=0$ 开始的，这样可用式(6.71)来递归计算 $\alpha_{l+1}(s)(l=0,1,\cdots,K-1)$，其中 $K=h+m$ 是输入序列长度。类似地，在 $l=K$ 时刻开始的后向递归，初始条件为

$$\beta_K(s) = \begin{cases} 1, & s=0 \\ 0, & s\neq 0 \end{cases} \tag{6.74}$$

因为编码器终止于全 0 态 $S_0=0$，这样可用式(6.72)来递归计算 $\beta_l(s)(l=K-1,K-2,\cdots,0)$。

分支度量 $\gamma_l(s',s)$ 可写为

$$\begin{aligned}\gamma_l(s',s) &= p(s,\boldsymbol{r}_l \mid s') = \frac{p(s',s,\boldsymbol{r}_l)}{p(s')} \\ &= \left(\frac{p(s',s)}{p(s')}\right)\left(\frac{p(s',s,\boldsymbol{r}_l)}{p(s',s)}\right) \\ &= p(s \mid s')p(\boldsymbol{r}_l \mid s',s) = p(u_l)p(\boldsymbol{r}_l \mid \boldsymbol{v}_l) \qquad (6.75)\end{aligned}$$

其中 u_l 是输入比特，$\boldsymbol{v}_l$ 对应于 l 时刻状态转移 $s'\rightarrow s$ 的输出比特。对一个连续输出 AWGN 信道，如果 $s'\rightarrow s$ 是一个有效的状态转移，则

$$\gamma_l(s',s) = p(u_l)p(\boldsymbol{r}_l \mid \boldsymbol{v}_l) = p(u_l)\left(\sqrt{\frac{E_s}{\pi N_0}}\right)^n \mathrm{e}^{-\frac{E_s}{N_0}\|\boldsymbol{r}_l-\boldsymbol{v}_l\|^2} \qquad (6.76)$$

其中 $\|\boldsymbol{r}_l-\boldsymbol{v}_l\|^2$ 表示（用 $\sqrt{E_s}$ 归一化的）接收分支 $\boldsymbol{r}_l$ 和 l 时刻的发送分支 $\boldsymbol{v}_l$ 之间的平方欧氏距离，但如果 $s'\rightarrow s$ 不是一个有效的状态转移，$p(s|s')$ 和 $\gamma_l(s',s)$ 都为 0。

用式(6.66)、式(6.70)，以及式(6.71)～(6.74)和式(6.76)所定义的度量来计算 $L(u_l)$ 的算法，就称为 MAP 算法。

对算法进行修改，可大大减少计算复杂度。首先，注意到式(6.76)中有常数项 $\left(\sqrt{\frac{E_s}{\pi N_0}}\right)^n$，由式(6.70)～(6.72)可知，在概率密度函数 $p(s',s,\boldsymbol{r})$ 的表达式中该常数项的指数部分增加了 h 倍，即在式(6.66)的分子和分母中的每一项都有 $\left(\sqrt{\frac{E_s}{\pi N_0}}\right)^{nh}$ 这个因子，其影响可忽略，因此，简化的分支度量为

$$\gamma_l(s',s) = p(u_l)\mathrm{e}^{-\frac{E_s}{N_0}\|\boldsymbol{r}_l-\boldsymbol{v}_l\|^2} \qquad (6.77)$$

其次，先验概率 $p(u_l=\pm 1)$ 可写为

$$\begin{aligned}p(u_l=\pm 1) &= \frac{\left(\frac{p(u_l=+1)}{p(u_l=-1)}\right)^{\pm 1}}{1+\left(\frac{p(u_l=+1)}{p(u_l=-1)}\right)^{\pm 1}} \\ &= \frac{\mathrm{e}^{\pm L_a(u_l)}}{1+\mathrm{e}^{\pm L_a(u_l)}} = \frac{\mathrm{e}^{-L_a(u_l)/2}}{1+\mathrm{e}^{-L_a(u_l)}}\mathrm{e}^{u_l L_a(u_l)/2} = A_l \mathrm{e}^{u_l L_a(u_l)/2} \qquad (6.78)\end{aligned}$$

其中参数 A_l 是独立于 u_l 的实际值。然后用式(6.78)来取代式(6.77)中的 $p(u_l)(l=0,1,\cdots,h-1)$。但对每个发送比特 $u_l(l=h,h+1,\cdots,h+m-1=K-1)$，每个有效的状态转移都有 $p(u_l)=1, L_a(u_l)=\pm\infty$，我们可直接用式(6.77)。因此，我们可以将式(6.77)写为

$$\begin{aligned}\gamma_l(s',s) &= A_l \mathrm{e}^{u_l L_a(u_l)/2}\mathrm{e}^{-\frac{E_s}{N_0}\|\boldsymbol{r}_l-\boldsymbol{v}_l\|^2} \\ &= A_l \mathrm{e}^{u_l L_a(u_l)/2}\mathrm{e}^{(2E_s/N_0)(\boldsymbol{r}_l\cdot\boldsymbol{v}_l)-(E_s/N_0)\|\boldsymbol{r}_l\|^2-(E_s/N_0)\|\boldsymbol{v}_l\|^2} \\ &= A_l \mathrm{e}^{u_l L_a(u_l)/2}\mathrm{e}^{(2E_s/N_0)(\boldsymbol{r}_l\cdot\boldsymbol{v}_l)}\mathrm{e}^{-(E_s/N_0)\|\boldsymbol{r}_l\|^2-(E_s/N_0)\|\boldsymbol{v}_l\|^2} \\ &= A_l \mathrm{e}^{u_l L_a(u_l)/2}\mathrm{e}^{(L_c/2)(\boldsymbol{r}_l\cdot\boldsymbol{v}_l)}\mathrm{e}^{-(E_s/N_0)\|\boldsymbol{r}_l\|^2-(E_s/N_0)n} \\ &= A_l B_l \mathrm{e}^{u_l L_a(u_l)/2}\mathrm{e}^{(L_c/2)(\boldsymbol{r}_l\cdot\boldsymbol{v}_l)}, \quad l = 0,1,\cdots,h-1 \qquad (6.79\text{a})\end{aligned}$$

$$\begin{aligned}\gamma_l(s',s) &= p(u_l)\mathrm{e}^{-\frac{E_s}{N_0}\|\boldsymbol{r}_l-\boldsymbol{v}_l\|^2} \\ &= B_l \mathrm{e}^{(L_c/2)(\boldsymbol{r}_l\cdot\boldsymbol{v}_l)}, \quad l = h,h+1,\cdots,K-1 \qquad (6.79\text{b})\end{aligned}$$

其中 $B_l = e^{-(E_s/N_0)\|r_l\|^2-(E_s/N_0)n}$ 是一个独立于码字 $\boldsymbol{v}_l$ 的常数，$L_c = 4E_s/N_0$ 是信道可靠度因子。

从式(6.70)～(6.74)和式(6.79)可看到，$p(s',s,\boldsymbol{r})$ 含有因子 $\prod_{l=0}^{h-1} A_l$ 和 $\prod_{l=0}^{K-1} B_l$，这些因子在式(6.66)的分子和分母中的每一项都会出现，因此它们可消去，更简化的分支度量就变为

$$\gamma_l(s',s) = e^{u_l L_a(u_l)/2} e^{(L_c/2)(\boldsymbol{r}_l \cdot \boldsymbol{v}_l)}, \quad l = 0,1,\cdots,h-1 \tag{6.80a}$$

$$\gamma_l(s',s) = e^{(L_c/2)(\boldsymbol{r}_l \cdot \boldsymbol{v}_l)}, \quad l = h,h+1,\cdots,K-1 \tag{6.80b}$$

最后，从式(6.71)、式(6.72)和式(6.80)可看出，前向度量和反向度量是 $2^k = 2$ 个指数项的和，每个对应于网格图中的一个有效状态转移。

利用下面的等式简化计算：

$$\max{}^*(x,y) \triangleq \ln(e^x + e^y) = \max(x,y) + \ln(1 + e^{-|x-y|}) \tag{6.81}$$

$\ln(e^x + e^y)$ 计算很复杂，用上式取代只有一个 max 函数和一个查表函数（对于 $\ln(1+e^{-|x-y|})$），有了这个铺垫，引入以下对数域度量：

$$\gamma_l^*(s',s) \triangleq \ln\gamma_l(s',s) = \begin{cases} \dfrac{u_l L_a(u_l)}{2} + \dfrac{L_c}{2}\boldsymbol{r}_l \cdot \boldsymbol{v}_l, & l = 0,1,\cdots,h-1 \\ \dfrac{L_c}{2}\boldsymbol{r}_l \cdot \boldsymbol{v}_l, & l = h,h+1,\cdots,K-1 \end{cases} \tag{6.82a}$$

$$\begin{aligned} \alpha_{l+1}^*(s) \triangleq \ln\alpha_{l+1}(s) &= \ln\sum_{s'\in\sigma_l}\gamma_l(s',s)\alpha_l(s') = \ln\sum_{s'\in\sigma_l} e^{(\gamma_l^*(s',s)+\alpha_l^*(s'))} \\ &= \max{}^*_{s'\in\sigma_l}(\gamma_l^*(s',s)+\alpha_l^*(s')), \quad l = 0,1,\cdots,K-1 \end{aligned} \tag{6.82b}$$

$$\alpha_0^*(s) \triangleq \ln\alpha_0(s) = \begin{cases} 0, & s = 0 \\ -\infty, & s \neq 0 \end{cases} \tag{6.82c}$$

$$\begin{aligned} \beta_l^*(s') \triangleq \ln\beta_l(s') &= \ln\sum_{s\in\sigma_{l+1}}\gamma_l(s',s)\beta_{l+1}(s) = \ln\sum_{s\in\sigma_{l+1}} e^{(\gamma_l^*(s',s)+\beta_{l+1}^*(s))} \\ &= \max{}^*_{s\in\sigma_{l+1}}(\gamma_l^*(s',s)+\beta_{l+1}^*(s)), \quad l = K-1,K-2,\cdots,0 \end{aligned} \tag{6.82d}$$

$$\beta_K^*(s) \triangleq \ln\beta_K(s) = \begin{cases} 0, & s = 0 \\ -\infty, & s \neq 0 \end{cases} \tag{6.82e}$$

这样，式(6.70)表示的 $p(s',s,\boldsymbol{r})$ 和式(6.66)表示的 $L(u_l)$ 可写为

$$p(s',s,\boldsymbol{r}) = e^{\beta_{l+1}^*(s)+\gamma_l^*(s',s)+\alpha_l^*(s')} \tag{6.83}$$

$$L(u_l) = \ln\Big(\sum_{(s',s)\in\Sigma_l^+} e^{\beta_{l+1}^*(s)+\gamma_l^*(s',s)+\alpha_l^*(s')}\Big) - \ln\Big(\sum_{(s',s)\in\Sigma_l^-} e^{\beta_{l+1}^*(s)+\gamma_l^*(s',s)+\alpha_l^*(s')}\Big) \tag{6.84}$$

我们看到，在式(6.84)中每一项都要计算 2^v 个指数项和的对数，对应于网格图中的每个状态。应用式(6.81)定义的max* 函数，可处理多个指数项和的情况，即

$$\max{}^*(x,y,z) \triangleq \ln(e^x + e^y + e^z) = \max{}^*(\max{}^*(x,y),z) \tag{6.85}$$

利用上式，式(6.84)写为

$$\begin{aligned} L(u_l) = &\max{}^*_{(s',s)\in\Sigma_l^+}(\beta_{l+1}^*(s) + \gamma_l^*(s',s) + \alpha_l^*(s')) \\ &- \max{}^*_{(s',s)\in\Sigma_l^-}(\beta_{l+1}^*(s) + \gamma_l^*(s',s) + \alpha_l^*(s')) \end{aligned} \tag{6.86}$$

基于式(6.82)定义的对数域度量、式(6.81)和式(6.85)定义的max* 函数，用式(6.86)计算

$L(u_l)$的算法称为 log-MAP 算法，或对数域 BCJR 算法。由于 log-MAP 算法只是用了一个 max 函数和一次查表，因此比 MAP 算法要简单得多。

对数域 BCJR 算法的步骤可概括如下：

(1) 用式(6.82c)和式(6.82e)来初始化前向度量 $\alpha_0^*(s)$和后向度量 $\beta_K^*(s)$；

(2) 用式(6.82a)计算分支度量 $\gamma_l^*(s',s)(l=0,1,\cdots,K-1)$；

(3) 用式(6.82b)计算前向度量 $\alpha_{l+1}^*(s)(l=0,1,\cdots,K-1)$；

(4) 用式(6.82d)计算后向度量 $\beta_l^*(s')(l=K-1,K-2,\cdots,0)$；

(5) 用式(6.86)计算信息的后验对数似然值 $L(u_l)(l=0,1,\cdots,h-1)$；

(6) (可选)用式(6.62)计算硬判决 $\hat{u}_l(l=0,1,\cdots,h-1)$。

对于步骤(3)、(4)、(5)，每个的计算量都与 Viterbi 算法相同，因此 BCJR 算法的复杂度大致是 Viterbi 算法的 3 倍，而且，由式(6.82a)可以看出，BCJR 算法需要信噪比(SNR)E_s/N_0($L_c=4E_s/N_0$)信息来计算其分支度量，而 Viterbi 算法中的分支度量，只是 $\boldsymbol{r}_l\cdot\boldsymbol{v}_l$ 的相关值，不需要信道信息。(说明：用式(6.58)计算 Viterbi 算法的分支度量中也有一个常数量 $C_1=2E_s/N_0=L_c/2$，它可以忽略，因为它不影响译码结果；而在式(6.82a)的 BCJR 算法中常数量 $L_c/2$ 不能忽略，因为它与先验因子 $u_lL_a(u_l)/2$ 有关，会影响到译码结果。)当 BCJR 算法用于迭代译码算法时，步骤(6)的硬判决计算只在最后一次迭代时才涉及，而在前面的迭代中，步骤(5)计算的后验对数似然值 $L(u_l)$是译码器软输出。

对数域 BCJR 算法的基本运算如图 6.23 所示。

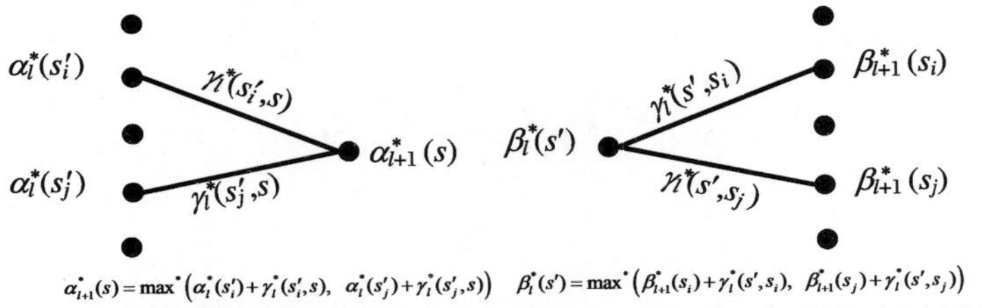

(a) 式(6.82d)表示的前向递归计算　(b) 式(6.82d)表示的后向递归计算

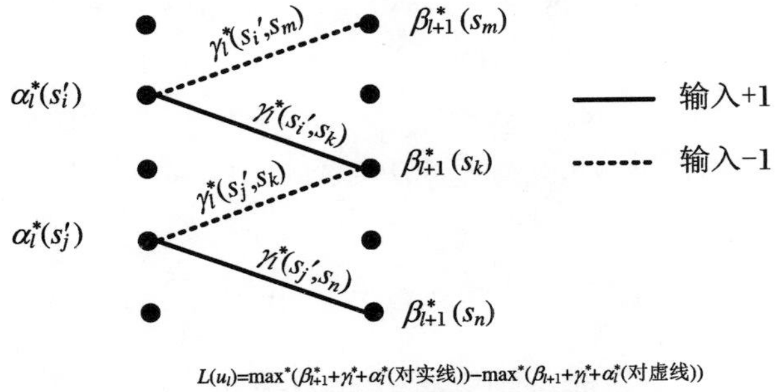

(c) 式(6.86)表示的$L(u_l)$计算

图 6.23

如果在 max* 函数中忽略校正项 $\ln(1+e^{-|x-y|})$，算法更简单，近似为

$$\max{}^*(x,y)\approx\max(x,y) \tag{6.87}$$

因为校正项的界为

$$0<\ln(1+e^{-|x-y|})\leqslant\ln(2)=0.693 \tag{6.88}$$

当$|\max(x,y)|\geqslant 7$时，上述近似是非常合理的。在计算$L(u_l)$时，如果用max函数代替$\max^*$函数，则算法称为Max-log-MAP算法。由于max函数的作用与Viterbi算法中的比-选运算相同，Max-log-MAP算法中的前向递归等效于一个前向Viterbi算法，后向递归等效于一个后向Viterbi算法。BCJR算法和Viterbi算法的差异就在于校正项$\ln(1+e^{-|x-y|})$，它保证了BCJR算法中的BER最优，而Viterbi算法是对WER最优的。

上述3个算法：MAP、log-MAP、Max-log-MAP，都属于前向-后向算法，因为都涉及前向递归和后向递归。同时，它们都属于软输入软输出译码器，因为真实值APP L值$L(u_l)$作为译码器软输出，而不是像式(6.62)那样进行译码器的硬判决输出。

例6.19 在AWGN信道对(2,1,1)系统递归卷积码进行BCJR译码，其中卷积码的生成矩阵为

$$\boldsymbol{G}(D)=[1\quad 1/(1+D)] \tag{6.89}$$

其编码器结构如图6.24(a)所示，状态数为2，映射$1\rightarrow+1,0\rightarrow-1$，输入序列长度为4，其网格图如图6.24(b)所示。设$\boldsymbol{u}=[u_0\quad u_1\quad u_2\quad u_3]$表示长度$K=h+m=4$的输入向量(其中$h=3,m=1$)，$\boldsymbol{v}=[v_0\quad v_1\quad v_2\quad v_3]$表示长度$N=n\cdot K=8$的发送码字，假设信噪比为$E_s/N_0=1/4(-6.02\text{ dB})$，接收向量(用$\sqrt{E_s}$归一化)为

$$\begin{aligned}\boldsymbol{r}&=[\boldsymbol{r}_0\quad \boldsymbol{r}_1\quad \boldsymbol{r}_2\quad \boldsymbol{r}_3]=[r_0^{(0)},r_0^{(1)}\quad r_1^{(0)},r_1^{(1)}\quad r_2^{(0)},r_2^{(1)}\quad r_3^{(0)},r_3^{(1)}]\\&=[+0.8,+0.1\quad +1.0,-0.5\quad -1.8,+1.1\quad +1.6,-1.6]\end{aligned} \tag{6.90}$$

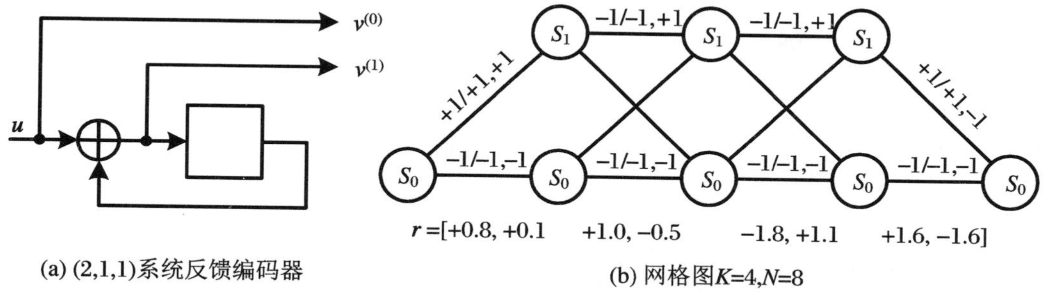

图6.24

说明：① 在网格图中，分支标识$u_l/v_l^{(0)},v_l^{(1)}$指示了输入u_l和输出$v_l^{(0)},v_l^{(1)}$；② 由于编码器是系统的，每个分支的第一个输出就等于输入；③ 对于结尾编码器，编码码率$R=h/N=3/8$，由于$E_s=R\cdot E_b$，所以$E_b/N_0=E_s/(RN_0)=2/3(-1.76\text{ dB})$。

假设信息比特的先验概率是等概率的，即$L_a(u_l)=0(l=0,1,2)$，用式6.82(a)计算对数域的分支度量(注意：$L_c=4E_s/N_0=1$)为

$$\begin{aligned}\gamma_0^*(S_0,S_0)&=\frac{u_0L_a(u_0)}{2}+\frac{L_c}{2}\boldsymbol{r}_0\cdot\boldsymbol{v}_0\\&=\frac{-1}{2}L_a(u_0)+\frac{1}{2}\boldsymbol{r}_0\cdot\boldsymbol{v}_0=\frac{1}{2}(-0.8-0.1)=-0.45\end{aligned}$$

$$\gamma_0^*(S_0,S_1)=\frac{+1}{2}L_a(u_0)+\frac{1}{2}\boldsymbol{r}_0\cdot\boldsymbol{v}_0=\frac{1}{2}(0.8+0.1)=0.45$$

$$\gamma_1^*(S_0,S_0)=\frac{-1}{2}L_a(u_1)+\frac{1}{2}\boldsymbol{r}_1\cdot\boldsymbol{v}_1=\frac{1}{2}(-1.0+0.5)=-0.25$$

$$\gamma_1^*(S_0,S_1)=\frac{+1}{2}L_a(u_1)+\frac{1}{2}\boldsymbol{r}_1\cdot\boldsymbol{v}_1=\frac{1}{2}(1.0-0.5)=0.25$$

$$\gamma_1^*(S_1,S_1) = \frac{-1}{2}L_a(u_1) + \frac{1}{2}\boldsymbol{r}_1 \cdot \boldsymbol{v}_1 = \frac{1}{2}(-1.0-0.5) = -0.75$$

$$\gamma_1^*(S_1,S_0) = \frac{+1}{2}L_a(u_1) + \frac{1}{2}\boldsymbol{r}_1 \cdot \boldsymbol{v}_1 = \frac{1}{2}(1.0+0.5) = 0.75$$

$$\gamma_2^*(S_0,S_0) = \frac{1}{2}\boldsymbol{r}_2 \cdot \boldsymbol{v}_2 = \frac{1}{2}(1.8-1.1) = 0.35$$

$$\gamma_2^*(S_0,S_1) = \frac{1}{2}\boldsymbol{r}_2 \cdot \boldsymbol{v}_2 = \frac{1}{2}(-1.8+1.1) = -0.35$$

$$\gamma_2^*(S_1,S_1) = \frac{1}{2}\boldsymbol{r}_2 \cdot \boldsymbol{v}_2 = \frac{1}{2}(1.8+1.1) = 1.45$$

$$\gamma_2^*(S_1,S_0) = \frac{1}{2}\boldsymbol{r}_2 \cdot \boldsymbol{v}_2 = \frac{1}{2}(-1.8-1.1) = -1.45$$

$$\gamma_3^*(S_0,S_0) = \frac{1}{2}\boldsymbol{r}_3 \cdot \boldsymbol{v}_3 = \frac{1}{2}(-1.6+1.6) = 0$$

$$\gamma_3^*(S_1,S_0) = \frac{1}{2}\boldsymbol{r}_3 \cdot \boldsymbol{v}_3 = \frac{1}{2}(1.6+1.6) = 1.6$$

然后利用式 6.82(b)计算对数域前向度量,为

$$\begin{aligned}
\alpha_1^*(S_0) &= \gamma_0^*(S_0,S_0) + \alpha_0^*(S_0) = -0.45+0 = -0.45\\
\alpha_1^*(S_1) &= \gamma_0^*(S_0,S_1) + \alpha_0^*(S_0) = 0.45+0 = 0.45\\
\alpha_2^*(S_0) &= \max{}^*((\gamma_1^*(S_0,S_0) + \alpha_1^*(S_0)),(\gamma_1^*(S_1,S_0) + \alpha_1^*(S_1)))\\
&= \max{}^*((-0.25-0.45),(0.75+0.45))\\
&= \max{}^*(-0.7,1.2) = 1.2 + \ln(1+e^{-|-1.9|}) = 1.34\\
\alpha_2^*(S_1) &= \max{}^*((\gamma_1^*(S_0,S_1) + \alpha_1^*(S_0)),(\gamma_1^*(S_1,S_1) + \alpha_1^*(S_1)))\\
&= \max{}^*(-0.2,-0.3) = -0.2 + \ln(1+e^{-|0.1|}) = 0.44
\end{aligned}$$

利用式 6.82(d)计算对数域后向度量,为

$$\begin{aligned}
\beta_3^*(S_0) &= \gamma_3^*(S_0,S_0) + \beta_4^*(S_0) = 0+0 = 0\\
\beta_3^*(S_1) &= \gamma_3^*(S_1,S_0) + \beta_4^*(S_0) = 1.6+0 = 1.6\\
\beta_2^*(S_0) &= \max{}^*((\gamma_2^*(S_0,S_0) + \beta_3^*(S_0)),(\gamma_2^*(S_0,S_1) + \beta_3^*(S_1)))\\
&= \max{}^*((0.35+0),(-0.35+1.6))\\
&= \max{}^*(0.35,1.25) = 1.25 + \ln(1+e^{-|-0.9|}) = 1.59\\
\beta_2^*(S_1) &= \max{}^*((\gamma_2^*(S_1,S_0) + \beta_3^*(S_0)),(\gamma_2^*(S_1,S_1) + \beta_3^*(S_1)))\\
&= \max{}^*(-1.45,3.05) = 3.05 + \ln(1+e^{-|-4.5|}) = 3.06\\
\beta_1^*(S_0) &= \max{}^*((\gamma_1^*(S_0,S_0) + \beta_2^*(S_0)),(\gamma_1^*(S_0,S_1) + \beta_2^*(S_1)))\\
&= \max{}^*(1.34,3.31) = 3.44\\
\beta_1^*(S_1) &= \max{}^*((\gamma_1^*(S_1,S_0) + \beta_2^*(S_0)),(\gamma_1^*(S_1,S_1) + \beta_2^*(S_1)))\\
&= \max{}^*(2.34,2.31) = 3.02
\end{aligned}$$

最后,利用式(6.86)计算信息的后验对数似然值 $L(u_l)$,为

$$\begin{aligned}
L(u_0) &= (\beta_1^*(S_1) + \gamma_0^*(S_0,S_1) + \alpha_0^*(S_0)) - (\beta_1^*(S_0) + \gamma_0^*(S_0,S_0) + \alpha_0^*(S_0))\\
&= 3.47 - 2.99 = +0.48\\
L(u_1) &= \max{}^*((\beta_2^*(S_0) + \gamma_1^*(S_1,S_0) + \alpha_1^*(S_1)),(\beta_2^*(S_1) + \gamma_1^*(S_0,S_1) + \alpha_1^*(S_0)))\\
&\quad - \max{}^*((\beta_2^*(S_0) + \gamma_1^*(S_0,S_0) + \alpha_1^*(S_0)),(\beta_2^*(S_1) + \gamma_1^*(S_1,S_1) + \alpha_1^*(S_1)))
\end{aligned}$$

$$= \max^*(2.79, 2.86) - \max^*(0.89, 2.76) = +0.62$$

$$L(u_2) = \max^*((\beta_3^*(S_0) + \gamma_2^*(S_1, S_0) + \alpha_2^*(S_1)), (\beta_3^*(S_1) + \gamma_2^*(S_0, S_1) + \alpha_2^*(S_0)))$$
$$- \max^*((\beta_3^*(S_0) + \gamma_2^*(S_0, S_0) + \alpha_2^*(S_0)), (\beta_3^*(S_1) + \gamma_2^*(S_1, S_1) + \alpha_2^*(S_1)))$$
$$= \max^*(-1.01, 2.59) - \max^*(1.69, 3.49) = -1.02$$

利用式(6.62),可得到 BCJR 译码器的硬判决输出为

$$\hat{u} = [+1 \quad +1 \quad -1]$$

虽然结尾比特 u_3 不是一个信息比特,但我们也可按照前述相同的步骤得到其对数似然值。

$$L(u_3) = \max^*((\beta_4^*(S_0) + \gamma_3^*(S_1, S_0) + \alpha_3^*(S_1)), (\beta_4^*(S_1) + \gamma_3^*(S_0, S_1) + \alpha_3^*(S_0)))$$
$$- \max^*((\beta_4^*(S_0) + \gamma_3^*(S_0, S_0) + \alpha_3^*(S_0)), (\beta_4^*(S_1) + \gamma_3^*(S_1, S_1) + \alpha_3^*(S_1)))$$
$$= \max^*(1.6, 0) - \max^*(0, 0) = +1.09$$

这样,u_3 就判决为 +1,根据网格图可知这是不可能的,因为其路径不连续,如图 6.25 中的虚线所示,显然传输过程中出错了。

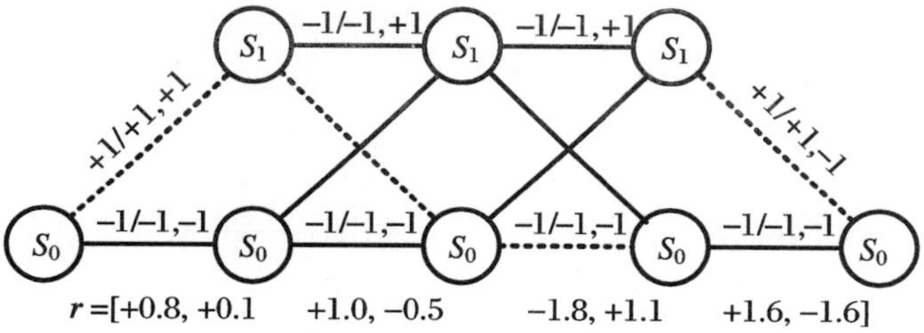

图 6.25 最后保留的译码路径

这是因为译码器工作在 $E_b/N_0 = 2/3(-1.76\text{ dB})$,而编码码率 $R = 3/8$ 的香农限为 $E_b/N_0 = -0.33\text{ dB}$。

本章小结

本章先描述了卷积码的存储器阶数、全局约束长度等基本概念,给出了非系统前馈和系统反馈的卷积编码结构,并对连接图、状态图、网格图等不同表示方式进行了详解,在此基础上分析了卷积码的重量枚举函数、输入-输出重量枚举函数、条件重量枚举函数等结构特性。卷积码的译码主要考虑了 Viterbi 译码算法和 BCJR 译码算法,重点分析了 Viterbi 译码算法在 DMC、BSC 和 AWGN 信道下的具体运算,在 AWGN 信道下分析了 BCJR 译码算法的具体流程。

习题

6.1 已知一个(4,3,3)非系统前馈卷积编码器如题图 6.1 所示。求:

(1) 连接向量;

(2) 生成矩阵 $\boldsymbol{G}$。

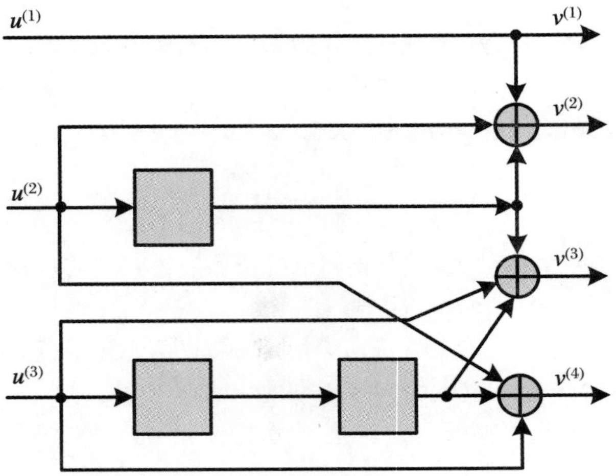

题图 6.1

6.2 一个(2,1,3)非系统前馈编码器,连接向量为 $g^{(1)}=[1\quad 0\quad 1\quad 1]$和 $g^{(2)}=[1\quad 1\quad 0\quad 1]$。

(1) 画出连接图;

(2) 画出状态图;

(3) 当输入信息为 1011 时,根据状态图求其输出编码序列,并计算此时的编码码率。

6.3 计算例 6.11 所示编码器的重量枚举函数(WEF)。

6.4 编码器结构如图 6.1 所示,采用 Viterbi 译码算法译出原始发送的信息数据:

(1) 信道如图 6.18 所示,接收序列为 $\boldsymbol{r}=[1_2 0_2\quad 0_1 1_2\quad 1_2 1_1\quad 0_1 0_2\quad 1_1 0_2\quad 0_2 1_1\quad 1_2 1_1]$;

(2) BSC,接收序列为 $\boldsymbol{r}=[10\quad 01\quad 11\quad 00\quad 10\quad 01\quad 11]$。

参考文献

[1] Lin S, Costello D J. Error control coding: fundamentals and applications [M]. 2nd ed. Upper Saddle River: Pearson Prentice Hall, 2004.

[2] Elias P. Coding for noisy channels[J]. IRE International Convention Record, 1955, 4: 37-46.

[3] Viterbi A. Error bounds for convolutional codes and an asymptotically optimum decoding algorithm [J]. IEEE Transactions on Information Theory, 1967, 13(2): 260-269.

[4] Omura J K. On the Viterbi decoding algorithm[J]. IEEE Transactions on Information Theory, 1969, 15(1): 177-179.

[5] Forney G D. The Viterbi algorithm[J]. Proceedings of IEEE, 1973, 61(3): 268-278.

[6] Bahl L, Cocke J, Jelinek F, et al. Optimal decoding of linear codes for minimizing sysbol error rate [J]. IEEE Transactions on Information Theory, 1974, 20(3): 284-287.

第 7 章　Turbo 码

本章主要学习 Turbo 码的并行级联结构，了解穿刺矩阵和交织器的作用，分析 Turbo 码的重量谱，对 Turbo 码的迭代译码原理进行理论推导和例题解析，最后给出 Turbo 码的性能界。

7.1 引　言

虽然软判决译码、级联码和编码调制技术都对信道码的设计和发展产生了重大影响，但是其性能与香农理论极限始终存在 2～3 dB 的差距。因此，在 Turbo 码提出以前，信道截止速率 R_0 一直被认为是差错控制码性能的实际极限[1]，香农极限仅仅是理论上的极限，是不可能达到的。

根据香农有噪信道编码定理，在信息传输速率 R 不超过信道容量 C 的前提下，只有在码组长度无限的码集合中随机地选择编码码字并且在接收端采用最大似然译码算法时，才能使误码率接近为零。但是最大似然译码的复杂度随编码长度的增加而加大，当编码长度趋于无穷大时，最大似然译码是不可能实现的，所以人们认为随机性编码仅仅是为证明定理存在而引入的一种数学方法和手段，在实际的编码构造中是不可能实现的。

在 1993 年于瑞士日内瓦召开的国际通信会议（IEEE ICC'93）上，法国学者 C. Berrou 等人首次提出了一种新型信道编码方案——Turbo 码[2]，由于它很好地应用了香农信道编码定理中的随机性编码条件，从而获得了几乎接近香农理论极限的译码性能。仿真结果表明，在采用长度为 65536 的随机交织器并译码迭代 18 次情况下，在信噪比 $E_b/N_0 \geqslant 0.7$ dB 并采用二进制相移键控（BPSK）调制时，编码码率为 1/2 的 Turbo 码在 AWGN 信道下的误比特率小于等于10^{-5}，达到了与香农极限仅相差 0.7 dB 的优异性能（香农极限是 0 dB）。Turbo 码是 C. Berrou 等人根据 G. Battail，J. Hagenauer 和 P. Hoeher 的直觉进行实用构造的结果，在此之前，包括 P. Elias，R. Gallager 和 M. Tanner 在内的其他研究人员已经设想了与 Turbo 码原理密切相关的编码和解码系统[3]。

Turbo 码又称并行级联卷积码（Parallel Concatenated Convolutional Code，PCCC），它巧妙地将卷积码和随机交织器结合在一起，在实现随机编码思想的同时，通过交织器实现了由短码构造长码的方法，并采用软输出迭代译码来逼近最大似然译码。可见，Turbo 码充分利用了香农信道编码定理的基本条件，因此得到了接近香农极限的性能。

在介绍 Turbo 码的首篇论文里，发明者 Berrou 仅给出了 Turbo 码的基本组成和迭代译码的原理，而没有给出严格的理论解释和证明。因此，在 Turbo 码提出之初，其基本理论的研究就显得尤为重要。J. Hagenauer 等人系统地阐明了迭代译码的原理，并推导了二进制分组码与卷积码的软输入软输出译码算法[4]。由于在 Turbo 码中交织器的出现，其性能分析异常困难，因此 S. Benedetto 和 G. Montorsi 提出了均匀交织(Uniform Interleaver，UI)的概念，并利用联合界技术给出了 Turbo 码的平均性能上界[5]。D. Divsalar 等人也根据卷积码的转移函数，给出了 Turbo 码采用最大似然译码(MLD)时的误比特率上界[6]。对于 Turbo 码来说，标准联合界在信噪比较小时比较宽松，只有在信噪比较大时才能实现对 Turbo 码性能的度量。因此，T. Duman，I. Sason 和 D. Divsalar 等人在已有性能界技术的基础上进行改进，扩展了 Turbo 码性能界的紧致范围[7-9]。D. Divsalar 等人还根据递归系统卷积码的特点提出了有效自由距离的概念，并说明在设计 Turbo 码时应该使码字有效自由距离尽可能大。L. Perez 等人从距离谱的角度对 Turbo 码的性能进行了分析，证明可以通过增加交织长度或采用本原反馈多项式增加分量码的自由距离来提高 Turbo 码的性能[10]。他们还证明了 Turbo 码虽然自由距离比较小，但其小重量码字的数目较少，从而解释了低信噪比条件下 Turbo 码性能优异的原因，并提出了交织器增益的概念。S. Dolinar 的研究表明，Turbo 码的最小距离码字主要由重量为 2 的输入信息序列生成，是形成错误平台的主要原因。为提高高信噪比条件下 Turbo 码的性能，就必须提高低重量输入信息序列下的输出码重。由于交织器的存在，无法给出 Turbo 码自由距离的严格数学表示，相应地也出现了许多分析与计算 Turbo 码最小距离、重量分布和性能上限的方法。A. Ambroze 等人还构造了 Turbo 码的树图，用来作为计算码字距离谱的工具[11]。考虑到 Turbo 码的延时问题，E. Hall 和 S. Wilson 提出了面向流的 Turbo 码[12]。采用其他系统模型描述 Turbo 码及其迭代译码过程的工作有：T. Richardson 把 Turbo 码作为一个动力学系统进行描述[13]；A. Khandani 则把 Turbo 码考虑成一个周期性的线性系统[14]；B. Frey 等人描述了 Turbo 码的图模型[15]；在图模型的基础上，D. MacKay 等人证明了 Turbo 码的校验矩阵与 LDPC 码的校验矩阵是等价的[16]，从而可以将 Turbo 码看作一类特殊的 LDPC 码。

7.2 Turbo 码的编码

Turbo 码的编码结构可以分为并行级联卷积码(PCCC)、串行级联卷积码(SCCC)和混合级联卷积码(HCCC)三种，如图 7.1 所示。

C. Berrou 提出的 Turbo 码就是 PCCC 结构，如图 7.1(a)所示，主要由分量编码器、交织器、穿刺矩阵和复接器组成。分量码一般选择为递归系统卷积(RSC)码，当然也可以选择分组码、非递归卷积(NRC)码以及非系统卷积(NSC)码，通常两个分量码采用相同的生成矩阵(也可不同)。若两个分量码的编码码率分别为 R_1 和 R_2，则 Turbo 码的编码码率为

$$R = \frac{R_1 R_2}{R_1 + R_2 - R_1 R_2} \tag{7.1}$$

在 AWGN 信道上对 PCCC 的性能仿真证明，当误码率(BER)随信噪比(SNR)的增加下降

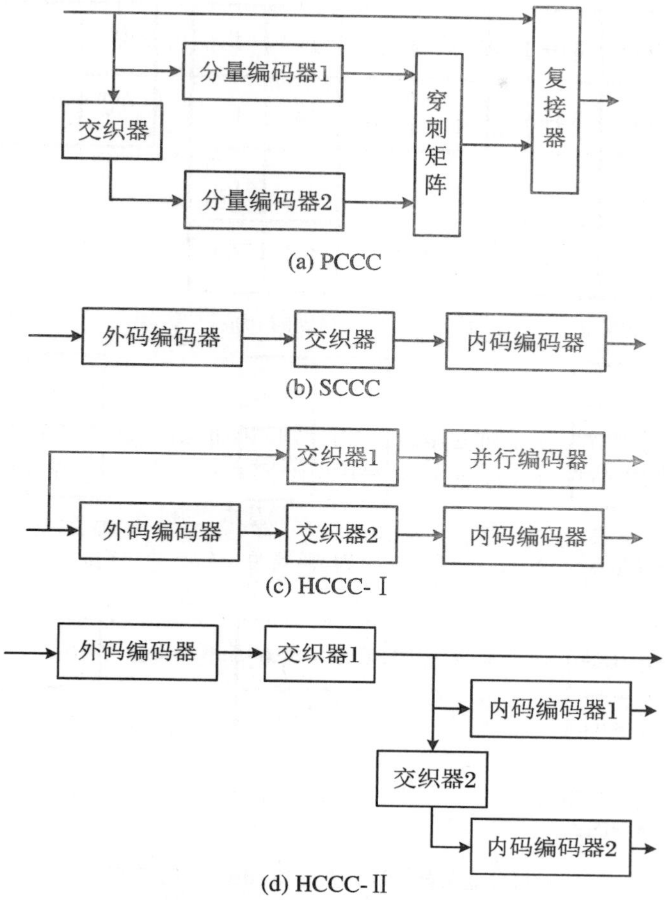

图7.1　Turbo码的几种编码结构

到一定程度时，就会出现下降缓慢甚至不再降低的情况，这种现象称为误码平台（error floor）。为解决这个问题，1996年S. Benedetto和G. Montorsi提出了串行级联卷积码（SCCC）的概念[17]，如图7.1(b)所示，它综合了Forney提出的串行级联码（RS码+卷积码）和Turbo码（PCCC）的特点，在适当的信噪比范围内，通过迭代译码可以达到非常优异的译码性能。Benedetto的研究表明，为使SCCC达到比较好的译码性能，至少其内码要采用递归系统卷积码，外码也应选择具有较好距离特性的卷积码。若外码编码器和内码编码器的编码码率分别为R_O和R_I，则SCCC的编码码率R为

$$R = R_O \times R_I \tag{7.2}$$

HCCC将前两种方案结合起来，从而既能在低SNR下获得较好的译码性能，又能有效地消除PCCC的误码平台，称为混合级联卷积码。综合串行和并行级联的方案很多，这里只给出两种常见的方案：一种是采用卷积码和SCCC并行级联的编码方案，如图7.1(c)所示；另一种是以卷积码为外码，以PCCC为内码的混合级联编码结构，如图7.1(d)所示。混合方案中由于涉及多个编码器，因此译码复杂度较高，在实际系统中较少使用。

7.2.1 PCCC 结构的 Turbo 码

我们主要讨论 PCCC 结构的 Turbo 码，为便于讨论，重画 PCCC 编码结构如图 7.2 所示。

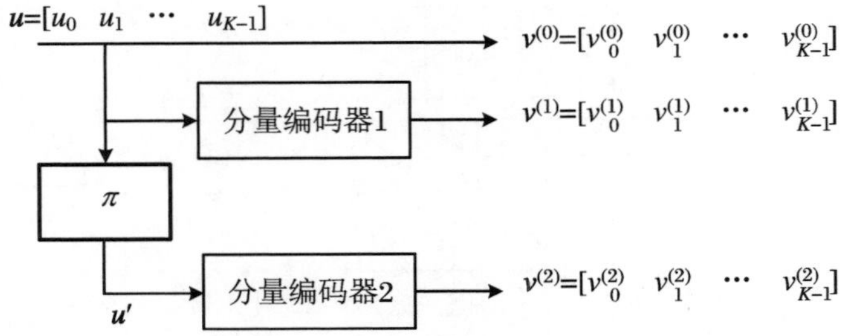

图 7.2 PCCC 编码器基本结构

编码器有两个分量编码器和一个交织器（用 π 表示），每个分量编码器都是一个（2，1，v）的系统反馈（递归）卷积编码器，其中分量编码器 2 的输入是信息序列 $\boldsymbol{u}$ 经过交织后的序列 $\boldsymbol{u}'$。输入信息序列 $\boldsymbol{u}$，包含 m 个信息比特以及 v 个结尾比特（以便第一个编码器能够返回到全 0 态，第二个编码器由于交织器的存在，不能返回到全 0 态），因此有 $K = m + v$，信息序列可表示为

$$\boldsymbol{u} = [u_0 \quad u_1 \quad \cdots \quad u_{K-1}] \tag{7.3}$$

由于编码器是系统的，因此第一个输出序列就等于信息序列，即

$$\boldsymbol{v}^{(0)} = [v_0^{(0)} \quad v_1^{(0)} \quad \cdots \quad v_{K-1}^{(0)}] = \boldsymbol{u} = [u_0 \quad u_1 \quad \cdots \quad u_{K-1}] \tag{7.4}$$

第一个编码器输出的校验序列为

$$\boldsymbol{v}^{(1)} = [v_0^{(1)} \quad v_1^{(1)} \quad \cdots \quad v_{K-1}^{(1)}] \tag{7.5}$$

交织器对 K 个比特进行扰序处理，得到交织后的序列 $\boldsymbol{u}'$，第二个编码器输出的校验序列为

$$\boldsymbol{v}^{(2)} = [v_0^{(2)} \quad v_1^{(2)} \quad \cdots \quad v_{K-1}^{(2)}] \tag{7.6}$$

从而最终的发送序列（码字）为

$$\boldsymbol{v} = [v_0^{(0)}v_0^{(1)}v_0^{(2)} \quad v_1^{(0)}v_1^{(1)}v_1^{(2)} \quad \cdots \quad v_{K-1}^{(0)}v_{K-1}^{(1)}v_{K-1}^{(2)}] \tag{7.7}$$

因此，对该编码器来说，码字长度 $N = 3K$，编码码率 $R = m/N = (K - v)/(3K)$，当 K 比较大时，R 约为 1/3。

7.2.2 穿刺矩阵

穿刺（puncturing）经常用一个矩阵表示，矩阵的第一列指明了当前时刻选择某些支路上的数据，矩阵的第二列指明了下一时刻的选择，依次类推。通过使用不同的穿刺矩阵，我们可改变编码码率，即实现由低码率向高码率的改变。假设输入序列为 $\boldsymbol{u} = [u_0 \quad u_1 \quad u_2 \quad u_3 \quad u_4 \quad u_5]$，分量编码器 1 输出的校验序列为 $\boldsymbol{v}^{(1)} = [v_0^{(1)} \quad v_1^{(1)} \quad v_2^{(1)} \quad v_3^{(1)} \quad v_4^{(1)} \quad v_5^{(1)}]$，分量编码器 2 输出的校验序列为 $\boldsymbol{v}^{(2)} = [v_0^{(2)} \quad v_1^{(2)} \quad v_2^{(2)} \quad v_3^{(2)} \quad v_4^{(2)} \quad v_5^{(2)}]$，如图 7.3 所示。

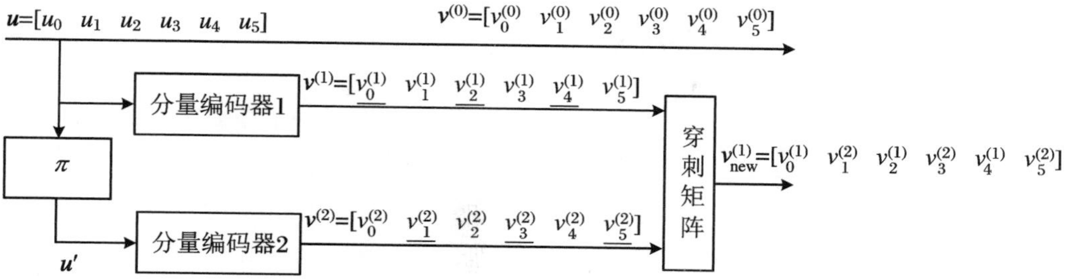

图 7.3　穿刺矩阵的作用

假设穿刺矩阵 $\boldsymbol{P}=\begin{bmatrix}1 & 0\\0 & 1\end{bmatrix}$,意味着第一个时刻取分量编码器 1 支路(上面支路)的值,第二个时刻取分量编码器 2 支路(下面支路)的值,所以两个校验序列 $\boldsymbol{v}^{(1)}$ 和 $\boldsymbol{v}^{(2)}$ 经过穿刺矩阵 $\boldsymbol{P}$ 后,依次取 $\boldsymbol{v}^{(1)}$ 序列中的 $v_0^{(1)}\to\boldsymbol{v}^{(2)}$ 序列中的 $v_1^{(2)}\to\boldsymbol{v}^{(1)}$ 序列中的 $v_2^{(1)}\to\boldsymbol{v}^{(2)}$ 序列中的 $v_3^{(2)}\to\boldsymbol{v}^{(1)}$ 序列中的 $v_4^{(1)}\to\boldsymbol{v}^{(2)}$ 序列中的 $v_5^{(2)}$,得到一个新的校验序列 $\boldsymbol{v}_{\text{new}}^{(1)}=[v_0^{(1)}\quad v_1^{(2)}\quad v_2^{(1)}\quad v_3^{(2)}\quad v_4^{(1)}\quad v_5^{(2)}]$,它与序列 $\boldsymbol{v}^{(0)}=[v_0^{(0)}\quad v_1^{(0)}\quad v_2^{(0)}\quad v_3^{(0)}\quad v_4^{(0)}\quad v_5^{(0)}]$ 一起就构成了一个编码码率 1/2 的编码,即输出序列为

$$\boldsymbol{v}=[v_0^{(0)}v_0^{(1)}\quad v_1^{(0)}v_1^{(2)}\quad v_2^{(0)}v_2^{(1)}\quad v_3^{(0)}v_3^{(2)}\quad v_4^{(0)}v_4^{(1)}\quad v_5^{(0)}v_5^{(2)}]$$

这样通过穿刺矩阵就实现了编码码率由 1/3 到 1/2 的改变。

假设穿刺矩阵 $\boldsymbol{P}=\begin{bmatrix}1 & 0\\1 & 1\end{bmatrix}$,意味着第一个时刻既取上面支路的值又取下面支路的值,第二个时刻仅取下面支路的值,如图 7.4 所示。

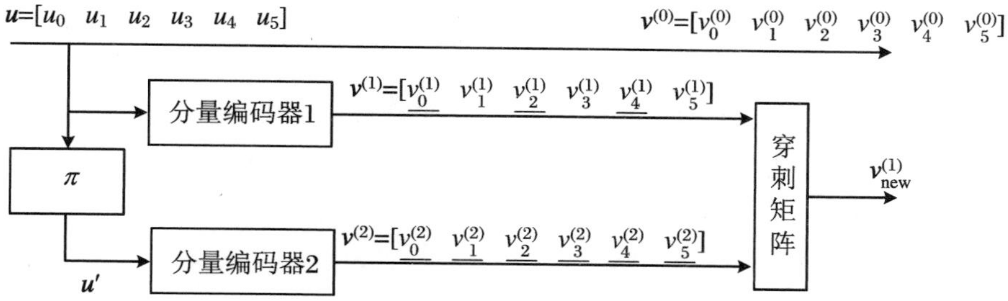

图 7.4　不同穿刺矩阵的作用

这样两个校验序列 $\boldsymbol{v}^{(1)}$ 和 $\boldsymbol{v}^{(2)}$ 经过穿刺矩阵 $\boldsymbol{P}$ 后,取值依次为:$\boldsymbol{v}^{(1)}$ 序列中的 $v_0^{(1)}$、$\boldsymbol{v}^{(2)}$ 序列中的 $v_0^{(2)}\to\boldsymbol{v}^{(2)}$ 序列中的 $v_1^{(2)}\to\boldsymbol{v}^{(1)}$ 序列中的 $v_2^{(1)}$、$\boldsymbol{v}^{(2)}$ 序列中的 $v_2^{(2)}\to\boldsymbol{v}^{(2)}$ 序列中的 $v_3^{(2)}\to\boldsymbol{v}^{(1)}$ 序列中的 $v_4^{(1)}$、$\boldsymbol{v}^{(2)}$ 序列中的 $v_4^{(2)}\to\boldsymbol{v}^{(2)}$ 序列中的 $v_5^{(2)}$,得到一个新的校验序列 $\boldsymbol{v}_{\text{new}}^{(1)}=[v_0^{(1)},v_0^{(2)}\quad v_1^{(2)}\quad v_2^{(1)},v_2^{(2)}\quad v_3^{(2)}\quad v_4^{(1)},v_4^{(2)}\quad v_5^{(2)}]$,它与序列

$$\boldsymbol{v}^{(0)}=[v_0^{(0)}\quad v_1^{(0)}\quad v_2^{(0)}\quad v_3^{(0)}\quad v_4^{(0)}\quad v_5^{(0)}]$$

一起构成的输出编码序列为

$$\boldsymbol{v}=[v_0^{(0)}v_0^{(1)}v_0^{(2)}\quad v_1^{(0)}v_1^{(2)}\quad v_2^{(0)}v_2^{(1)}v_2^{(2)}\quad v_3^{(0)}v_3^{(2)}\quad v_4^{(0)}v_4^{(1)}v_4^{(2)}\quad v_5^{(0)}v_5^{(2)}]$$

码长为 15,其中信息位为 6,编码码率为 6/15 = 2/5,这样通过穿刺矩阵就实现了编码码率由 1/3 到 2/5 的改变。类似地,我们可以改变穿刺矩阵的周期和图案,实现不同编码码率的改变。

上述穿刺矩阵仅作用于 Turbo 码的校验位，对于上一章讲述的卷积编码器，穿刺矩阵同样适用。比如图 6.1 所示的(2,1,2)的卷积码，$\boldsymbol{g}^{(1)}=[1\quad 1\quad 1]$，$\boldsymbol{g}^{(2)}=[1\quad 0\quad 1]$，这是一个编码码率为 1/2 的编码器。

如果在两个输出后面加上不同的穿刺矩阵，如图 7.5 所示，就可得到不同编码码率的卷积码。假设输入序列为 $\boldsymbol{u}=[u_0\quad u_1\quad u_2\quad u_3\quad u_4\quad u_5]$，两个支路输出分别为 $\boldsymbol{v}^{(1)}=[v_0^{(1)}\quad v_1^{(1)}\quad v_2^{(1)}\quad v_3^{(1)}\quad v_4^{(1)}\quad v_5^{(1)}]$，$\boldsymbol{v}^{(2)}=[v_0^{(2)}\quad v_1^{(2)}\quad v_2^{(2)}\quad v_3^{(2)}\quad v_4^{(2)}\quad v_5^{(2)}]$，若穿刺矩阵 $\boldsymbol{P}=\begin{bmatrix}1 & 1\\1 & 0\end{bmatrix}$，输出序列 $\boldsymbol{v}=[v_0^{(1)}v_0^{(2)}v_1^{(1)}\quad v_2^{(1)}v_2^{(2)}v_3^{(1)}\quad v_4^{(1)}v_4^{(2)}v_5^{(1)}]$，此时编码码率 $R=6/9=2/3$。当然，穿刺矩阵取为$\begin{bmatrix}1 & 0\\1 & 1\end{bmatrix}$，$\begin{bmatrix}1 & 1\\0 & 1\end{bmatrix}$等图案时均可得到编码码率为 2/3 的编码。

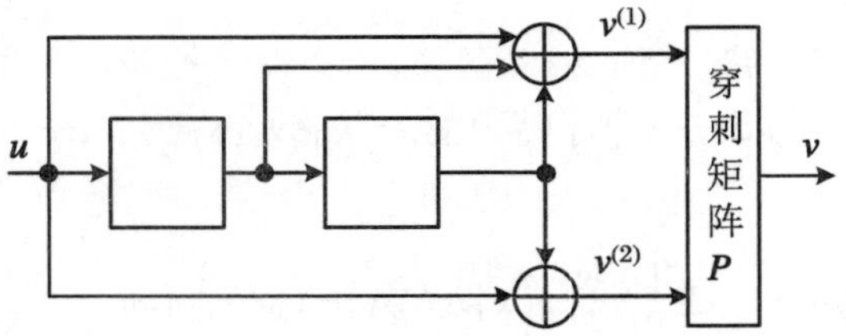

图 7.5　编码码率可变的卷积码

若穿刺矩阵 $\boldsymbol{P}=\begin{bmatrix}1 & 1 & 0\\1 & 0 & 1\end{bmatrix}$，输出序列 $\boldsymbol{v}=[v_0^{(1)}v_0^{(2)}v_1^{(1)}v_2^{(2)}\quad v_3^{(1)}v_3^{(2)}v_4^{(1)}v_5^{(2)}]$，此时就可得到编码码率 $R=6/8=3/4$ 的编码。类似的穿刺矩阵还有$\begin{bmatrix}1 & 0 & 1\\1 & 1 & 0\end{bmatrix}$，$\begin{bmatrix}0 & 1 & 1\\1 & 1 & 0\end{bmatrix}$，$\begin{bmatrix}0 & 1 & 1\\1 & 0 & 1\end{bmatrix}$等图案。

7.2.3　交织器

Turbo 码系统中交织器的作用是减少校验比特之间的相关性，进而在迭代译码过程中降低误比特率。

设计性能较好交织器的基本原则如下：

· 通过增加交织器的长度，可以使译码性能得到提高，好的交织器可使码字的自由距离随交织长度增加而增加，即提供一定的交织器距离。

· 交织器应该使输入序列尽可能地随机化，从而避免编码生成低重量码字的信息序列在交织后编码仍旧生成低重量码字，导致 Turbo 码的自由距离减小。

交织长度与码重参数是交织器设计时的两个重要参数，但它们之间还没有找到定量的关系式，一般都是采用计算机仿真的方法来搜索出较满意的交织器。

从信息论的角度看，在 Turbo 码编码器中引入交织器的目的是实现随机性编码，但是对于长度有限的输入信息序列，在交织长度有限的实际情况下，实现完全随机编码是不可能的。交织长度越短，随机性越差，这时采用确定规则设计的交织器可以得到比伪随机交织器更好的性能。而当交织长度较大时，伪随机交织器或者满足一定距离属性要求的随机交织器可以获得比较好的性能。

根据不同的设计思想，交织器大致可分为两类：规则交织器和随机交织器。规则交织器通常按照一定的规则映射来实现交织，通常比较容易实现。

无论哪种交织器，我们希望它具有下面的特性：

· 交织前后比特之间的距离增大。如果在原始序列中距离较近的信息比特经过交织能够增大一定的距离，则可以在一定程度上提高 Turbo 码的性能。

· 在穿刺 Turbo 码中，如果设计的交织器能够实现对系统比特的均匀保护，则有助于提高 Turbo 码的性能。

例如，交织器采用的方案是相邻比特调换位置，即原始信息序列中位于奇数位置的比特经过交织后在新序列的偶数位置出现，穿刺矩阵采用 $\boldsymbol{P}=\begin{bmatrix}1 & 0\\0 & 1\end{bmatrix}$，此时输出序列就只有奇数位置的校验比特，偶数位置的校验比特都没有出现，如图 7.6 所示，序列 $\boldsymbol{v}_{\text{new}}^{(1)}=[v_0^{(1)}\quad v_0^{(2)}\quad v_2^{(1)}\quad v_2^{(2)}\quad v_4^{(1)}\quad v_4^{(2)}]$中只有对信息比特 u_0，u_2 和 u_4 的校验比特，而没有信息比特 u_1，u_3 和 u_5 的校验比特，由于这些比特不能得到有效的保护，译码时出现错译的概率就会大大增加，降低了 Turbo 码的性能。

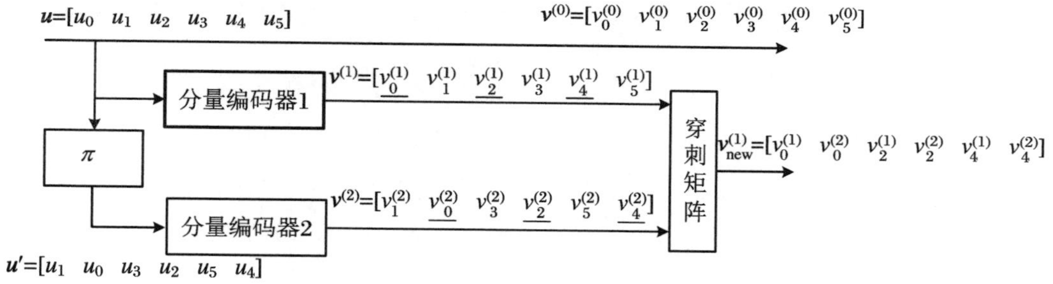

图 7.6　穿刺矩阵的作用

在 Turbo 码的编码器中引入交织器，那么在译码器中就必须有与其相对应的解交织器，即需要两个模块分别实现交织和解交织过程。如果设计的交织器满足对称特性，则交织器和解交织器就可以用相同的模块实现。

下面介绍四种简单的交织器：块交织器、循环移位交织器、分组螺旋交织器和伪随机交织器。

1. 块交织器

块交织器是最简单的一类交织器，如图 7.7 所示。其交织映射过程为：将数据序列按行写入 $m\times n$ 矩阵，然后按列的顺序读出，即完成交织。相应的解交织过程就是将交织后的数据按列的顺序写入，按行的顺序读出。

其交织映射算法为

$$I(i)=((i-1)\bmod(n))\cdot m+\lfloor(i-1)/n\rfloor+1,\quad i=1,2,\cdots,N \tag{7.8}$$

其中 $N=m\cdot n$ 表示交织长度，比如 $m=3$，$n=4$ 的块交织，如图 7.8 所示，当 $i=6$ 时，$I(i)=5$，表明新的次序在第 5 位；当 $i=8$ 时，$I(i)=11$，表明新的次序在第 11 位。原始信息序列为

$$[1 \quad 2 \quad 3 \quad 4 \quad 5 \quad 6 \quad 7 \quad 8 \quad 9 \quad 10 \quad 11 \quad 12]$$

交织后的新序列为

$$[1 \quad 5 \quad 9 \quad 2 \quad 6 \quad 10 \quad 3 \quad 7 \quad 11 \quad 4 \quad 8 \quad 12]$$

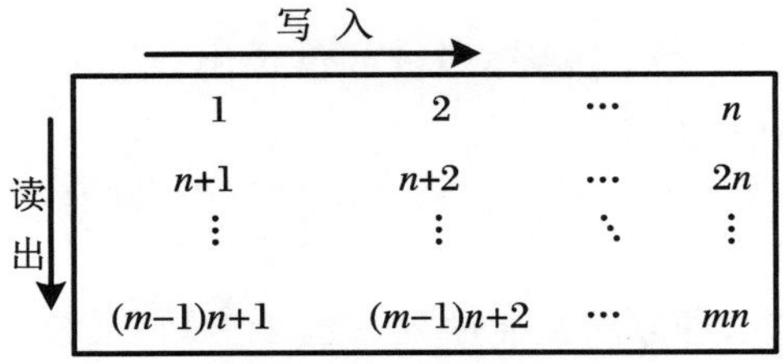

图 7.7　块交织器

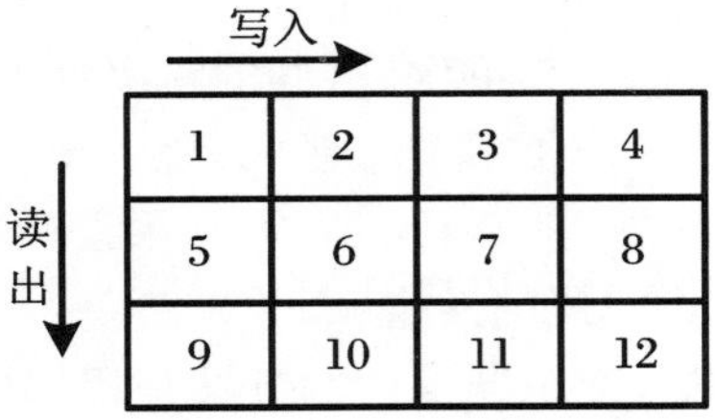

图 7.8　3×4 的块交织

2. 循环移位交织器

循环移位交织器的映射为

$$I(i) = (a \cdot i)\mathrm{mod}(N)$$

其中 a 是步长，为与交织长度 N 互素的正整数，且 $a \leqslant \lfloor \sqrt{2N} - 1 \rfloor$。步长 a 的值决定了原始信息序列中相邻比特经过交织后在新序列中的距离。例如图 7.9 中交织长度 $N = 192$，$a = 17$ 的循环移位交织器的输入输出位置。

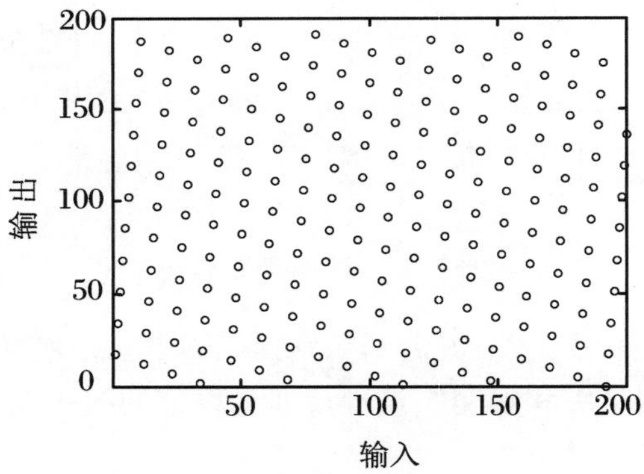

图 7.9　循环移位交织器

3. 分组螺旋交织器

分组螺旋交织器首先将数据序列按行的顺序写入 $m \times n$ 矩阵，其中 m 与 n 互素。在交织时，从矩阵的左上角开始向右下方读取数据，每向下一行同时右移一位（即行和列同时递增一位）。

在行的方向和列的方向分别对索引取模 m 和 n，即若令 r_i 和 c_i 分别表示第 i 个比特的行索引和列索引，则分组螺旋交织器的数据读取顺序为

$$\begin{cases} r_{i+1} = (r_i + 1)\mathrm{mod}(m) \\ c_{i+1} = (c_i + 1)\mathrm{mod}(n) \end{cases} \tag{7.9}$$

其中 $i = 0, 1, \cdots, N-1$，$N = m \cdot n$，初始值 $r_0 = 0$，$c_0 = 0$。例如当 $m = 4$，$n = 3$ 时，原始信息

序列为

$$[0\quad 1\quad 2\quad 3\quad 4\quad 5\quad 6\quad 7\quad 8\quad 9\quad 10\quad 11]$$

交织后的新序列为

$$[0\quad 4\quad 8\quad 9\quad 1\quad 5\quad 6\quad 10\quad 2\quad 3\quad 7\quad 11]$$

如图 7.10 所示。

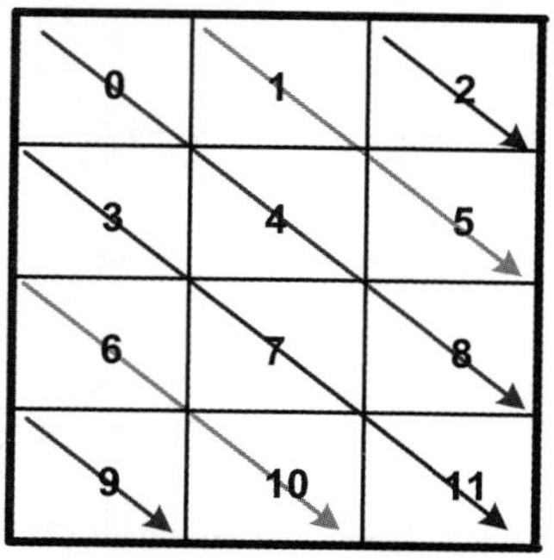

图 7.10　分组螺旋交织器

4. 伪随机交织器

伪随机交织器的交织过程可简单描述如下：若信息序列长度为 n，则首先产生 n 个随机数，然后对这 n 个随机数按大小排列，再将对应的信息与随机数相对应，得到交织后的信息序列。例如，在表 7.1 中对 $n=8$ 的信息序列进行伪随机交织。

表 7.1　伪随机交织举例

长度为 8 的信息序列	相应的 8 个随机数	对随机数按从小到大排列	交织后的信息序列
D_1	0.4	0.1	D_3
D_2	0.7	0.2	D_7
D_3	0.1	0.3	D_5
D_4	0.5	0.4	D_1
D_5	0.3	0.5	D_4
D_6	0.8	0.6	D_8
D_7	0.2	0.7	D_2
D_8	0.6	0.8	D_6

例 7.1　一个信息序列 $\boldsymbol{u}=[u_0\quad u_1\quad u_2\quad u_3\quad u_4\quad u_5\quad u_6\quad u_7]$先经过如图 7.7 所示的块交织($m=2,n=4$)，再进行如表 7.1 所示的随机交织，求交织后的序列 $\boldsymbol{u}'$。

解　信息序列经过 2×4 的块交织后，变为$[u_0\quad u_2\quad u_4\quad u_6\quad u_1\quad u_3\quad u_5\quad u_7]$，再经过随机交织器，序列为 $\boldsymbol{u}'=[u_4\quad u_5\quad u_1\quad u_0\quad u_6\quad u_7\quad u_2\quad u_3]$。

7.2.4　Turbo 码设计时的注意事项

对于 Turbo 码来说，需要注意以下几点：

(1) 为了得到靠近 Shannon 限的系统性能，信息分组长度(交织器大小)K 一般比较大，通常为几千比特。

(2) 一般选择结构相同，且约束长度较短，通常 $v \leqslant 4$ 的分量码。

(3) 递归分量码(由系统反馈编码器产生)会比非递归分量码(前馈编码器)有更好的性能。

(4) 高码率可通过穿刺矩阵产生，如图 7.3 所示，可通过交替输出 $\boldsymbol{v}^{(1)}$ 和 $\boldsymbol{v}^{(2)}$ 得到 1/2 的编码码率。

(5) 通过增加分量码和交织器也可得到较低编码码率的 Turbo 码，如图 7.11 所示。

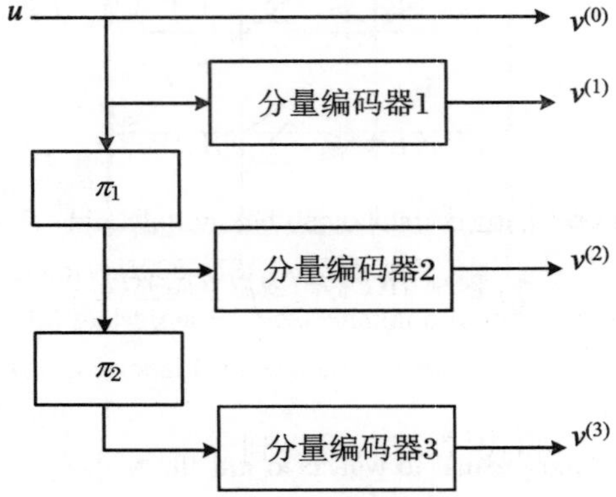

图 7.11 编码码率 $R=1/4$ 的 Turbo 码

(6) 最好的交织器能够对比特以伪随机的方式进行排序，传统的块交织器在 Turbo 码中性能不佳，除非数据块长度很短。

(7) 由于交织器只是对比特位置进行重新排序，因此，交织后的序列 $\boldsymbol{u}'$ 与原始序列 $\boldsymbol{u}$ 具有相同的重量。

(8) 对每个分量码来说，用最大后验概率(MAP)算法作为软输入软输出(SISO)译码器能够获得最好的性能，因为 MAP 译码器使用了前向-后向算法，信息是以数据块的形式进行的，因此，对第一个分量译码器来说，附加 v 个 0 比特能够让它返回到全 0 态；但对于第二个译码器来说，由于交织器的作用，将不能返回到全 0 态。

如图 7.12 所示的编码器，两个分量码都是(2,1,4)系统反馈编码器，具有相同的生成矩阵，为

$$\boldsymbol{G}(D)=[1 \quad (1+D^4)/(1+D+D^2+D^3+D^4)] \tag{7.10}$$

当穿刺矩阵 $\boldsymbol{P}=\begin{bmatrix}1 & 0\\0 & 1\end{bmatrix}$ 时，编码输出序列为 $\boldsymbol{v}=[v_0^{(0)}v_0^{(1)} \quad v_1^{(0)}v_1^{(2)} \quad \cdots]$，编码码率为 1/2。当信息序列长度 $K=65536$ 比特，采用软输入软输出最大后验概率译码算法，经过 18 次迭代后，在 0.7 dB 可以达到10^{-5}的误比特率，与 Shannon 限只相差 0.7 dB[2]。

Turbo 码有两个缺点：① 较大的译码时延，这是由于数据分组长度较长、译码需要多次迭代造成的，这对实时业务或高速数据的传输非常不利；② BER 在 10^{-5} 后会出现误码平台，这是 Turbo 码的重量分布造成的。对于某些对 BER 要求较高的应用就不适合，当然通过交织器的设计能够提供码字的最小距离，从而降低误码平台。

例7.2　(1) 已知一个(2,1,4)的系统反馈卷积码的生成矩阵多项式为

$$\boldsymbol{G}(D)=[1 \quad (1+D^4)/(1+D+D^2+D^3+D^4)]$$

当输入 $u(D)=1+D^5$ 时，计算输出编码序列。

(2) 假设Turbo码由如图7.12所示的两个编码器并联而成，交织图案为

$$\prod_{10}=[9 \quad 4 \quad 2 \quad 7 \quad 0 \quad 6 \quad 1 \quad 8 \quad 3 \quad 5]$$

当输入信息序列为 $\boldsymbol{u}=[1 \quad 1 \quad 0 \quad 0 \quad 1 \quad 0 \quad 1 \quad 0 \quad 1 \quad 1]$ 时，计算输出编码序列。

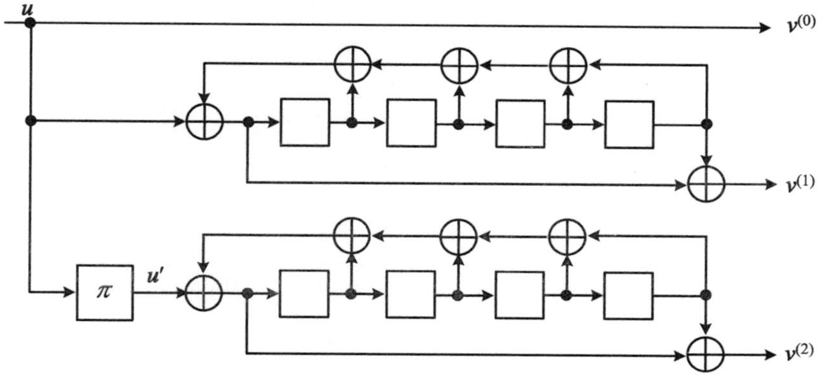

图7.12　由两个(2,1,4)分量码组成的Turbo码示例

(3) 在图7.12的 $\boldsymbol{v}^{(1)}$ 和 $\boldsymbol{v}^{(2)}$ 后面连接一个穿刺矩阵 $\boldsymbol{P}=\begin{bmatrix}0 & 1\\1 & 0\end{bmatrix}$，再次计算输出编码序列。

解　(1) 对于生成矩阵多项式为 $\boldsymbol{G}(D)=[1 \quad (1+D^4)/(1+D+D^2+D^3+D^4)]$ 的(2,1,4)系统反馈卷积码，其连接图为

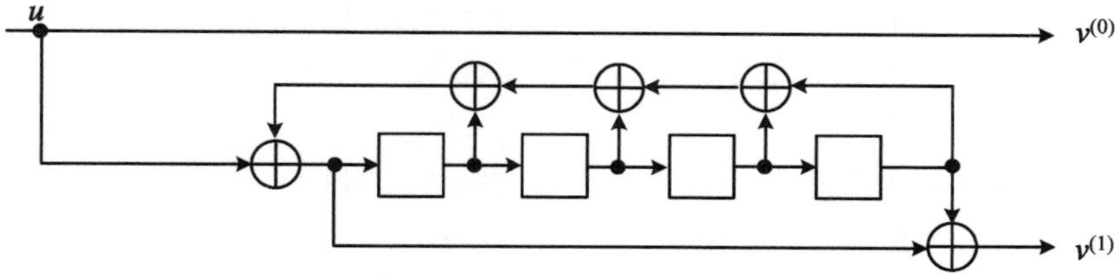

当输入

$$u(D)=1+D^5$$

$$v^{(0)}(D)=u(D)=1+D^5$$

$$v^{(1)}(D)=u(D)\cdot\frac{1+D^4}{1+D+D^2+D^3+D^4}=1+D+D^4+D^5$$

编码输出多项式为

$$\begin{aligned}v(D)&=v^{(0)}(D^2)+D\cdot v^{(1)}(D^2)=1+D^{10}+D\cdot(1+D^2+D^8+D^{10})\\&=1+D+D^3+D^9+D^{10}+D^{11}\end{aligned}$$

编码序列为[11　01　00　00　01　11]。

(2) 当输入信息序列 $\boldsymbol{u}=[1 \quad 1 \quad 0 \quad 0 \quad 1 \quad 0 \quad 1 \quad 0 \quad 1 \quad 1]$ 时，对应的信息多项式为

$$u(D) = 1 + D + D^4 + D^6 + D^8 + D^9$$

$$\begin{aligned} v^{(1)}(D) &= u(D) \cdot \frac{1 + D^4}{1 + D + D^2 + D^3 + D^4} \\ &= \frac{1 + D^2 + D^5 + D^7 + D^9 + D^{11} + D^{12} + D^{14}}{1 + D^5} \\ &= 1 + D^2 + D^9 + D^{11} + D^{12} + D^{16} + D^{17} + D^{21} + D^{22} + \cdots \end{aligned}$$

经过交织后变为 $\boldsymbol{u}'$,可得

$$\boldsymbol{u}' = [1 \quad 1 \quad 0 \quad 0 \quad 1 \quad 1 \quad 1 \quad 1 \quad 0 \quad 0]$$

对应的信息多项式为

$$u'(D) = 1 + D + D^4 + D^5 + D^6 + D^7$$

$$\begin{aligned} v^{(2)}(D) &= u'(D) \cdot \frac{1 + D^4}{1 + D + D^2 + D^3 + D^4} = \frac{1 + D^2 + D^6 + D^{12}}{1 + D^5} \\ &= 1 + D^2 + D^5 + D^6 + D^7 + D^{10} + D^{11} + D^{15} + D^{16} + D^{20} + D^{21} + \cdots \end{aligned}$$

这样,我们可知

$$\boldsymbol{v}^{(0)} = \boldsymbol{u} = [1 \quad 1 \quad 0 \quad 0 \quad 1 \quad 0 \quad 1 \quad 0 \quad 1 \quad 1]$$

$$\boldsymbol{v}^{(1)} = [1 \quad 0 \quad 1 \quad 0 \quad 0 \quad 0 \quad 0 \quad 0 \quad 0 \quad 1]$$

$$\boldsymbol{v}^{(2)} = [1 \quad 0 \quad 1 \quad 0 \quad 0 \quad 1 \quad 1 \quad 1 \quad 0 \quad 0]$$

注意:两个校验支路的输出本身是无穷尽的,只需取与 $\boldsymbol{v}^{(0)}$ 等长即可。

所以编码输出序列为

$$\boldsymbol{v} = [111 \quad 100 \quad 011 \quad 000 \quad 100 \quad 001 \quad 101 \quad 001 \quad 100 \quad 110]$$

(3) $\boldsymbol{v}^{(1)}$ 和 $\boldsymbol{v}^{(2)}$ 后面连接一个穿刺矩阵 $\boldsymbol{P} = \begin{bmatrix} 0 & 1 \\ 1 & 0 \end{bmatrix}$ 后,相应的校验序列为

$$\boldsymbol{v}'^{(1)} = [1 \quad 0 \quad 1 \quad 0 \quad 0 \quad 0 \quad 1 \quad 0 \quad 0 \quad 1]$$

与 $\boldsymbol{v}^{(0)} = \boldsymbol{u} = [1 \quad 1 \quad 0 \quad 0 \quad 1 \quad 0 \quad 1 \quad 0 \quad 1 \quad 1]$ 形成编码输出序列为

$$\boldsymbol{v} = [11 \quad 10 \quad 01 \quad 00 \quad 10 \quad 00 \quad 11 \quad 00 \quad 10 \quad 11]$$

可以看出穿刺后,编码码率由之前的 1/3 变为了 1/2。

7.2.5 Turbo 码的重量谱

例 7.3 考虑(2,1,4)非系统前馈卷积码,编码器生成矩阵为

$$\boldsymbol{G}(D) = [1 + D + D^2 + D^3 + D^4 \quad 1 + D^4]$$

该码的最小自由距离是 6,对应的输入信息序列为[1 1 0 …],即 $u(D) = 1 + D$。当然我们可以计算出输出序列多项式为

$$\begin{aligned} \boldsymbol{A}(D) &= u(D) \cdot [1 + D + D^2 + D^3 + D^4 \quad 1 + D^4] \\ &= (1 + D) \cdot [1 + D + D^2 + D^3 + D^4 \quad 1 + D^4] \\ &= [1 + D^5 \quad 1 + D + D^4 + D^5] \end{aligned}$$

如果该编码器转为系统反馈形式,如图 7.12 所示,生成矩阵为

$$\boldsymbol{G}_{\text{sys}}(D) = [1 \quad (1 + D^4)/(1 + D + D^2 + D^3 + D^4)] \tag{7.11}$$

从 $\boldsymbol{A}(D)$ 的计算式,我们可以简单推出 $\boldsymbol{G}_{\text{sys}}(D)$ 对应的 $u'(D)$,即

$$\boldsymbol{A}(D) = (1 + D) \cdot \frac{1 + D + D^2 + D^3 + D^4}{1 + D + D^2 + D^3 + D^4} \cdot [1 + D + D^2 + D^3 + D^4 \quad 1 + D^4]$$

$$= (1+D^5)\cdot\frac{[1+D+D^2+D^3+D^4 \quad 1+D^4]}{1+D+D^2+D^3+D^4}$$

$$= (1+D^5)\cdot \boldsymbol{G}_{\text{sys}}(D) = u'(D)\cdot \boldsymbol{G}_{\text{sys}}(D)$$

由于码是相同的，因此自由距离仍是 6，但在这种情况下，最小重量码字是由信息序列 $[1\quad 0\quad 0\quad 0\quad 0\quad 1\quad 0\quad 0\quad \cdots]$产生的，即 $u'(D)=1+D^5$。

可以看出，两个不同的编码器得到相同的码，但信息序列和码字之间的映射关系不同。

Turbo 码编码的对象是长度固定的数据序列，即在编码过程中首先将输入信息数据长度分成与交织长度相同的数据块，然后对每个数据块进行编码。如果 Turbo 码的分量码在数据序列编码结束时利用结尾比特使得网格图状态归零，则 Turbo 码可等效为一个分组码。

设每个编码器信息长度为 $m=K-4$，附加 4 个比特让编码器返回到全 0 态，此时，我们就可得到$(N,m)=(2K,K-4)$的分组码，编码码率为 $R=(K-4)/(2K)$，当 K 很大时，R 约等于 1/2。这个分组码含有 $K-5$ 个重量为 6 的码字，因为这些码字的信息序列可以从 $K-5$ 个任意位置开始，都可以得到相同的码字。类似的分析显示，对于重量为 7 及其他较低重量，码字数都很多。在表 7.2(a)里，给出了(32,12)码的所有重量谱，其中 $K=16$。

从表 7.2(a)中可以看出，除了全 0 码，码字的最小重量为 6，码重为 6 的码字数有 11 个。随着码重的增加，对应该重量的码字数也在增加，在重量为 16(数据块长度的一半)时达到峰值。同时也能看出，码重较小的码字数并不少，这也导致在低信噪比(SNR)下有相对较高的错误概率(较低的码重意味着纠错能力较差)。

通常，如果一个非结尾卷积码具有 A_d 个重量为 d 的码字，这些码字由信息序列集合 $\{u(D)\}$产生，则信息序列集合$\{D\cdot u(D)\}$也能产生 A_d 个重量为 d 的码字，依次类推，结尾卷积码本质上也具有相同的特性。换句话说，卷积码是时不变的，这个特性能够说明为什么在结尾卷积码中低重量码字数较多。

表 7.2　两个(32,12)码的重量谱

(a) 结尾卷积码		(b) 并行级联码	
重量	码字数	重量	码字数
0	1	0	1
1～4	0	1～4	0
5	0	5	1
6	11	6	4
7	12	7	8
8	23	8	16
9	38	9	30
10	61	10	73
11	126	11	144
12	200	12	210
13	332	13	308
14	425	14	404

续表

(a) 结尾卷积码		(b) 并行级联码	
重量	码字数	重量	码字数
15	502	15	496
16	545	16	571
17	520	17	558
18	491	18	478
19	346	19	352
20	212	20	222
21	132	21	123
22	68	22	64
23	38	23	24
24	11	24	4
25	2	25	4
26	0	26	1
27～32	0	27～32	0

当一个伪随机交织器用于产生一个并行级联码时，又会如何？

例 7.4 并行级联码的重量谱。

选用式(7.11)所示的系统反馈卷积编码器，输入序列长度 $K=16$，长度为 16 的交织图案为

$$\prod_{16}=[0\quad 8\quad 15\quad 9\quad 4\quad 7\quad 11\quad 5\quad 1\quad 3\quad 14\quad 6\quad 13\quad 12\quad 10\quad 2] \tag{7.12}$$

扰序后的输入序列用相同的校验生成器 $(1+D^4)/(1+D+D^2+D^3+D^4)$ 进行编码，因此会得到不同的校验序列。为了与前面的非系统前馈卷积编码器进行比较，我们用穿刺矩阵 $P=\begin{bmatrix}1 & 0\\ 0 & 1\end{bmatrix}$ 进行处理，这样同样会得到一个(32,12)的码，该码的重量谱如表 7.2(b)所示。观察(a)和(b)我们可以看出两者有明显的不同，自由距离由 6 减小到 5，但只有 1 个码字，更重要的是，重量为 6～9 的码字数明显减少了，这表示在并行级联码中，低重量码字向高重量码字偏移了，这种偏移称为谱细化(spectral thinning)。

例如，在图 7.12 中，输入信息序列重量为 2，其多项式为 $u(D)=1+D^5$，第一个校验支路的输出为

$$\begin{aligned} v^{(1)}(D) &= u(D)\cdot g^{(1)}(D) = (1+D^5)\cdot\left(\frac{1+D^4}{1+D+D^2+D^3+D^4}\right) \\ &= 1+D+D^4+D^5 \end{aligned} \tag{7.13}$$

而 $v^{(0)}(D)=u(D)=1+D^5$，所以单纯的(2,1,4)系统反馈卷积编码器的输出为

$$\begin{aligned} v(D) &= v^{(0)}(D^2)+Dv^{(1)}(D^2) \\ &= 1+D^{10}+D\cdot(1+D^2+D^8+D^{10}) \\ &= 1+D+D^3+D^9+D^{10}+D^{11} \end{aligned} \tag{7.14}$$

因此，没有交织器，结尾卷积码产生的码字重量为 6。

如果考虑将两个(2,1,4)卷积码并行，其中第二个校验支路的输入信息经过交织后(交织图案使用式(7.12))变为 $u'(D)=1+D^7$，则第二个校验支路的输出为

$$\begin{aligned} v^{(2)}(D) &= u'(D)\cdot g^{(2)}(D) = (1+D^7)\cdot\left(\frac{1+D^4}{1+D+D^2+D^3+D^4}\right) \\ &= 1+D+D^4+D^6+D^7+D^8+D^9+D^{13}+D^{14}+D^{18}+D^{19}+\cdots \end{aligned} \tag{7.15}$$

注意，虽然在 $v^{(2)}(D)$中有无穷输出，但只取前 16 个，即

$$v^{(2)}(D) = 1+D+D^4+D^6+D^7+D^8+D^9+D^{13}+D^{14} \tag{7.16}$$

用穿刺矩阵 $\boldsymbol{P}=\begin{bmatrix}1 & 0\\ 0 & 1\end{bmatrix}$对 $v^{(1)}(D)$(式(7.13)所示)和 $v^{(2)}(D)$(式(7.16)所示)进行穿刺，得到新的校验输出为

$$v_{\text{new}}^{(1)}(D) = 1+D+D^4+D^7+D^9+D^{13} \tag{7.17}$$

再与 $v^{(0)}(D)$形成编码序列，为

$$\begin{aligned} v(D) &= v^{(0)}(D^2)+Dv_{\text{new}}^{(1)}(D^2) \\ &= 1+D^{10}+D\cdot(1+D^2+D^8+D^{14}+D^{18}+D^{26}) \\ &= 1+D+D^3+D^9+D^{10}+D^{15}+D^{19}+D^{27} \end{aligned} \tag{7.18}$$

由此可见，经过交织后产生的码字重量为 8，比之前未交织情况下的码重增加了，这也意味着提高了码字的纠错性能。

值得注意的问题：

- 不同的交织器和穿刺矩阵会产生不同的结果；
- 谱细化对最小自由距离的影响很小，但能大大减少低重量码字的数目；
- 随着分组长度和交织器大小 K 的增加，并行级联卷积码的重量谱近似于一个随机分布。

由此可看出，交织器在 Turbo 码中起着关键的作用，传统的块交织在 Turbo 中并不适用，一定要做到伪随机化，这样构造出的码重量谱就近似于一个二项式分布，Shannon 曾证明，只有随机(二项式)重量分布的码是性能达到 Shannon 限的前提。式(7.12)的交织图案是通过算法

$$c_m \equiv \frac{km(m+1)}{2}(\text{mod } K),\quad 0\leqslant m<K \tag{7.19}$$

来产生的一个序号映射函数 $c_m \to c_{m+1(\text{mod } K)}$，其中 K 是交织器大小，k 是一个奇数。本例中，$K=16$，$k=1$，可得到

$$[c_0\quad c_1\quad \cdots\quad c_{15}] = [0\quad 1\quad 3\quad 6\quad 10\quad 15\quad 5\quad 12\quad 4\quad 13\quad 7\quad 2\quad 14\quad 11\quad 9\quad 8] \tag{7.20}$$

这意味着交织后序列 $\boldsymbol{u}'$中的序号 0(输入比特 u_0')与原始序列 $\boldsymbol{u}$ 中的序号 1 相对应(即 $u_0'=u_1$)，$\boldsymbol{u}'$中的序号 1 与 $\boldsymbol{u}$ 中的序号 3 相对应，形成如表 7.3 所示的映射关系。

表 7.3 交织映射关系

	c_0	c_1	c_2	c_3	c_4	c_5	c_6	c_7	c_8	c_9	c_{10}	c_{11}	c_{12}	c_{13}	c_{14}	c_{15}
$\boldsymbol{u}'$	0	1	3	6	10	15	5	12	4	13	7	2	14	11	9	8
$\boldsymbol{u}$	1	3	6	10	15	5	12	4	13	7	2	14	11	9	8	0

按照 $\boldsymbol{u}'$ 的升序[0 1 2 … 15]重新排列，所对应的 $\boldsymbol{u}$ 序列值就是交织图案：

$$\prod_{16} = [1\ \ 3\ \ 14\ \ 6\ \ 13\ \ 12\ \ 10\ \ 2\ \ 0\ \ 8\ \ 15\ \ 9\ \ 4\ \ 7\ \ 11\ \ 5] \tag{7.21}$$

该交织图案如果向右循环移动 8 位，就得到式(7.12)所示的交织图案。

7.3 Turbo 码的迭代译码

Turbo 码的迭代译码器结构[18]如图 7.13 所示(假设对应的编码器是编码码率 $R=1/3$、没有使用穿刺矩阵的并行级联卷积码)，它使用了两个软输入软输出(SISO)译码器(MAP 算法)。在 l 时刻，译码器从信道接收到三个值：一个对应着信息比特 $u_l=v_l^{(0)}$，用 $r_l^{(0)}$ 表示，其他两个对应着校验比特 $v_l^{(1)}$ 和 $v_l^{(2)}$，分别用 $r_l^{(1)}$ 和 $r_l^{(2)}$ 表示，这样接收到的向量 $\boldsymbol{r}$ 为

$$\boldsymbol{r} = [r_0^{(0)} r_0^{(1)} r_0^{(2)}\quad r_1^{(0)} r_1^{(1)} r_1^{(2)}\quad \cdots\quad r_{K-1}^{(0)} r_{K-1}^{(1)} r_{K-1}^{(2)}] \tag{7.22}$$

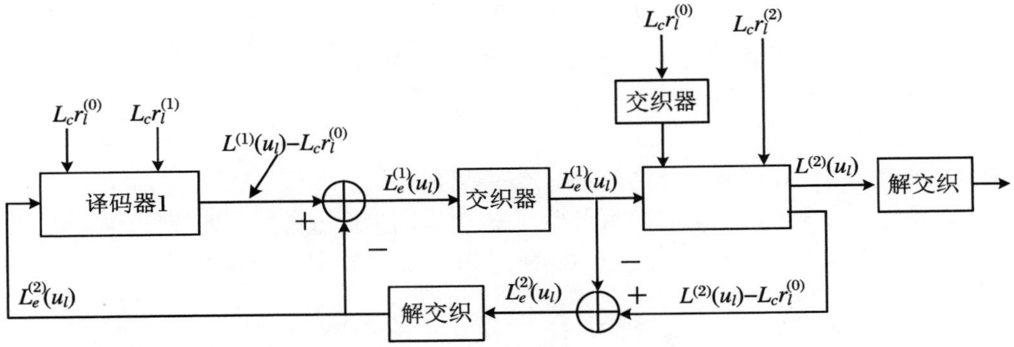

图 7.13 迭代译码器的基本结构

假设每个发送比特的映射关系为 1→+1 和 0→−1，经 AWGN 信道送给译码器。给定接收值 $r_l^{(0)}$，发送信息比特 u_l($u_l=v_l^{(0)}$)的对数似然值(L 值)定义为 $L(v_l^{(0)}\mid r_l^{(0)})=L(u_l\mid r_l^{(0)})$(译码前)：

$$\begin{aligned}
L(u_l\mid r_l^{(0)}) &= \ln\frac{p(u_l=+1\mid r_l^{(0)})}{p(u_l=-1\mid r_l^{(0)})} = \ln\frac{p(r_l^{(0)}\mid u_l=+1)p(u_l=+1)}{p(r_l^{(0)}\mid u_l=-1)p(u_l=-1)}\\
&= \ln\frac{p(r_l^{(0)}\mid u_l=+1)}{p(r_l^{(0)}\mid u_l=-1)} + \ln\frac{p(u_l=+1)}{p(u_l=-1)}\\
&\underline{\underline{\text{根据式(6.57)}}}\ln\frac{e^{-(E_s/N_0)(r_l^{(0)}-1)^2}}{e^{-(E_s/N_0)(r_l^{(0)}+1)^2}} + L_a(u_l)\\
&= -\frac{E_s}{N_0}((r_l^{(0)}-1)^2-(r_l^{(0)}+1)^2) + L_a(u_l)\\
&= 4\frac{E_s}{N_0}r_l^{(0)} + L_a(u_l)\\
&= L_c r_l^{(0)} + L_a(u_l)
\end{aligned} \tag{7.23}$$

其中 E_s/N_0 是信噪比，u_l 和 $r_l^{(0)}$ 都是用 $\sqrt{E_s}$ 归一化的，$L_c=4E_s/N_0$ 是信道可靠度因子，

$L_a(u_l)$是比特u_l的先验L值。在发送校验比特是$v_l^{(j)}$的情况下，给定接收到的值为$r_l^{(j)}$ $(j=1,2)$，L值（译码前）为

$$L(v_l^{(j)} \mid r_l^{(j)}) = L_c r_l^{(j)} + L_a(v_l^{(j)}) = L_c r_l^{(j)}, \quad j = 1,2 \tag{7.24}$$

因为在一个线性码中信息比特等概率，校验比特为 +1 和 −1 的概率也是相同的，因此校验比特的先验 L 值为 0，即

$$L_a(v_l^{(j)}) = \ln \frac{p(v_l^{(j)} = +1)}{p(v_l^{(j)} = -1)} = 0, \quad j = 1,2 \tag{7.25}$$

注意：对于译码器 1 的第一次迭代，$L_a(u_l)$等于 0，在后面的迭代过程中，信息比特的先验 L 值就被另一个译码器输出的外部L 值所取代。

接收到的信道 L 值（软信息）$L_c r_l^{(0)}$（对应于u_l）和$L_c r_l^{(1)}$（对应于$v_l^{(1)}$）进入译码器 1，交织后的信道 L 值（软信息）$L_c r_l^{(0)}$（对应于u_l）和$L_c r_l^{(2)}$（对应于$v_l^{(2)}$）进入译码器 2，译码器 1 的输出包括两项：

(1) 给定接收到的向量（部分）$\boldsymbol{r}_1 = [r_0^{(0)} r_0^{(1)} \quad r_1^{(0)} r_1^{(1)} \quad \cdots \quad r_{K-1}^{(0)} r_{K-1}^{(1)}]$以及先验输入向量 $\boldsymbol{L}_a^{(1)} = [L_a^{(1)}(u_0) \quad L_a^{(1)}(u_1) \quad \cdots \quad L_a^{(1)}(u_{K-1})]$，每个信息比特的后验 L 值（译码后）为 $L^{(1)}(u_l) = \ln \dfrac{p(u_l = +1 \mid \boldsymbol{r}_1, \boldsymbol{L}_a^{(1)})}{p(u_l = -1 \mid \boldsymbol{r}_1, \boldsymbol{L}_a^{(1)})}$。

(2) 与每个信息比特相关的外部后验概率值（译码后）$L_e^{(1)}(u_l) = L^{(1)}(u_l) - (L_c r_l^{(0)} + L_e^{(2)}(u_l))$，该信息经交织后送给译码器 2，作为先验值 $L_a^{(2)}(u_l)$。

同样地，译码器 2 的输出也包括两项：

(1) $L^{(2)}(u_l) = \ln \dfrac{p(u_l = +1 \mid \boldsymbol{r}_2, \boldsymbol{L}_a^{(2)})}{p(u_l = -1 \mid \boldsymbol{r}_2, \boldsymbol{L}_a^{(2)})}$，其中 $\boldsymbol{r}_2 = [r_0^{(0)} r_0^{(2)} \quad r_1^{(0)} r_1^{(2)} \quad \cdots \quad r_{K-1}^{(0)} r_{K-1}^{(2)}]$是（部分）接收向量，$\boldsymbol{L}_a^{(2)} = [L_a^{(2)}(u_0) \quad L_a^{(2)}(u_1) \quad \cdots \quad L_a^{(2)}(u_{K-1})]$是先验输入向量，是译码器 1 的外部信息 $L_e^{(1)}(u_l)$经过交织后的值。

(2) $L_e^{(2)}(u_l) = L^{(2)}(u_l) - (L_c r_l^{(0)} + L_e^{(1)}(u_l))$是译码器 2 产生的外部后验 L 值，经过解交织后，先验值 $L_a^{(1)}(u_l)$反馈作为译码器 1 的输入。

这样，每个译码器的输入包含三项：软信道 L 值$L_c r_l^{(0)}$，$L_c r_l^{(1)}$（或 $L_c r_l^{(2)}$）以及从另一个译码器传送的外部后验 L 值$L_e^{(2)}(u_l) = L_a^{(1)}(u_l)$（或 $L_e^{(1)}(u_l) = L_a^{(2)}(u_l)$）。注意：在译码器 1 初始迭代时，外部后验 L 值$L_e^{(2)}(u_l) = L_a^{(1)}(u_l)$就是初始先验 L 值$L_a(u_l)$（对于等概率信息比特，该值为 0），在译码器 1 的随后迭代中，先验 L 值$L_a^{(1)}(u_l)$就用接收到的外部后验 L 值$L_e^{(2)}(u_l)$（进行解交织处理后）代替；对于译码器 2，其第一次迭代和随后的迭代都是相同的，外部后验 L 值一直都是$L_e^{(1)}(u_l)$。

易于理解的简化迭代译码框图如图 7.14 所示。

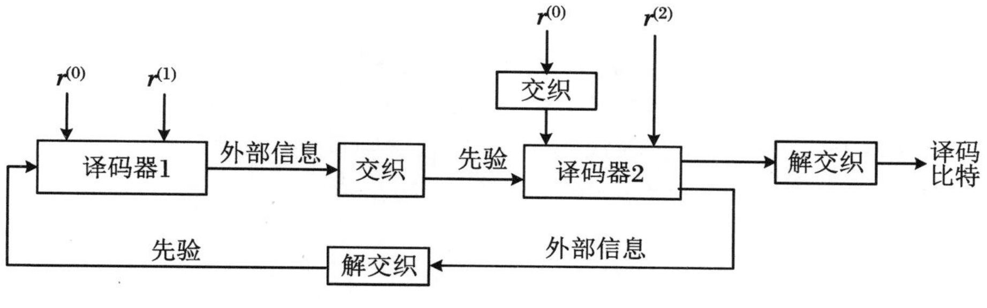

图 7.14　迭代译码的简框图

译码迭代的处理过程，是将每个译码器的外部 L 值传送给另一个译码器，形成一个涡轮(Turbo)的效果，如图 7.15 所示，使得译码结果越来越可靠。

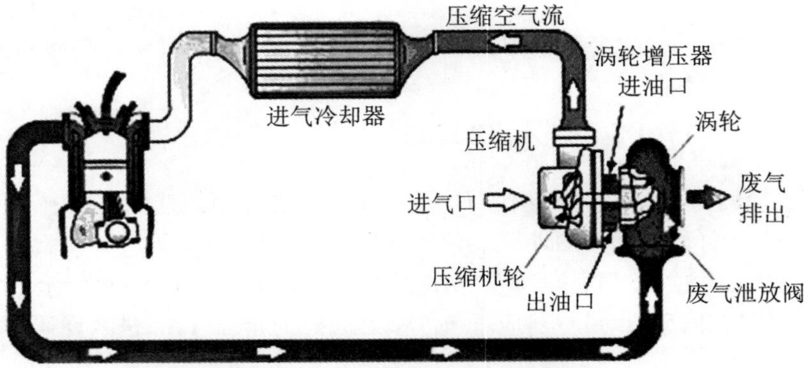

图 7.15 汽车发动机的 Turbo 结构

经过一定次数的迭代后，译码后的信息比特就从译码器 2 输出的后验 L 值 $L^{(2)}(u_l)$ 中判决得到，如果该 L 值为正，就判为 +1，否则就判为 −1。

例 7.5 使用 log-MAP 算法进行迭代译码。

考虑一个 PCCC 结构的 Turbo 码，它由两个(2,1,1)系统递归卷积码构成，如图 7.16(a)所示，生成矩阵为

$$\boldsymbol{G}(D) = [1 \quad 1/(1+D)] \tag{7.26}$$

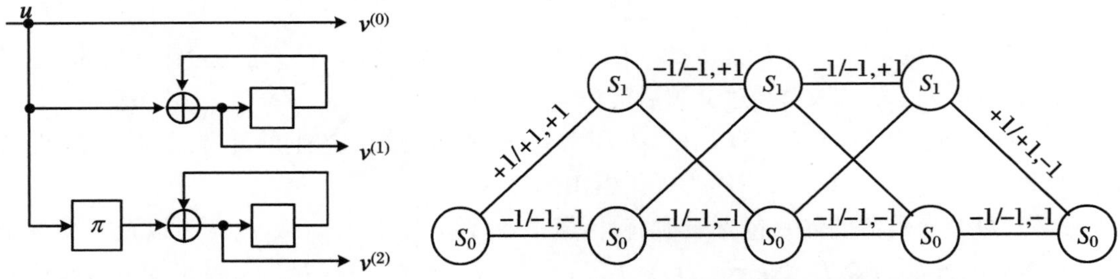

(a) Turbo编码器 (b) (2,1,1)分量码的译码网格图(K=4)

图 7.16

考虑输入序列长度为 $K=4$，包括一个结尾比特，这样就相当于一个(12,3)的码，编码码率 $R=1/4$。$K=4$ 的分量码的译码网格图如图 7.16(b)所示，其中的分支映射关系为 1→+1 和 0→−1。设输入数据块表示为 $\boldsymbol{u}=[u_0 \quad u_1 \quad u_2 \quad u_3]$，交织后的数据块表示为 $\boldsymbol{u}'=[u_0' \quad u_1' \quad u_2' \quad u_3']=[u_0 \quad u_2 \quad u_1 \quad u_3]$，第一个分量码的校验向量为 $\boldsymbol{v}^{(1)}=[v_0^{(1)} \quad v_1^{(1)} \quad v_2^{(1)} \quad v_3^{(1)}]$，第二个分量码的校验向量为 $\boldsymbol{v}^{(2)}=[v_0^{(2)} \quad v_1^{(2)} \quad v_2^{(2)} \quad v_3^{(2)}]$。我们可以将 12 个发送比特表示成一个阵列形式，如图 7.17(a)所示，其中输入向量 $\boldsymbol{u}$ 对应的校验向量 $\boldsymbol{v}^{(1)}$ 在前两行，交织后的输入向量 $\boldsymbol{u}'$ 对应的校验向量 $\boldsymbol{v}^{(2)}$ 在前两列。

给定 $\boldsymbol{u}=[-1 \quad +1 \quad -1 \quad +1]$，对应的校验向量 $\boldsymbol{v}^{(1)}=[-1 \quad +1 \quad +1 \quad -1]$和 $\boldsymbol{v}^{(2)}=[-1 \quad -1 \quad +1 \quad -1]$，如图 7.17(b)所示。假设信噪比 $E_s/N_0=1/4(-6.02\text{ dB})$，这样，接收向量 $\boldsymbol{r}=[r_0^{(0)}r_0^{(1)}r_0^{(2)} \quad r_1^{(0)}r_1^{(1)}r_1^{(2)} \quad r_2^{(0)}r_2^{(1)}r_2^{(2)} \quad r_3^{(0)}r_3^{(1)}r_3^{(2)}]$经过信道因子加权后的值(如图 7.17(c)所示)为

u_0	u_1	$v_0^{(1)}$	$v_1^{(1)}$
u_2	u_3	$v_2^{(1)}$	$v_3^{(1)}$
$v_0^{(2)}$	$v_2^{(2)}$		
$v_1^{(2)}$	$v_3^{(2)}$		

(a) (12,3)PCCC

−1	+1	−1	+1
−1	+1	+1	−1
−1	+1		
−1	−1		

(b) 编码后的值

+0.8	+1.0	+0.1	−0.5
−1.8	+1.6	+1.1	−1.6
−1.2	+0.2		
+1.2	−1.1		

(c) 接收到的L值

−0.32	−0.38
+0.77	+0.47

(d) 第一次行译码后的外部L值

−0.88	−0.69
+0.23	−0.04

(e) 第一次列译码后的外部L值

−0.40	−0.07
−0.80	+2.03

(f) 第一次行和列译码后的软输出L值

−0.01	−0.01
+0.43	+0.77

(g) 第二次行译码后的外部L值

−0.98	−0.81
+0.07	−0.21

(h) 第二次列译码后的外部L值

−0.19	+0.18
−1.30	+2.16

(i) 第二次行和列译码后的软输出L值

图 7.17　Turbo 码的迭代译码数值变化过程

$$L_c r_l^{(j)} = 4\frac{E_s}{N_0} r_l^{(j)} = r_l^{(j)}, \quad l = 0,1,2,3;\ j = 0,1,2 \tag{7.27}$$

在译码器 1 的第一次迭代中(行译码),应用 log-MAP 算法来计算每个输入比特的后验 L 值 $L^{(1)}(u_l)$,以及送给译码器 2 的外部后验 L 值 $L_e^{(1)}(u_l)$。类似地,在译码器 2 的第一次迭代中,log-MAP 算法用从译码器 1 收到的外部后验 L 值 $L_e^{(1)}(u_l)$来计算每个比特的后验 L 值 $L^{(2)}(u_l)$,以及送给译码器 1 的外部后验 L 值 $L_e^{(2)}(u_l)$,随后的译码就这样迭代进行。

在继续讨论这个例子之前,我们用 log-MAP 算法对后验 L 值 $L(u_l)$和外部后验 L 值 $L_e(u_l)$的一般式进行推导。为了简化表示,定义发送向量为 $\boldsymbol{w} = [\boldsymbol{w}_0\quad \boldsymbol{w}_1\quad \boldsymbol{w}_2\quad \boldsymbol{w}_3]$,其中 $\boldsymbol{w}_l = [u_l\quad v_l](l = 0,1,2,3)$,$u_l$ 是输入比特,v_l 是校验比特。类似地,接收到的向量表示为 $\boldsymbol{r} = [\boldsymbol{r}_0\quad \boldsymbol{r}_1\quad \boldsymbol{r}_2\quad \boldsymbol{r}_3]$,其中 $\boldsymbol{r}_l = (r_{u_l}, r_{v_l})(l = 0,1,2,3)$,$r_{u_l}$ 对应于发送的信息比特 u_l,r_{v_l} 对应于发送的校验比特 v_l,信息比特的后验 L 值可写为

$$L(u_l) = \ln\frac{p(u_l = +1 \mid \boldsymbol{r})}{p(u_l = -1 \mid \boldsymbol{r})} = \ln\frac{\sum\limits_{(s',s)\in\Sigma_l^+} p(s_l = s', s_{l+1} = s, \boldsymbol{r})}{\sum\limits_{(s',s)\in\Sigma_l^-} p(s_l = s', s_{l+1} = s, \boldsymbol{r})} \tag{7.28}$$

其中 Σ_l^+ 表示在 l 时刻状态为 $s_l = s'$,$l+1$ 时刻状态为 $s_{l+1} = s$,这种状态转移是由信息比特 $u_l = +1$ 所引起的,所有这些状态对的集合就构成 Σ_l^+。

$$p(s', s, r) = \mathrm{e}^{\alpha_l^*(s') + \gamma_l^*(s',s) + \beta_{l+1}^*(s)} \tag{7.29}$$

其中 $\alpha_l^*(s')$，$\gamma_l^*(s',s)$和 $\beta_{l+1}^*(s)$是 MAP 算法中 α，γ 和β 的对数域表达。

对一个连续输出 AWGN 信道，信噪比为 E_s/N_0，我们可得到

$$\text{分支度量}\quad \gamma_l^*(s',s) = \frac{u_l L_a(u_l)}{2} + \frac{L_c}{2}\boldsymbol{r}_l \cdot \boldsymbol{w}_l \tag{7.30a}$$

$$\text{前向度量}\quad \alpha_{l+1}^*(s) = \max\nolimits^*_{s'\in\sigma_l}(\gamma_l^*(s',s) + \alpha_l^*(s')) \tag{7.30b}$$

$$\text{后向度量}\quad \beta_l^*(s') = \max\nolimits^*_{s\in\sigma_{l+1}}(\gamma_l^*(s',s) + \beta_{l+1}^*(s)) \tag{7.30c}$$

初始条件为 $\alpha_0^*(S_0)=\beta_4^*(S_0)=0$，$\alpha_0^*(S_1)=\beta_4^*(S_1)=-\infty$。

分支度量进一步可写为

$$\gamma_l^*(s',s) = \frac{u_l L_a(u_l)}{2} + \frac{L_c}{2}(u_l r_{u_l} + v_l r_{v_l}) = \frac{u_l}{2}(L_a(u_l) + L_c r_{u_l}) + \frac{v_l}{2}L_c r_{v_l} \tag{7.31}$$

从图 7.16(b)可看出，为了确定比特 u_0 的后验 L 值，在式(7.28)中的每个和式只有 1 项，因为此时在网格图中只有 1 个 +1 和 −1 的比特转移，因此，比特 u_0 的后验 L 值可表示为

$$\begin{aligned}
L(u_0) &= \ln p(s'=S_0, s=S_1, \boldsymbol{r}) - \ln p(s'=S_0, s=S_0, \boldsymbol{r}) \\
&= (\alpha_0^*(S_0) + \gamma_0^*(S_0,S_1) + \beta_1^*(S_1)) - (\alpha_0^*(S_0) + \gamma_0^*(S_0,S_0) + \beta_1^*(S_0)) \\
&= \left(+\frac{1}{2}(L_a(u_0) + L_c r_{u_0}) + \frac{1}{2}L_c r_{v_0} + \beta_1^*(S_1)\right) \\
&\quad - \left(-\frac{1}{2}(L_a(u_0) + L_c r_{u_0}) - \frac{1}{2}L_c r_{v_0} + \beta_1^*(S_0)\right) \\
&= L_c r_{u_0} + L_a(u_0) + L_e(u_0)
\end{aligned} \tag{7.32a}$$

其中

$$L_e(u_0) = L_c r_{v_0} + \beta_1^*(S_1) - \beta_1^*(S_0) \tag{7.32b}$$

表示 u_0 的外部后验 L 值。式(7.32a)表明，u_0 的后验 L 值包括三部分：

$L_c r_{u_0}$：对应于比特 u_0 的经过信道因子加权后的值，是译码器输入的一部分。

$L_a(u_0)$：u_0 的先验 L 值，也是译码器输入的一部分。除了译码器 1 的第一次迭代，该项等于从另一个译码器输出接收到的 u_0 的外部后验 L 值(对于译码器 1 的第一次迭代，$L_a(u_0)=0$)。

$L_e(u_0)$：u_0 的外部后验 L 值，不依赖于 $L_c r_{u_0}$ 或 $L_a(u_0)$，该值送给另一个译码器作为先验输入。

类似地，我们可计算比特 u_1 的后验 L 值，从图 7.16(b)可看出，在式(7.28)中的每个和式都有 2 项，因为此时在网格图中有 2 个 +1 和 −1 的比特转移，因此，比特 u_1 的后验 L 值可表示为

$$\begin{aligned}
L(u_1) &= \ln(p(s'=S_0, s=S_1, \boldsymbol{r}) + p(s'=S_1, s=S_0, \boldsymbol{r})) \\
&\quad - \ln(p(s'=S_0, s=S_0, \boldsymbol{r}) + p(s'=S_1, s=S_1, \boldsymbol{r})) \\
&= \max{}^*((\alpha_1^*(S_0) + \gamma_1^*(S_0,S_1) + \beta_2^*(S_1)), (\alpha_1^*(S_1) + \gamma_1^*(S_1,S_0) + \beta_2^*(S_0))) \\
&\quad - \max{}^*((\alpha_1^*(S_0) + \gamma_1^*(S_0,S_0) + \beta_2^*(S_0)), (\alpha_1^*(S_1) + \gamma_1^*(S_1,S_1) + \beta_2^*(S_1))) \\
&= L_c r_{u_1} + L_a(u_1) + L_e(u_1)
\end{aligned} \tag{7.33a}$$

其中

$$L_e(u_1) = \max{}^*\left(\left(+\frac{1}{2}L_c r_{v_1} + \alpha_1^*(S_0) + \beta_2^*(S_1)\right), \left(-\frac{1}{2}L_c r_{v_1} + \alpha_1^*(S_1) + \beta_2^*(S_0)\right)\right)$$

$$-\max^*\left(\left(-\frac{1}{2}L_c r_{v_1}+\alpha_1^*(S_0)+\beta_2^*(S_0)\right),\left(+\frac{1}{2}L_c r_{v_1}+\alpha_1^*(S_1)+\beta_2^*(S_1)\right)\right) \tag{7.33b}$$

在上面的推导中，利用了等式$\max^*(z+x,z+y)=z+\max^*(x,y)$。

同样会得到 u_2 和 u_3 的后验 L 值：

$$L(u_2)=L_c r_{u_2}+L_a(u_2)+L_e(u_2) \tag{7.34a}$$

其中

$$L_e(u_2)=\max^*\left(\left(+\frac{1}{2}L_c r_{v_2}+\alpha_s^*(S_0)+\beta_3^*(S_1)\right),\left(-\frac{1}{2}L_c r_{v_2}+\alpha_2^*(S_1)+\beta_3^*(S_0)\right)\right)$$
$$-\max^*\left(\left(-\frac{1}{2}L_c r_{v_2}+\alpha_2^*(S_0)+\beta_3^*(S_0)\right),\left(+\frac{1}{2}L_c r_{v_2}+\alpha_2^*(S_1)+\beta_3^*(S_1)\right)\right) \tag{7.34b}$$

以及

$$L(u_3)=L_c r_{u_3}+L_a(u_3)+L_e(u_3) \tag{7.35a}$$

其中

$$L_e(u_3)=\left(-\frac{1}{2}L_c r_{v_3}+\alpha_3^*(S_1)+\beta_4^*(S_0)\right)-\left(-\frac{1}{2}L_c r_{v_3}+\alpha_3^*(S_0)+\beta_4^*(S_0)\right)$$
$$=\alpha_3^*(S_1)-\alpha_3^*(S_0) \tag{7.35b}$$

注意：接收到的校验信元 r_{v_3} 不会影响 $L_e(u_3)$，从图 7.16(b)可看出，在 $l=3$ 时刻两个分支 $v_3=0$，因此 r_{v_3} 没有携带任何有助于译码的信息。

在计算外部后验 L 值$L_e(u_l)$时，需要用到前向度量和后向度量。利用式(7.30)和式(7.31)，并对信息比特 L 值和校验比特L 值采用简化表示，即 $L_{u_l}\equiv L_c r_{u_l}+L_a(u_l)$和 $L_{v_l}\equiv L_c r_{v_l}$ $(l=0,1,2,3)$，可得到

$$a_1^*(S_0)=-\frac{1}{2}(L_{u_0}+L_{v_0}) \tag{7.36a}$$

$$a_1^*(S_1)=+\frac{1}{2}(L_{u_0}+L_{v_0}) \tag{7.36b}$$

$$a_2^*(S_0)=\max^*\left(\left(-\frac{1}{2}(L_{u_1}+L_{v_1})+a_1^*(S_0)\right),\left(+\frac{1}{2}(L_{u_1}-L_{v_1})+a_1^*(S_1)\right)\right) \tag{7.36c}$$

$$a_2^*(S_1)=\max^*\left(\left(+\frac{1}{2}(L_{u_1}+L_{v_1})+a_1^*(S_0)\right),\left(-\frac{1}{2}(L_{u_1}-L_{v_1})+a_1^*(S_1)\right)\right) \tag{7.36d}$$

$$a_3^*(S_0)=\max^*\left(\left(-\frac{1}{2}(L_{u_2}+L_{v_2})+a_2^*(S_0)\right),\left(+\frac{1}{2}(L_{u_2}-L_{v_2})+a_2^*(S_1)\right)\right) \tag{7.36e}$$

$$a_3^*(S_1)=\max^*\left(\left(+\frac{1}{2}(L_{u_2}+L_{v_2})+a_2^*(S_0)\right),\left(-\frac{1}{2}(L_{u_2}-L_{v_2})+a_2^*(S_1)\right)\right) \tag{7.36f}$$

$$\beta_3^*(S_0)=-\frac{1}{2}(L_{u_3}+L_{v_3}) \tag{7.36g}$$

$$\beta_3^*(S_1)=+\frac{1}{2}(L_{u_3}-L_{v_3}) \tag{7.36h}$$

$$\beta_2^*(S_0)=\max^*\left(\left(-\frac{1}{2}(L_{u_2}+L_{v_2})+\beta_3^*(S_0)\right),\left(+\frac{1}{2}(L_{u_2}+L_{v_2})+\beta_3^*(S_1)\right)\right) \tag{7.36i}$$

$$\beta_2^*(S_1) = \max^*\left(\left(+\frac{1}{2}(L_{u_2} - L_{v_2}) + \beta_3^*(S_0)\right), \left(-\frac{1}{2}(L_{u_2} - L_{v_2}) + \beta_3^*(S_1)\right)\right) \quad (7.36j)$$

$$\beta_1^*(S_0) = \max^*\left(\left(-\frac{1}{2}(L_{u_1} + L_{v_1}) + \beta_2^*(S_0)\right), \left(+\frac{1}{2}(L_{u_1} + L_{v_1}) + \beta_2^*(S_1)\right)\right) \quad (7.36k)$$

$$\beta_1^*(S_1) = \max^*\left(\left(+\frac{1}{2}(L_{u_1} - L_{v_1}) + \beta_2^*(S_0)\right), \left(-\frac{1}{2}(L_{u_1} - L_{v_1}) + \beta_2^*(S_1)\right)\right) \quad (7.36l)$$

对所有 l,校验比特的先验 L 值 $L_a(v_l)=0$,因为对于等概率信息比特的线性码,校验比特也是等概率的;而且,与信息比特不同,校验比特的 L 值不被迭代译码算法更新,即在整个译码过程中校验比特的 L 值保持不变。因此,$L_{v_l}=L_c r_{v_l}+L_a(v_l)=L_c r_{v_l}$。最后计算 u_l 的外部后验 L 值:

$$L_e(u_0) = L_{v_0} + \beta_1^*(S_1) - \beta_1^*(S_0) \quad (7.37a)$$

$$L_e(u_1) = \max^*\left(\left(+\frac{1}{2}L_{v_1} + \alpha_1^*(S_0) + \beta_2^*(S_1)\right), \left(-\frac{1}{2}L_{v_1} + \alpha_1^*(S_1) + \beta_2^*(S_0)\right)\right) - \max^*\left(\left(-\frac{1}{2}L_{v_1} + \alpha_1^*(S_0) + \beta_2^*(S_0)\right), \left(+\frac{1}{2}L_{v_1} + \alpha_1^*(S_1) + \beta_2^*(S_1)\right)\right) \quad (7.37b)$$

$$L_e(u_2) = \max^*\left(\left(+\frac{1}{2}L_{v_2} + \alpha_2^*(S_0) + \beta_3^*(S_1)\right), \left(-\frac{1}{2}L_{v_2} + \alpha_2^*(S_1) + \beta_3^*(S_0)\right)\right) - \max^*\left(\left(-\frac{1}{2}L_{v_2} + \alpha_2^*(S_0) + \beta_3^*(S_0)\right), \left(+\frac{1}{2}L_{v_2} + \alpha_2^*(S_1) + \beta_3^*(S_1)\right)\right) \quad (7.37c)$$

$$L_e(u_3) = \alpha_3^*(S_1) - \alpha_3^*(S_0) \quad (7.37d)$$

在计算外部 L 值 $L_e(u_l)$ 时,L_{u_l} 并没有在公式中出现,这表示比特 u_l 的外部 L 值不直接依赖于 u_l 的先验 L 值。

继续例 7.5。

设接收到的信道 L 值如图 7.17(c)所示,根据式(7.36)和式(7.37),可计算出外部后验 L 值。在译码器 1(行译码)对比特 u_0,u_1,u_2,u_3 进行第一次迭代译码时,考虑到在 L_{u_l} 中初始化先验 L 值为 0,从式(7.36)可得到

$$a_1^*(S_0) = -\frac{1}{2}(0.8 + 0.1) = -0.45 \quad (7.38a)$$

$$a_1^*(S_1) = +\frac{1}{2}(0.8 + 0.1) = +0.45 \quad (7.38b)$$

$$a_2^*(S_0) = \max^*\left(\left(-\frac{1}{2}(1.0 - 0.5) - 0.45\right), \left(+\frac{1}{2}(1.0 + 0.5) + 0.45\right)\right) = 1.34 \quad (7.38c)$$

$$a_2^*(S_1) = \max^*\left(\left(+\frac{1}{2}(1.0 - 0.5) - 0.45\right), \left(-\frac{1}{2}(1.0 + 0.5) + 0.45\right)\right) = 0.44 \quad (7.38d)$$

$$a_3^*(S_0) = \max^*\left(\left(-\frac{1}{2}(-1.8 + 1.1) + 1.34\right), \left(+\frac{1}{2}(-1.8 - 1.1) + 0.44\right)\right) = 1.76 \quad (7.38e)$$

$$a_3^*(S_1) = \max^*\left(\left(+\frac{1}{2}(-1.8 + 1.1) + 1.34\right), \left(-\frac{1}{2}(-1.8 - 1.1) + 0.44\right)\right) = 2.23 \quad (7.38f)$$

$$\beta_3^*(S_0)=-\frac{1}{2}(1.6-1.6)=0 \tag{7.38g}$$

$$\beta_3^*(S_1)=+\frac{1}{2}(1.6+1.6)=1.6 \tag{7.38h}$$

$$\beta_2^*(S_0)=\max{}^*\left(\left(-\frac{1}{2}(-1.8+1.1)+0\right),\left(+\frac{1}{2}(-1.8+1.1)+1.6\right)\right)=1.59 \tag{7.38i}$$

$$\beta_2^*(S_1)=\max{}^*\left(\left(+\frac{1}{2}(-1.8-1.1)+0\right),\left(-\frac{1}{2}(-1.8-1.1)+1.6\right)\right)=3.06 \tag{7.38j}$$

$$\beta_1^*(S_0)=\max{}^*\left(\left(-\frac{1}{2}(1.0-0.5)+1.59\right),\left(+\frac{1}{2}(1.0-0.5)+3.06\right)\right)=3.44 \tag{7.38k}$$

$$\beta_1^*(S_1)=\max{}^*\left(\left(+\frac{1}{2}(1.0+0.5)+1.59\right),\left(-\frac{1}{2}(1.0+0.5)+3.06\right)\right)=3.02 \tag{7.38l}$$

然后，根据式(7.37)，我们得到

$$L_e^{(1)}(u_0)=L_{v_0}+\beta_1^*(S_1)-\beta_1^*(S_0)=0.1+3.02-3.44=-0.32 \tag{7.39a}$$

$$\begin{aligned}L_e^{(1)}(u_1)&=\max{}^*\left(\left(+\frac{1}{2}L_{v_1}+\alpha_1^*(S_0)+\beta_2^*(S_1)\right),\left(-\frac{1}{2}L_{v_1}+\alpha_1^*(S_1)+\beta_2^*(S_0)\right)\right)\\&\quad-\max{}^*\left(\left(-\frac{1}{2}L_{v_1}+\alpha_1^*(S_0)+\beta_2^*(S_0)\right),\left(+\frac{1}{2}L_{v_0}+\alpha_1^*(S_1)+\beta_2^*(S_1)\right)\right)\\&=\max{}^*((-0.25-0.45+3.06),(0.25+0.45+1.59))\\&\quad-\max{}^*((0.25-0.45+1.59),(-0.25+0.45+3.06))\\&=-0.38\end{aligned} \tag{7.39b}$$

$$L_e^{(1)}(u_2)=+0.77 \tag{7.39c}$$

$$L_e^{(1)}(u_3)=+0.47 \tag{7.39d}$$

这些外部信息值经过行译码的第一次迭代后如图 7.17(d)所示。现在，使用这些外部后验 L 值作为译码器 2(列译码)的先验输入，就有 $L_{u_l}=L_c r_{u_l}+L_e^{(1)}(u_l)$，从式(7.36)得到

$$\alpha_1^*(S_0)=-\frac{1}{2}(0.8-0.32-1.2)=0.36 \tag{7.40a}$$

$$\alpha_1^*(S_1)=+\frac{1}{2}(0.8-0.32-1.2)=-0.36 \tag{7.40b}$$

$$\begin{aligned}\alpha_2^*(S_0)&=\max{}^*\left(\left(-\frac{1}{2}(-1.8+0.77+1.2)+0.36\right),\left(+\frac{1}{2}(-1.8+0.77-1.2)-0.36\right)\right)\\&=0.44\end{aligned} \tag{7.40c}$$

$$\begin{aligned}\alpha_2^*(S_1)&=\max{}^*\left(\left(+\frac{1}{2}(-1.8+0.77+1.2)+0.36\right),\left(-\frac{1}{2}(-1.8+0.77-1.2)-0.36\right)\right)\\&=1.31\end{aligned} \tag{7.40d}$$

$$\begin{aligned}\alpha_3^*(S_0)&=\max{}^*\left(\left(-\frac{1}{2}(1.0-0.38+0.2)+0.44\right),\left(+\frac{1}{2}(1.0-0.38-0.2)+1.31\right)\right)\\&=1.72\end{aligned} \tag{7.40e}$$

$$\alpha_3^*(S_1)=\max{}^*\left(\left(+\frac{1}{2}(1.0-0.38+0.2)+0.44\right),\left(-\frac{1}{2}(1.0-0.38-0.2)+1.31\right)\right)$$

$$= 1.68 \tag{7.40f}$$

$$\beta_3^*(S_0) = -\frac{1}{2}(1.6 + 0.47 - 1.1) = -0.485 \tag{7.40g}$$

$$\beta_3^*(S_1) = +\frac{1}{2}(1.6 + 0.47 + 1.1) = 1.585 \tag{7.40h}$$

$$\beta_2^*(S_0) = \max{}^*\left(\left(-\frac{1}{2}(1.0 - 0.38 + 0.2) - 0.485\right), \left(+\frac{1}{2}(1.0 - 0.38 + 0.2) + 1.585\right)\right)$$
$$= 2.05 \tag{7.40i}$$

$$\beta_2^*(S_1) = \max{}^*\left(\left(+\frac{1}{2}(1.0 - 0.38 - 0.2) - 0.485\right), \left(-\frac{1}{2}(1.0 - 0.38 - 0.2) + 1.585\right)\right)$$
$$= 1.55 \tag{7.40j}$$

$$\beta_1^*(S_0) = \max{}^*\left(\left(-\frac{1}{2}(-1.8 + 0.77 + 1.2) + 2.05\right), \left(+\frac{1}{2}(-1.8 + 0.77 + 1.2) + 1.55\right)\right)$$
$$= 2.51 \tag{7.40k}$$

$$\beta_1^*(S_1) = \max{}^*\left(\left(+\frac{1}{2}(-1.8 + 0.77 - 1.2) + 2.05\right), \left(-\frac{1}{2}(-1.8 + 0.77 - 1.2) + 1.55\right)\right)$$
$$= 2.83 \tag{7.40l}$$

需要注意的是,与式(7.38)相比,式(7.40)中的 u_1 和 u_2 要互相颠倒,因为经过交织后 $u_1' = u_2$ 和 $u_2' = u_1$。再根据式(7.37),可得到

$$L_e^{(2)}(u_0) = L_{p_0} + \beta_1^*(S_1) - \beta_1^*(S_0) = -1.2 + 2.83 - 2.51 = -0.88 \tag{7.41a}$$

$$L_e^{(2)}(u_2) = \max{}^*((0.6 + 0.36 + 1.55), (-0.6 - 0.36 + 2.05))$$
$$- \max{}^*((-0.6 + 0.36 + 2.05), (0.6 - 0.36 + 1.55))$$
$$= +0.23 \tag{7.41b}$$

$$L_e^{(2)}(u_1) = -0.69 \tag{7.41c}$$

$$L_e^{(2)}(u_3) = -0.04 \tag{7.41d}$$

(同样要注意 u_1 和 u_2 的位置问题。)

这些外部信息值经过列译码的第一次迭代后如图 7.17(e)所示。最后,4 个信息比特经过第一次完整的迭代译码后的后验 L 值为

$$L^{(2)}(u_0) = L_c r_{u_0} + L_a^{(2)}(u_0)(\text{译码器 1 输出的 } L_e^{(1)}(u_0)) + L_e^{(2)}(u_0)$$
$$= 0.8 - 0.32 - 0.88 = -0.4 \tag{7.42a}$$

$$L^{(2)}(u_2) = L_c r_{u_2} + L_a^{(2)}(u_2)(\text{译码器 1 输出的 } L_e^{(1)}(u_2)) + L_e^{(2)}(u_2)$$
$$= -1.8 + 0.77 + 0.23 = -0.8 \tag{7.42b}$$

$$L^{(2)}(u_1) = L_c r_{u_1} + L_a^{(2)}(u_1)(\text{译码器 1 输出的 } L_e^{(1)}(u_1)) + L_e^{(2)}(u_1)$$
$$= 1.0 - 0.38 - 0.69 = -0.07 \tag{7.42c}$$

$$L^{(2)}(u_3) = L_c r_{u_3} + L_a^{(2)}(u_3)(\text{译码器 1 输出的 } L_e^{(1)}(u_3)) + L_e^{(2)}(u_3)$$
$$= 1.6 + 0.47 - 0.04 = 2.03 \tag{7.42d}$$

结果如图 7.17(f)所示。如果此时进行判决,就会得到

$$\hat{u}_0 = -1, \quad \hat{u}_2 = -1, \quad \hat{u}_1 = -1 \tag{7.43}$$

注意:此时比特 u_1 就会被判决出错。

第二次迭代时,译码器 1 的先验 L 值 $L_a^{(1)}(u_l)$ 就是第一次迭代后译码器 2 输出的外部后验 L 值 $L_e^{(2)}(u_l)$,然后进行相同步骤的迭代译码过程,就会得到如图 7.17(g)～(i)所示的

值，经过 2 次迭代后，所有信息比特就会被正确译码。

7.4　Turbo 码的性能界

利用联合界知识，可知码字错误概率为

$$P_{\mathrm{w}}(E) \leqslant \sum_{(d_{\mathrm{free}} \leqslant d)} A_d P_d \tag{7.44}$$

比特错误概率

$$P_{\mathrm{b}}(E) \leqslant \sum_{(d_{\mathrm{free}} \leqslant d)} B_d P_d \tag{7.45}$$

在二值输入、连续输出 AWGN 信道下

$$P_d = Q\left(\sqrt{\frac{2dRE_{\mathrm{b}}}{N_0}}\right) \leqslant f\left(\frac{d_{\mathrm{free}} RE_{\mathrm{b}}}{N_0}\right) \mathrm{e}^{-\frac{dRE_{\mathrm{b}}}{N_0}} \tag{7.46}$$

其中 $f(x) = Q(\sqrt{2x})\mathrm{e}^x$。

将式(7.46)代入式(7.44)和式(7.45)，可得到

$$\begin{aligned} P_{\mathrm{w}}(E) &\leqslant f\left(\frac{d_{\mathrm{free}} RE_{\mathrm{b}}}{N_0}\right) \sum_{(d_{\mathrm{free}} \leqslant d)} A_d \left(\mathrm{e}^{-RE_{\mathrm{b}}/N_0}\right)^d \\ &= f\left(\frac{d_{\mathrm{free}} RE_{\mathrm{b}}}{N_0}\right) \cdot X = \mathrm{e}^{-RE_{\mathrm{b}}/N_0} \end{aligned} \tag{7.47}$$

$$\begin{aligned} P_{\mathrm{b}}(E) &\leqslant f\left(\frac{d_{\mathrm{free}} RE_{\mathrm{b}}}{N_0}\right) \sum_{(d_{\mathrm{free}} \leqslant d)} B_d \left(\mathrm{e}^{-RE_{\mathrm{b}}/N_0}\right)^d \\ &= f\left(\frac{d_{\mathrm{free}} RE_{\mathrm{b}}}{N_0}\right) \cdot X = \mathrm{e}^{-RE_{\mathrm{b}}/N_0} \end{aligned} \tag{7.48}$$

因此，为了得到 Turbo 码的性能界，我们需要知道自由距离 d_{free}、码字 WEF $A(X)$ 和比特 WEF $B(X)$。

本章小结

本章我们学习了 Turbo 码的并行级联、串行级联以及混合级联结构，对并行级联结构中的穿刺矩阵和交织器进行了重点描述，分析了 Turbo 码的重量谱特性。对于 Turbo 码的迭代译码，在详细介绍其工作原理的基础上，通过举例给出了译码过程的具体步骤，最后对 Turbo 码的性能界进行了简单的描述。

习题

7.1　在如图 7.6 所示的非系统前馈卷积编码器中，当输入数据为

$$\boldsymbol{u} = [1\quad 0\quad 1\quad 1\quad 0\quad 1\quad 1]$$

穿刺矩阵为 $\boldsymbol{P}=\begin{bmatrix}0 & 1 & 1\\1 & 1 & 0\end{bmatrix}$时，求输出序列 $\boldsymbol{v}$。

7.2 把上题中的编码器改为系统反馈卷积编码器，作为 Turbo 码的分量码 1 和分量码 2，交织器为$\prod_{16}=[0\ \ 8\ \ 15\ \ 9\ \ 4\ \ 7\ \ 11\ \ 5\ \ 1\ \ 3\ \ 14\ \ 6\ \ 13\ \ 12\ \ 10\ \ 2]$。

(1) 画出 Turbo 码连接图；

(2) 当输入数据为 $\boldsymbol{u}=[1\ \ 0\ \ 1\ \ 1\ \ 0\ \ 1\ \ 1\ \ 1\ \ 0\ \ 0\ \ 1\ \ 0\ \ 0\ \ 1\ \ 0\ \ 1]$时，求输出序列 $\boldsymbol{v}^{(0)}, \boldsymbol{v}^{(1)}, \boldsymbol{v}^{(2)}$ 和 $\boldsymbol{v}$；

(3) 当穿刺矩阵为 $\boldsymbol{P}=\begin{bmatrix}0 & 1\\1 & 0\end{bmatrix}$时，再次计算 $\boldsymbol{v}$。

参考文献

[1] Wozencraft J, Kennedy R. Modulation and demodulation for probabilistic coding[J]. IEEE Transactions on Information Theory, 1996, 12(3): 291-297.

[2] Berrou C, Glavieux A, Thitimajshima P. Near Shannon limit error-correcting coding and decoding: Turbo-codes[C]. IEEE International Conference on Communications (ICC), Geneva, Switzerland, May 23-26, 1993: 1064-1070.

[3] Berrou C, Pyndiah R, Adde P, et al. An overview of Turbo codes and their applications[C]. 8th European Conference on Wireless Technology (ECWT 2005), Oct. 3-7, 2005, Paris, France: 1-9.

[4] Hagenauer J, Offer E, Papke L. Iterative decoding of binary block and convolutional codes[J]. IEEE Transactions on Information Theory, 1996, 42(3): 425-429.

[5] Benedetto S, Montorsi G. Unveiling Turbo codes: some results on parallel concatenated coding schemes[J]. IEEE Transactions on Information Theory, 1996, 42(2): 409-428.

[6] Divsalar D, Dolinar S, McEliece R, et al. Performance analysis of Turbo codes[C]. IEEE Military Communications Conference (MILCOM 95), Nov. 5-8, 1995, San Diego, USA: 91-96.

[7] Duman T, Salehi M. New performance bounds for Turbo codes[C]. IEEE Global Telecommunications Conference, Nov. 3-8, 1997, PHOENIX, USA: 634-638.

[8] Sason I, Shamai S. Improved upper bounds on the performance of parallel and serial concatenated Turbo codes via their ensemble distance spectrum[C]. 1998 IEEE International Symposium on Information Theory, Aug. 16-22, 1998, MIT, Cambridge, MA.

[9] Dolinar S, Divsalar D, Pollara F. Turbo code performance as a function of code block size[C]. 1998 IEEE International Symposium on Information Theory, Aug. 16-22, 1998, MIT, Cambridge, MA.

[10] Perez L, Seghers J, Costello D. A distance spectrum interpretation of Turbo codes[J]. IEEE Transactions on Information Theory, 1996, 42(6): 1698-1709.

[11] Ambroze A, Wade G, Tomlinson M. Turbo code tree and code performance[J]. Electronics Letters, 1998, 34(4): 353-354.

[12] Hall E, Wilson S. Stream-oriented Turbo codes[C]. 48th IEEE Vehicular Technology Conference, May 18-21, 1998, Ottawa, Canada: 71-75.

[13] Richardson T. Turbo-decoding from a geometric perspective[C]. 1998 IEEE International Symposium on Information Theory, Aug. 16-22, 1998, MIT, Cambridge, MA.

[14] Khandani A. Group structure of Turbo-codes[J]. Electronics Letters, 1998, 34(2): 168-169.

[15] Frey B, Kschischang F, Gulak P. Concurrent Turbo-decoding[C]. 1997 IEEE International Symposium on Information Theory, 29 June-4 July, 1997, Ulm, Germany.

[16] McEliece R, MacKay D, Cheng J. Turbo decoding as an instance of Pearl's "belief propagation" algorithm[J]. IEEE Journal on Selected Areas in Communications, 1998, 16(2): 140-152.

[17] Benedetto S, Montorsi G. Serial concatenation of interleaved codes: analytical performance bounds [C]. 1996 IEEE Global Telecommunications Conference, Nov. 18-28, 1996, London, UK.

[18] Lin S, Costello D J. Error control coding: fundamentals and applications [M]. 2nd ed. Upper Saddle River: Pearson Prentice Hall, 2004.

第 8 章　LDPC 码

本章首先学习了 LDPC 码的基本概念，描述了校验矩阵的几种构造方法，在此基础上对 LDPC 码的线性编码方法进行了阐述，最后给出了在不同的信道下的几种译码算法。

8.1　引　　言

低密度奇偶校验（LDPC）码是 Gallager 1962 年提出的[1]，它是一种具有稀疏校验矩阵特征的线性分组码。虽然 Gallager 证明了 LDPC 码是具有渐进特性的好码，但由于当时计算能力有限，大家普遍认为 LDPC 码的编译码复杂度过高，再者 Gallager 是基于随机方法而不是基于代数方法进行的码字构造，无法实际应用，因此 LDPC 码在很长一段时间内被忽视了。1981 年，Tanner 提出了 Tanner 图（也称为二分图）的概念[2]，可在图上直观地理解 LDPC 码的译码过程。1996 年，D. MacKay 和 R. Neal 推广了 Gallager 的概率迭代译码，论述了和积算法（也称置信传播（BP）算法）的详细方案[3]，极大地推动了 LDPC 码的发展。1997 年，M. Luby 等人提出非规则 LDPC 码[4-5]，证明了非规则码比规则码具有更优异的性能。

纵观信道编码的发展过程，其轨迹可以简单归纳为分组码→卷积码→分组码（这里按其结构将 Turbo 码也归入卷积码的范畴），如图 8.1 所示。其中 Turbo 码的出现以及迭代译码思想的引入使得信道编解码产生了前所未有的飞跃，但 Turbo 码之后卷积码却没有更大的发展，究其原因就是其没有完备的理论基础，使得人们不能给出其性能上严密的数学解释。

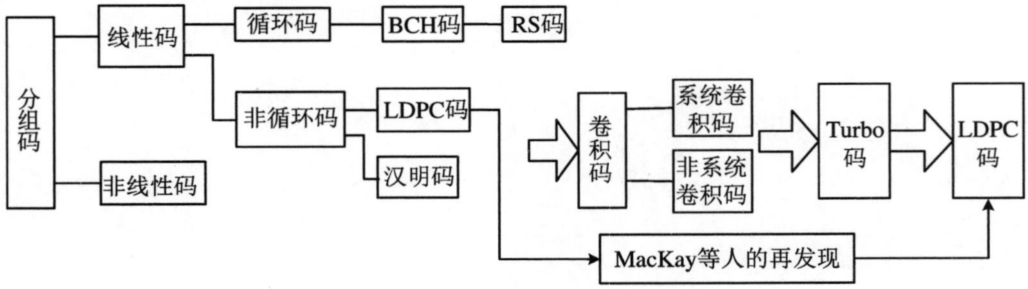

图 8.1　信道编码的发展轨迹

LDPC 码和传统线性分组码最大的区别在于它们的译码，分组码通常是最大似然译码，因此码长一般较短，并用代数方法设计使得复杂度较低。而 LDPC 码是迭代译码，校验矩阵用 Tanner 图表示，码长更长，围绕着校验矩阵 $\boldsymbol{H}$ 的特性进行设计是核心。

LDPC 码自身的矩阵结构引入了交织特性，且采用迭代译码的方法，使其性能相比以往的线性分组码有极大提升。由于其基本原理是基于最原始的线性分组码，因此它有强大的数学工具作为其理论依据，涵盖了图论、组合数学、概率论、矩阵论、代数、几何等方面，在通信的其他领域，我们很难再找到某个研究方向可以有如此深厚的理论基础与之媲美。

但理论上的完备性并不能使其直接应用于实际，因此从码字构造的方向来说，如何将 LDPC 码应用于实际工作才是最值得深入研究的。为了保证其物理可实现性，性能上就要有所妥协。

在编码方面，以准循环 LDCP 码（QC-LDPC 码）为例，为了降低硬件上的存储空间以及易于编码，就要以牺牲 LDPC 码先天的优势——交织特性为代价，这样便做出了性能与物理实现上的折中。但这种折中是有意义的，为 LDPC 码的实际应用开辟了道路。而且某些方法，可以使设计出的码字在易于存储实现的同时，还能保证一定的性能。

在译码方面，各种方法都可以归结为和积算法（SPA）的变形，都是在其基础上做出的改进，从而在保证译码性能前提下使译码器尽可能简单。相对于 Turbo 码，LDPC 码的译码迭代次数还是过高，这样在实际应用中的竞争力便大打折扣。于是，怎样在保证性能的前提下缩短译码时间也很重要。

8.2　LDPC 码的基本概念

LDPC 码是用一个稀疏的非系统的校验矩阵 $\boldsymbol{H}$ 定义的线性码[6-7]。

行重：$\boldsymbol{H}$ 矩阵每行中“1”的个数，其值远远小于 $\boldsymbol{H}$ 矩阵的列数。

列重：$\boldsymbol{H}$ 矩阵每列中“1”的个数。

LDPC 码可以按照 $\boldsymbol{H}$ 矩阵分为规则（regular）和非规则（irregular）两种。在规则 LDPC 码中，各行的行重一致，各列的列重一致，而行重或者列重不一致就称为非规则 LDPC 码。

在 LDPC 码 $m\times n$ 的校验矩阵 $\boldsymbol{H}$ 中，如果每列列重为 ω_c，每行行重为 ω_r，则称该校验矩阵是 (ω_c,ω_r) 规则的，所以有

$$m\cdot\omega_r = n\cdot\omega_c \tag{8.1}$$

其中 $\omega_c<\omega_r$。$\omega_c\ll m$ 和 $\omega_r\ll n$ 是为了保证低密度，即校验矩阵中“1”的个数远小于“0”的个数。

用这样的校验矩阵构造出的码字称为 (ω_c,ω_r) 规则的 (n,k) LDPC 码。注意：$m\geqslant n-k$，即矩阵 $\boldsymbol{H}$ 不一定是满秩的，这也意味着 $\boldsymbol{H}$ 矩阵中有线性相关的向量，换言之，我们能够知道线性不相关向量的个数，为

$$r = \mathrm{rank}(\boldsymbol{H}) = n-k \tag{8.2}$$

LDPC 码的 $\boldsymbol{H}$ 矩阵一般都是用非系统形式给出的，例如一个(2,4)规则的校验矩阵为

$$H=\begin{bmatrix}1&1&0&1&1&0\\1&0&1&0&1&1\\0&1&1&1&0&1\end{bmatrix} \tag{8.3}$$

在该校验矩阵 $\boldsymbol{H}$ 中,列重为 2、行重为 4,矩阵的秩为 2,所以能够构造出(2,4)规则的(6,4) LDPC 码。

同一般的线性分组码,编码码率计算为

$$R=\frac{k}{n}=\frac{n-\operatorname{rank}(\boldsymbol{H})}{n} \tag{8.4}$$

当 H 满秩时

$$\operatorname{rank}(\boldsymbol{H})=m \tag{8.5}$$

式(8.4)可写为

$$R=\frac{n-\operatorname{rank}(\boldsymbol{H})}{n}=\frac{n-m}{n}=1-\frac{m}{n}=1-\frac{\omega_c}{\omega_r} \tag{8.6}$$

对于一个非规则 LDPC 码,我们常用度分布(degree distribution)来描述它。在校验矩阵 $\boldsymbol{H}$ 中,列重为 i 的列数与总列数的比值为 v_i,行重为 j 的行数与总行数的比值 h_j,则 $\boldsymbol{v}=[v_1\quad v_2\quad \cdots]$ 和 $\boldsymbol{h}=[h_1\quad h_2\quad \cdots]$ 就是该码字的度分布。

例 8.1 在校验矩阵 $\boldsymbol{H}=\begin{bmatrix}1&1&0&1&0&0\\1&1&1&0&0&1\\0&1&1&0&1&0\end{bmatrix}$ 中,列重为 1 的列数是 3,列重为 2 的列数是 2,列重为 3 的列数是 1,矩阵的总列数为 6,计算可得 $v_1=1/2$,$v_2=1/3$,$v_3=1/6$,因此该码字的列度分布 $\boldsymbol{v}=[v_1\quad v_2\quad v_3]=\begin{bmatrix}\frac{1}{2}&\frac{1}{3}&\frac{1}{6}\end{bmatrix}$。同理计算可知,$h_3=2/3$,$h_4=1/3$,码字的行度分布 $\boldsymbol{h}=[h_3\quad h_4]=\begin{bmatrix}\frac{2}{3}&\frac{1}{3}\end{bmatrix}$。该校验矩阵秩为 3,可以构造(6,3)的非规则 LDPC 码。

这样,校验矩阵 $\boldsymbol{H}$ 的平均列重为 $\sum_i i\cdot v_i$,平均行重为 $\sum_j j\cdot h_j$,它们与矩阵总列数 n 和总行数 m 的内在关系可写为

$$n\left(\sum_i i\cdot v_i\right)=m\left(\sum_j j\cdot h_j\right) \tag{8.7}$$

满秩的非规则码的编码码率就可表示为

$$R=1-\frac{m}{n}=1-\frac{\sum_i i\cdot v_i}{\sum_j j\cdot h_j} \tag{8.8}$$

在上面的例子中,其编码码率为

$$R=1-\frac{1\times\frac{1}{2}+2\times\frac{1}{3}+3\times\frac{1}{6}}{3\times\frac{2}{3}+4\times\frac{1}{3}}=\frac{1}{2}$$

对于 $\boldsymbol{H}$ 不满秩但近似满秩的情况,式(8.6)和式(8.8)可进行近似处理:

$$R\approx 1-\frac{\omega_c}{\omega_r} \tag{8.9}$$

$$R \approx 1 - \frac{\sum_i i \cdot v_i}{\sum_j j \cdot h_j} \tag{8.10}$$

如果校验矩阵 $\boldsymbol{H}$ 中的每一列都是循环移位的，这样得到的码字就是循环 LDPC 码。例如

$$\boldsymbol{H} = \begin{bmatrix} 1 & 0 & 1 & 1 & 0 & 0 & 0 \\ 0 & 1 & 0 & 1 & 1 & 0 & 0 \\ 0 & 0 & 1 & 0 & 1 & 1 & 0 \\ 0 & 0 & 0 & 1 & 0 & 1 & 1 \\ 1 & 0 & 0 & 0 & 1 & 0 & 1 \\ 1 & 1 & 0 & 0 & 0 & 1 & 0 \\ 0 & 1 & 1 & 0 & 0 & 0 & 1 \end{bmatrix} \tag{8.11}$$

观察该 $\boldsymbol{H}$ 矩阵，可知它是一个(3,3)规则矩阵，且具有循环结构，该 $\boldsymbol{H}$ 矩阵的秩为 4，所以能够构造一个(7,3)循环 LDPC 码。

LDPC 码校验矩阵的行对应着校验方程（校验节点），列对应着传输的比特（比特节点），它们之间的关系可以用 Tanner 图来表示。Tanner 图的左边有 n 个节点，每个节点表示码字的比特，称为比特节点$\{x_j, j=1,2,\cdots,n\}$，对应于校验矩阵的各列，比特节点也称为变量节点。Tanner 图的右边有 m 个节点，每个节点表示码字的一个校验集，称为校验节点$\{r_i, i=1,2,\cdots,m\}$，代表校验方程，对应于校验节点的各行，校验节点也称为函数节点。与校验矩阵中“1”元素相对应的左、右两节点之间存在边连接，每个节点相连的边数称为该节点的度(degree)，每个比特节点与 x 个校验节点相连，该比特节点的度就为 x（即该比特节点所在列的列重）；每个校验节点与 y 个比特节点相连，该校验节点的度就为 y（即该校验节点所在行的行重）。注意：同类节点间没有边连接，Tanner 图中边的数量就等于校验矩阵 $\boldsymbol{H}$ 中“1”的数量。

例如式(8.3)所示的校验矩阵 $\boldsymbol{H}$ 对应的 Tanner 图如图 8.2 所示，每个比特节点的度为 2，每个校验节点的度为 4。

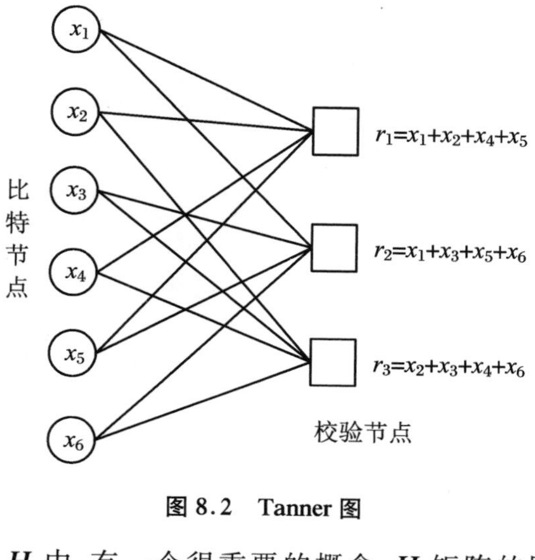

图 8.2　Tanner 图

LDPC 码校验矩阵 $\boldsymbol{H}$ 中，有一个很重要的概念：$\boldsymbol{H}$ 矩阵的围长(girth)，它指的是 Tanner 图中的最小循环数。

例如图 8.2 所示的校验矩阵中存在一个 4 循环,如图 8.3 中虚线所示。

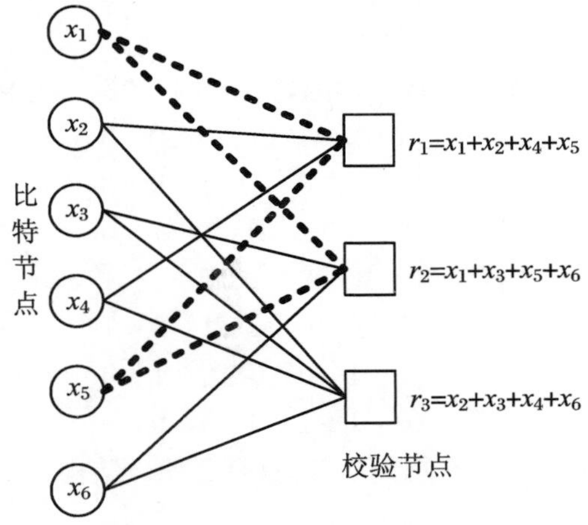

图 8.3 一个 4 循环的 Tanner 图表示

该 4 循环对应于校验矩阵 $\boldsymbol{H}$ 中的 4 个 1,如图 8.4 所示。

$$\boldsymbol{H}=\begin{bmatrix} \underline{1} & 1 & 0 & 1 & \underline{1} & 0 \\ \underline{1} & 0 & 1 & 0 & \underline{1} & 1 \\ 0 & 1 & 1 & 1 & 0 & 1 \end{bmatrix}$$

图 8.4 4 循环的矩阵表示

同理,对应于 6 循环的 Tanner 图以及校验矩阵分别如图 8.5 和图 8.6 所示。

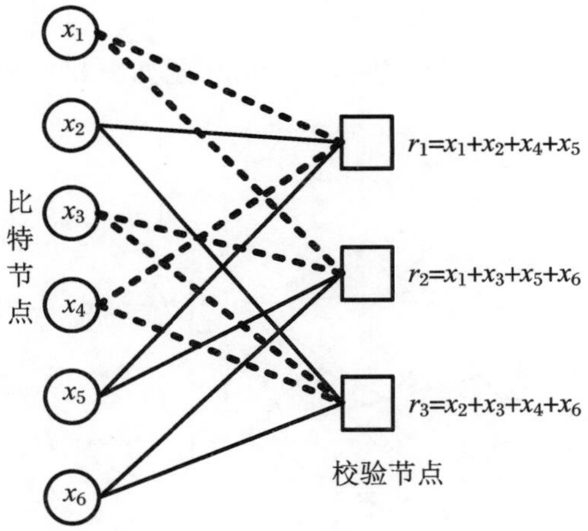

图 8.5 6 循环的 Tanner 图表示

通过观察可知,该校验矩阵最小的循环数为 4,即该 $\boldsymbol{H}$ 矩阵的围长为 4。

$$
\boldsymbol{H}=\begin{bmatrix} 1 & 1 & 0 & 1 & 1 & 0 \\ 1 & 0 & 1 & 0 & 1 & 1 \\ 0 & 1 & 1 & 1 & 0 & 1 \end{bmatrix}
$$

图 8.6　6 循环的矩阵表示

例如一个校验矩阵为

$$
\boldsymbol{H}=\begin{bmatrix} 1 & 1 & 0 & 1 & 0 & 0 \\ 0 & 1 & 1 & 0 & 1 & 0 \\ 1 & 0 & 0 & 0 & 1 & 1 \\ 0 & 0 & 1 & 1 & 0 & 1 \end{bmatrix}
$$

这是一个(2,3)规则矩阵,对应的 Tanner 图如图 8.7 所示,通过观察可知,该校验矩阵最小的循环数为 6,即该 $\boldsymbol{H}$ 矩阵的围长为 6。

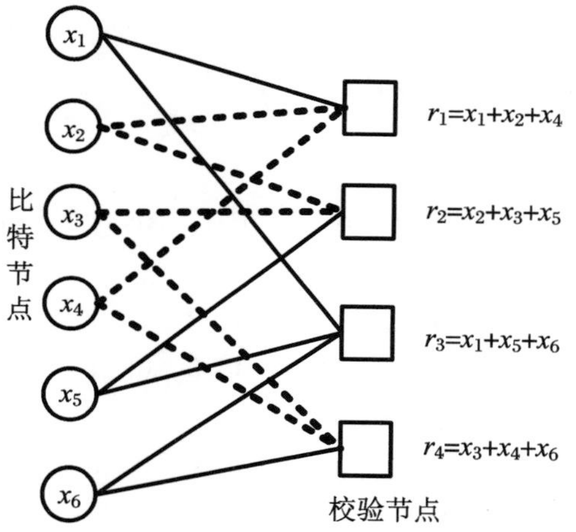

图 8.7　一个围长为 6 的校验矩阵的 Tanner 图

短循环对于译码性能的影响:在 LDPC 码的译码算法中,我们都假设传递的消息满足彼此独立的假设。当 $\boldsymbol{H}$ 矩阵中存在长度为 $2L$ 的环路时,这些消息只在前 L 轮迭代过程中满足独立性假设(注意:解码的迭代过程包括一次比特节点更新和一次校验节点更新),因此短循环的存在会影响 LDPC 码的解码性能。

另外简单的解释:例如图 8.3 所示校验矩阵 $\boldsymbol{H}$ 中存在的 4 循环,它对应的校验方程组为

$$
\begin{cases} r_1 = x_1 + x_2 + x_4 + x_5 \\ r_2 = x_1 + x_3 + x_5 + x_6 \end{cases} \tag{8.12}
$$

由于 4 循环的存在,我们可以看到,上面两个校验方程含有共同的比特节点 x_1 与 x_5,直观地说,如果这两个校验方程均出错,则我们无法确定 x_1 与 x_5 中究竟哪个出错,所以从这个角度也可以说明短循环对于性能带来的影响。

在用密度进化[8]等工具进行误码率性能分析时,需要根据校验矩阵 $\boldsymbol{H}$ 的度分布进行信息对数似然比(LLR)的概率密度函数(PDF)的迭代传递,规则码可由度分布常量(ω_c,ω_r)来表示,非规则码由度分布多项式来表示。度分布多项式可以有两个观察视角:一

个从边的角度,另一个从节点的角度。

1. 从边的视角进行分析

设 $\lambda(X)$ 表示比特节点的度分布多项式,$\rho(X)$ 表示校验节点的度分布多项式,则定义

$$\lambda(X) = \sum_{d=1}^{\omega_c} \lambda_d X^{d-1} \tag{8.13}$$

$$\rho(X) = \sum_{d=1}^{\omega_r} \rho_d X^{d-1} \tag{8.14}$$

其中 λ_d 表示与度为 d 的比特节点相连接的边数与总边数的比值,ρ_d 表示与度为 d 的校验节点相连接的边数与总边数的比值。很显然,对于正则 (ω_c, ω_r) $\boldsymbol{H}$ 矩阵,$\lambda(X) = X^{\omega_c - 1}$,$\rho(X) = X^{\omega_r - 1}$。

例如,对于式(8.3)所示的正则(2,4)校验矩阵 $\boldsymbol{H} = \begin{bmatrix} 1 & 1 & 0 & 1 & 1 & 0 \\ 1 & 0 & 1 & 0 & 1 & 1 \\ 0 & 1 & 1 & 1 & 0 & 1 \end{bmatrix}$,$\omega_c = 2$,$\omega_r = 4$,对应的比特节点度分布多项式为 $\lambda(X) = X$,对应的校验节点度分布多项式为 $\rho(X) = X^3$。

例 8.2 对于一个非正则的 $\boldsymbol{H}$ 矩阵,如

$$\boldsymbol{H} = \begin{bmatrix} 0 & 0 & 0 & 0 & 0 & 0 & 0 & 1 & 1 & 0 & 1 & 0 & 0 & 0 & 1 \\ 1 & 0 & 0 & 0 & 0 & 0 & 0 & 0 & 1 & 1 & 0 & 1 & 0 & 0 & 0 \\ 0 & 1 & 0 & 0 & 0 & 0 & 0 & 0 & 0 & 1 & 1 & 0 & 1 & 0 & 0 \\ 0 & 0 & 1 & 0 & 0 & 0 & 0 & 0 & 0 & 0 & 1 & 1 & 0 & 1 & 0 \\ 0 & 0 & 0 & 1 & 0 & 0 & 0 & 0 & 0 & 0 & 0 & 1 & 1 & 0 & 1 \\ 1 & 0 & 0 & 0 & 1 & 0 & 0 & 0 & 0 & 0 & 0 & 0 & 1 & 1 & 0 \\ 0 & 1 & 0 & 0 & 0 & 1 & 0 & 0 & 0 & 0 & 0 & 0 & 0 & 1 & 1 \\ 1 & 0 & 1 & 0 & 0 & 0 & 1 & 0 & 0 & 0 & 0 & 0 & 0 & 0 & 1 \end{bmatrix} \tag{8.15}$$

整个 $\boldsymbol{H}$ 矩阵中有 32 个 1,意味着全局有 32 个边,如图 8.8 所示。

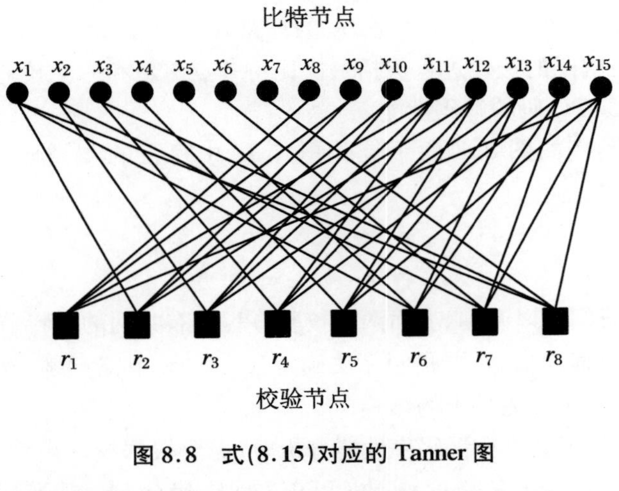

图 8.8 式(8.15)对应的 Tanner 图

- 有 5 个比特节点的度为 1,即有 5 个边与它们相连,$\lambda_1 = 5/32$;

- 有 4 个比特节点的度为 2，即有 $4\times2=8$ 个边与它们相连，$\lambda_2=8/32=1/4$；
- 有 5 个比特节点的度为 3，即有 $5\times3=15$ 个边与它们相连，$\lambda_3=15/32$；
- 有 1 个比特节点的度为 4，即有 4 个边与它相连，$\lambda_4=4/32=1/8$。

所以按照式(8.13)可得比特节点度分布多项式为

$$\lambda(X)=\frac{5}{32}+\frac{1}{4}X+\frac{15}{32}X^2+\frac{1}{8}X^3$$

由于所有校验节点的度都为 4，可知其度分布多项式为 $\rho(X)=X^3$。

设 Tanner 图中所有边的数量为 N_e，重量为 d 的比特节点的数量为 $N_x(d)$，重量为 d 的校验节点的数量为 $N_r(d)$，有

$$N_e=\frac{n}{\int_0^1\lambda(X)\mathrm{d}X}=\frac{m}{\int_0^1\rho(X)\mathrm{d}X} \tag{8.16}$$

$$N_x(d)=\frac{N_e\lambda_d}{d}=\frac{n\lambda_d/d}{\int_0^1\lambda(X)\mathrm{d}X} \tag{8.17}$$

$$N_r(d)=\frac{N_e\rho_d}{d}=\frac{m\rho_d/d}{\int_0^1\rho(X)\mathrm{d}X} \tag{8.18}$$

编码码率的下界为

$$R\geqslant1-\frac{m}{n}=1-\frac{\int_0^1\rho(X)\mathrm{d}X}{\int_0^1\lambda(X)\mathrm{d}X} \tag{8.19}$$

2. 从节点的视角进行分析

设 $\tilde{\lambda}(x)$表示比特节点的度分布多项式，$\tilde{\rho}(x)$表示校验节点的度分布多项式，则定义

$$\tilde{\lambda}(X)=\sum_{d=1}^{\omega_c}\tilde{\lambda}_dX^{d-1} \tag{8.20}$$

$$\tilde{\rho}(X)=\sum_{d=1}^{\omega_r}\tilde{\rho}_dX^{d-1} \tag{8.21}$$

其中 $\tilde{\lambda}_d$ 表示度为 d 的比特节点数目与总比特节点数目的比值，$\tilde{\rho}_d$ 表示度为 d 的校验节点数目与总校验节点数目的比值，计算为

$$\tilde{\lambda}_d=\frac{\lambda_d/d}{\int_0^1\lambda(X)\mathrm{d}X} \tag{8.22}$$

$$\tilde{\rho}_d=\frac{\rho_d/d}{\int_0^1\rho(X)\mathrm{d}X} \tag{8.23}$$

仍以图 8.8 的 Tanner 图为例，可知 $\tilde{\lambda}_1=1/3$，$\tilde{\lambda}_2=4/15$，$\tilde{\lambda}_3=1/3$，$\tilde{\lambda}_4=1/15$，所以比特节点度分布多项式为 $\tilde{\lambda}(X)=\frac{1}{3}+\frac{4}{15}X+\frac{1}{3}X^2+\frac{1}{15}X^3$。由于每个校验节点的度都为 4，$\tilde{\rho}_4=1$，校验节点的度分布多项式为 $\tilde{\rho}(X)=X^3$。

8.3 LDPC 码的编码

LDPC 码的构造方法通常可分为两大类:基于图论的方法和基于代数的方法。不同的构造方法都是为了实现以下几个目的:增大围长、优化非规则码的节点分布、减小编码复杂度、性能优异。

基于图论的构造方法又可分为两类:渐近边增长(Progressive Edge-Growth, PEG)[9-10]和基于原型图(Protograph,PTG)的方法[11]。

基于图论构造的 LDPC 码通常是随机或伪随机码,如 Gallager 构造法和 MacKay 构造法,这类码是在计算机搜索的辅助下构造的,参数选择灵活,但对于高码率、中短长度的 LDPC码用随机法进行构造,要避免短循环是困难的。它没有一定的码结构,编码复杂度高,很难实现较低的误码平台,于是人们考虑用代数法构造 LDPC 码。

基于代数构造的方法可分为三类:

(1) 基于循环置换矩阵的构造:主要针对 $\boldsymbol{H}$ 中指数矩阵的循环移位次数进行构造。

(2) 基于有限几何(包括欧氏几何和投影几何)的构造:利用有限几何中线和点所具有的某些特性来构造性能优异的码字。

(3) 基于组合设计的构造:基于均衡不完全区组设计(Balanced Incomplete Block Design,BIBD)等组合设计理论构造无短环的规则 LDPC 码。

代数 LDPC 码具有丰富的结构特性,大多是循环码或准循环码,这种结构有利于编解码器的实现,降低硬件复杂度。代数构造法对编码码率和码长的选择不够灵活,只能根据自身设计规则构造校验矩阵。

M. G. Luby 等人指出,非规则 $\boldsymbol{H}$ 矩阵构造的码字性能优于相应的规则 $\boldsymbol{H}$ 矩阵构造的码字。在寻找好的码结构方面,MacKay 等人提出:能快速编码的 LDPC 矩阵通常具有下三角形结构。T. J. Richardson 探讨了如何构造编码矩阵,使编码时间与码块长度实际上符合线性关系(线形时间编码),而非通常认为的平方关系。Y. Kou 和 S. Lin 等人探讨了基于有限几何学的 LDPC 码结构,S. Lin 研究团队的 B. Ammar 等人提出用均衡不完全区组设计方法构造好的 LDPC 码。

基于图论构造的随机或伪随机码主要考虑码的性能,在码长较长时,性能非常接近香农限。基于代数构造的循环或准循环码主要考虑编译码的复杂度,在码长比较短的时候更有优势。

LDPC 码属于线性分组码,利用其校验矩阵 $\boldsymbol{H}$ 可以得到生成矩阵 $\boldsymbol{G}$,从而可以得到整个码集合。校验矩阵 $\boldsymbol{H}$ 可以体现 LDPC 码的特点与性能,所以我们首先介绍 $\boldsymbol{H}$ 矩阵的构造方法。

8.3.1　校验矩阵 $\boldsymbol{H}$ 的构造方法

1．Gallager 的构造方法

Gallager 提出的校验矩阵 $\boldsymbol{H}$ 是(ω_c,ω_r)正则的，把 $m\times n$ 的 $\boldsymbol{H}$ 矩阵用带状结构定义，即 $\boldsymbol{H}$ 中每 m/ω_c（数值上也等于 n/ω_r）行划分为一个子矩阵，这样就有 ω_c 个子矩阵，每个子矩阵中每列的列重为 1。第一个子矩阵的第一行是 ω_r 个“1”后面加上 $n-\omega_r$ 个“0”，第 i 行中第 $(i-1)\omega_r+1$ 列到第 $i\omega_r$ 列为 1。

例如当 $n=20,\omega_c=3,\omega_r=4$ 时，第一个子矩阵如图 8.9 所示。

$$\overbrace{1\ 1\ 1\ 1}^{\omega_r=4\text{列}}$$

$$\left.\begin{matrix}
1&1&1&1&0&0&0&0&0&0&0&0&0&0&0&0&0&0&0&0\\
0&0&0&0&1&1&1&1&0&0&0&0&0&0&0&0&0&0&0&0\\
0&0&0&0&0&0&0&0&1&1&1&1&0&0&0&0&0&0&0&0\\
0&0&0&0&0&0&0&0&0&0&0&0&1&1&1&1&0&0&0&0\\
0&0&0&0&0&0&0&0&0&0&0&0&0&0&0&0&1&1&1&1
\end{matrix}\right\}\frac{m}{\omega_c}=\frac{n}{\omega_r}=5\text{行}$$

图 8.9　第一个子矩阵的构成

其他子矩阵是第一个子矩阵进行列交换得到的。如对图 8.9 的子矩阵进行列交换，可得图 8.10 所示的另一个子矩阵，当然这样的子矩阵有很多。

$$\left.\begin{matrix}
1&0&0&0&1&0&0&0&1&0&0&0&1&0&0&0&0&0&0&0\\
0&1&0&0&0&1&0&0&0&1&0&0&0&0&0&0&1&0&0&0\\
0&0&1&0&0&0&1&0&0&0&0&0&0&1&0&0&0&1&0&0\\
0&0&0&1&0&0&0&0&0&0&1&0&0&0&1&0&0&0&1&0\\
0&0&0&0&0&0&0&1&0&0&0&1&0&0&0&1&0&0&0&1
\end{matrix}\right\}\frac{m}{\omega_c}=\frac{n}{\omega_r}=5\text{行}$$

图 8.10　由第一个子矩阵列交换得到的子矩阵

这样，我们就可以得到一个 $m\times n$ 的(ω_c,ω_r)正则校验矩阵 $\boldsymbol{H}$，如图 8.11 所示。

这样构造出的正则校验矩阵必须满足以下条件：

- 每一行有 ω_r 个 1——满足行重要求；
- 每一列有 ω_c 个 1——满足列重要求；
- 任意两列具有共同 1 的个数不大于 1——满足围长大于 4（因为 4 循环的存在是最影响误码性能的）；
- ω_c 和 ω_r 分别与 $\boldsymbol{H}$ 矩阵中的列数和行数相比小得多——满足 $\boldsymbol{H}$ 矩阵的稀疏性。

设矩阵 $\boldsymbol{H}_0$ 为

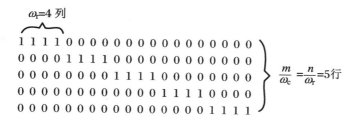

$$
\boldsymbol{H}_0 = \begin{bmatrix} \underbrace{1\,1\,\cdots\,1}_{\omega_r} & & & \\ & \underbrace{1\,1\,\cdots\,1}_{\omega_r} & & \\ & & \ddots & \\ & & & \underbrace{1\,1\,\cdots\,1}_{\omega_r} \end{bmatrix} \tag{8.24}
$$

$$
\boldsymbol{H} = \left[\begin{array}{cccccccccccccccccccc}
1&1&1&1&0&0&0&0&0&0&0&0&0&0&0&0&0&0&0&0\\
0&0&0&0&1&1&1&1&0&0&0&0&0&0&0&0&0&0&0&0\\
0&0&0&0&0&0&0&0&1&1&1&1&0&0&0&0&0&0&0&0\\
0&0&0&0&0&0&0&0&0&0&0&0&1&1&1&1&0&0&0&0\\
0&0&0&0&0&0&0&0&0&0&0&0&0&0&0&0&1&1&1&1\\
\hdashline
1&0&0&0&1&0&0&0&1&0&0&0&1&0&0&0&0&0&0&0\\
0&1&0&0&0&1&0&0&0&1&0&0&0&0&0&0&1&0&0&0\\
0&0&1&0&0&0&1&0&0&0&0&0&0&1&0&0&0&1&0&0\\
0&0&0&1&0&0&0&0&0&0&1&0&0&0&1&0&0&0&1&0\\
0&0&0&0&0&0&0&1&0&0&0&1&0&0&0&1&0&0&0&1\\
\hdashline
1&0&0&0&0&1&0&0&0&0&0&1&0&0&0&0&0&1&0&0\\
0&1&0&0&0&0&1&0&0&0&1&0&0&0&0&1&0&0&0&0\\
0&0&1&0&0&0&0&1&0&0&0&0&1&0&0&0&0&0&1&0\\
0&0&0&1&0&0&0&0&1&0&0&0&0&1&0&0&1&0&0&0\\
0&0&0&0&1&0&0&0&0&1&0&0&0&0&1&0&0&0&0&1
\end{array}\right]
$$

图 8.11 一个 15×20 的(3,4)正则校验矩阵 $\boldsymbol{H}$

利用 $\boldsymbol{H}_0$，我们可以通过列交换的方法得到 $m \times n$ 的(ω_c, ω_r)正则校验矩阵

$$
\boldsymbol{H} = \begin{bmatrix} \pi_1(\boldsymbol{H}_0) \\ \pi_2(\boldsymbol{H}_0) \\ \vdots \\ \pi_{\omega_c}(\boldsymbol{H}_0) \end{bmatrix} \tag{8.25}
$$

2. MacKay 的构造方法

在 Gallager 构造法的基础上，MacKay 构造法能够使校验矩阵中短环的数目减少，同时引入列重为 2 的列，这样更有利于译码。MacKay 提出了四种构造方法：1A，2A，1B 和 2B，其中 1A 是其他构造法的基础，这样能够保证校验矩阵没有 4 循环。

(1) 构造法 1A

这是一种基本的构造方法，每列具有固定的列重 ω_c。随机构造 $m \times n$ 的矩阵，使其平均行重为 ω_r，且任意两列具有共同 1 的个数不大于 1(保证不存在 4 循环)。构造矩阵如图 8.12 所示。

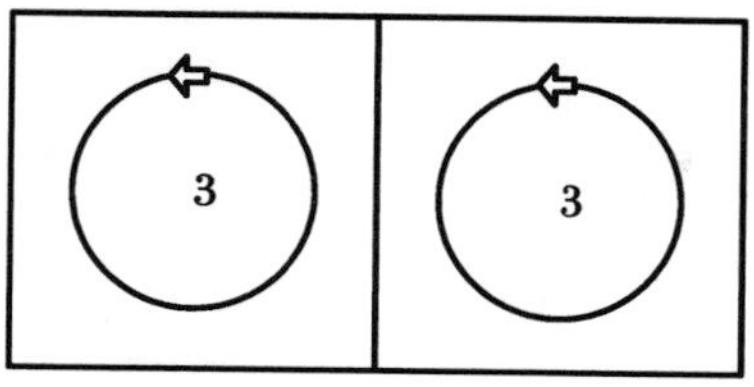

图 8.12　构造法 1A

可以按照上面的方法生成一个 $\boldsymbol{H}$ 矩阵(没有消除 4 循环),例如

$$\boldsymbol{H}=\left[\begin{array}{cccccc:cccccc}1&0&0&0&0&0&1&1&1&1&1&0\\1&1&0&1&0&1&1&1&0&0&0&0\\0&1&1&1&1&0&0&0&1&0&0&1\\1&1&0&0&1&1&1&0&0&1&0&0\\0&0&1&1&0&1&0&0&1&0&1&1\\0&0&1&0&1&0&0&1&0&1&1&1\end{array}\right]$$

(2) 构造法 2A

与构造法 1A 类似,引入一些列重为 2 的列,使得 $\boldsymbol{H}$ 矩阵的围长增大,其中列重为 2 的列数为 $m/2$,这一部分是由两个$(m/2)\times(m/2)$的单位阵上下重叠起来构成的。如图8.13 所示。

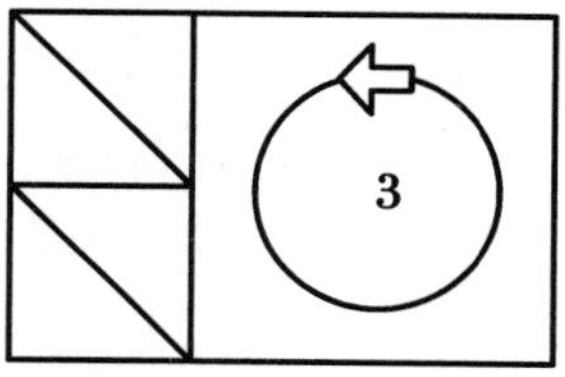

图 8.13　构造法 2A

可以按照上面的方法生成一个 $\boldsymbol{H}$ 矩阵,例如

$$H=\left[\begin{array}{ccc:ccccccccc}1&0&0&0&0&0&1&1&1&1&1&0\\0&1&0&1&0&1&1&1&0&0&0&0\\0&0&1&1&1&0&0&0&1&0&0&1\\\hdashline 1&0&0&0&1&1&1&0&0&1&0&0\\0&1&0&1&0&1&0&0&1&0&1&1\\0&0&1&0&1&0&0&1&0&1&1&1\end{array}\right]$$

(3) 构造法 1B 和 2B

从构造法 1A 和 2A 中删除一些仔细选择的列,使得 $\boldsymbol{H}$ 矩阵中围长满足相应的要求。

3. 超轻矩阵

将 MacKay 的构造方法推广,进一步增加列重为 2 的列数,用更多、更小单位矩阵连续重叠,即先将两个$(m/2)\times(m/2)$的单位阵重叠,再将$(m/4)\times(m/4)$的单位阵重叠,依次类推,最终形成最多 m 个列重为 2 的列,如图 8.14 所示。

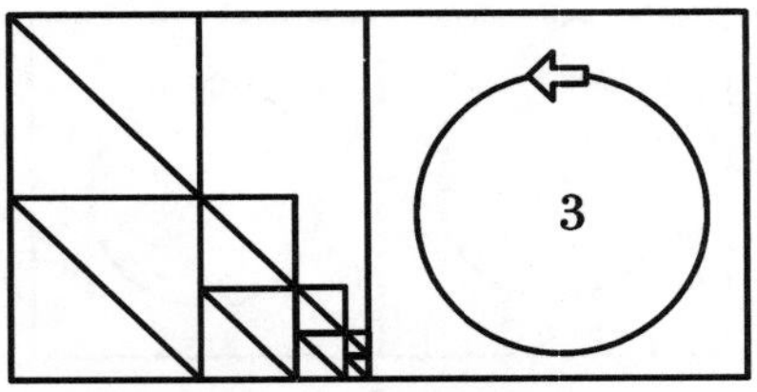

图 8.14 超轻矩阵

按此方法构造的校验矩阵为

$$H = \begin{bmatrix} 1 & 0 & 0 & 0 & 0 & 0 & 1 & 1 & 1 & 1 & 1 & 0 \\ 0 & 1 & 0 & 0 & 0 & 0 & 1 & 1 & 0 & 0 & 0 & 0 \\ 0 & 0 & 1 & 0 & 0 & 0 & 0 & 0 & 1 & 0 & 0 & 1 \\ 1 & 0 & 0 & 1 & 0 & 0 & 1 & 0 & 0 & 1 & 0 & 0 \\ 0 & 1 & 0 & 0 & 1 & 0 & 0 & 0 & 1 & 0 & 1 & 1 \\ 0 & 0 & 1 & 1 & 0 & 1 & 0 & 1 & 0 & 1 & 1 & 1 \end{bmatrix}$$

4. 置换构造法

用随机构造方法构造校验矩阵 $\boldsymbol{H}$ 时，不利于硬件实现，人们想到利用几何代数的方法，于是就产生了准循环 LDPC(Quasi-Cyclic LDPC，QC-LDPC)码。第一，这类码有严谨的数学结构，构造和性能分析更加精确，甚至最小汉明距离都可以计算；第二，和随机构造的 LDPC 码相比，它具有更低的误码平台；第三，这类码字具有准循环结构，极大地降低了编码复杂度，也为译码提供了更方便的选择。

定义 $\boldsymbol{H}$ 矩阵的 $m\times n$ 的母矩阵 $\boldsymbol{M}(\boldsymbol{H})$，将 $\boldsymbol{M}(\boldsymbol{H})$ 中的 0 与 1 分别用 $L\times L$ 的全 0 子矩阵与 $L\times L$ 的循环子矩阵 $\boldsymbol{P}^{a_{ij}}$ 替换，就可得到校验矩阵 $\boldsymbol{H}$，其中循环移位子矩阵 $\boldsymbol{P}$ 定义为

$$\boldsymbol{P} = \begin{bmatrix} 0 & 1 & 0 & \cdots & 0 \\ 0 & 0 & 1 & \cdots & 0 \\ \vdots & \vdots & \vdots & \ddots & \vdots \\ 0 & 0 & 0 & \cdots & 1 \\ 1 & 0 & 0 & \cdots & 0 \end{bmatrix}_{L\times L} \tag{8.26}$$

假如定义一个全“1”母矩阵为

$$\boldsymbol{M}(\boldsymbol{H}) = \begin{bmatrix} 1 & 1 & \cdots & 1 & 1 \\ 1 & 1 & \cdots & 1 & 1 \\ \vdots & \vdots & \ddots & \vdots & \vdots \\ 1 & 1 & \cdots & 1 & 1 \end{bmatrix}_{m\times n} \tag{8.27}$$

将上式中的每个“1”替换成一个 $L\times L$ 的子矩阵 $\boldsymbol{P}^{a_{ij}}$，得到一个 $mL\times nL$ 的 $\boldsymbol{H}$ 矩阵：

$$\boldsymbol{H} = \begin{bmatrix} \boldsymbol{P}^{a_{11}} & \boldsymbol{P}^{a_{12}} & \cdots & \boldsymbol{P}^{a_{1(n-1)}} & \boldsymbol{P}^{a_{1n}} \\ \boldsymbol{P}^{a_{21}} & \boldsymbol{P}^{a_{22}} & \cdots & \boldsymbol{P}^{a_{2(n-1)}} & \boldsymbol{P}^{a_{2n}} \\ \vdots & \vdots & \ddots & \vdots & \vdots \\ \boldsymbol{P}^{a_{m1}} & \boldsymbol{P}^{a_{m2}} & \cdots & \boldsymbol{P}^{a_{m(n-1)}} & \boldsymbol{P}^{a_{mn}} \end{bmatrix}_{mL\times nL} \tag{8.28}$$

其中 $a_{ij}(i=1,2,\cdots,m;j=1,2,\cdots,n)$为移位项。将单位阵向右循环移位 a_{ij} 得到循环子矩阵 $\boldsymbol{P}^{a_{ij}}$。在存储 $\boldsymbol{H}$ 矩阵的时候，我们只需要存储上式中每个 a_{ij} 的值，而不需要存储每个 1 的位置。

8.3.2 LDPC 码的线性编码

现在我们得到了校验矩阵 $\boldsymbol{H}$，根据 $\boldsymbol{c}\cdot\boldsymbol{H}^{\mathrm{T}}=\boldsymbol{0}$，可以判定一个编码序列 $\boldsymbol{c}$ 是否是一个有效码序列，但如何得到编码集合呢？线性分组码的知识告诉我们：给定 $\boldsymbol{H}$，通过初等行变换得到典型生成矩阵 $\boldsymbol{H}_{\mathrm{sys}}=[\boldsymbol{P}^{\mathrm{T}}\quad \boldsymbol{I}_{n-k}]$，继而得到 $\boldsymbol{G}_{\mathrm{sys}}=[\boldsymbol{I}_k\quad \boldsymbol{P}]$，编码序列 $\boldsymbol{c}=\boldsymbol{u}\cdot\boldsymbol{G}_{\mathrm{sys}}$，其中 $\boldsymbol{u}=[u_1\quad u_2\quad\cdots\quad u_k]$表示信息序列。但在 LDPC 码中，$\boldsymbol{H}\rightarrow\boldsymbol{H}_{\mathrm{sys}}$ 的变换过程复杂度很高，尤其是当 $\boldsymbol{H}$ 维度较大时难以实现。利用 $\boldsymbol{H}$ 矩阵，能否直接寻找信息序列和编码序列之间的关系？很遗憾，至今这种映射关系还未找到。因此，需要寻找一种低复杂度的编码方法，能够实现线性复杂度。

Richardson 的编码算法是将 $\boldsymbol{H}$ 矩阵变换为一个近似下三角形式，如图 8.15 所示，然后通过后向迭代进行编码，得到编码序列。

通过行列置换将 $\boldsymbol{H}$ 矩阵化为近似下三角形状，即

$$\boldsymbol{H}=\begin{bmatrix}\boldsymbol{A}_{(m-g)\times(n-m)} & \boldsymbol{B}_{(m-g)\times g} & \boldsymbol{T}_{(m-g)\times(m-g)}\\ \boldsymbol{C}_{g\times(n-m)} & \boldsymbol{D}_{g\times g} & \boldsymbol{E}_{g\times(m-g)}\end{bmatrix}_{m\times n}\tag{8.29}$$

其中 $\boldsymbol{T}$ 为下三角阵。

即 $\boldsymbol{H}$ 可以转化为如图 8.15 所示的形式，其中 g 称为近似表示的间隙，g 越小，编码复杂度越低。

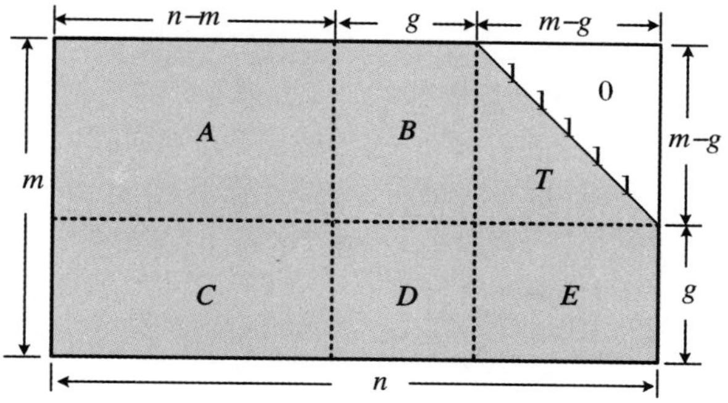

图 8.15　校验矩阵 $\boldsymbol{H}$ 转换为近似下三角形式

例 8.3　假设 $\boldsymbol{H}=\begin{bmatrix}1&1&0&1&1&0&0&1&0&0\\0&1&1&0&1&1&1&0&0&0\\0&0&0&1&0&0&0&1&1&1\\1&1&0&0&0&1&1&0&1&0\\0&0&1&0&0&1&0&1&0&1\end{bmatrix}$，信息序列

$$\boldsymbol{u}=[1\quad 1\quad 0\quad 0\quad 1]$$

求编码序列。

解 注意这是一个编码码率 $R = 1 - \dfrac{2 \times \frac{7}{10} + 3 \times \frac{3}{10}}{4 \times \frac{2}{5} + 5 \times \frac{3}{5}} = \dfrac{1}{2}$ 的 LDPC 码,先对 H 矩阵进行

行列置换(交换第 2 行、第 3 行,再交换第 6 列、第 10 列),得到如下的近似下三角形式:

$$
H_t =
\begin{array}{ccc}
 A & B & T \\
\left[\begin{array}{ccccc|ccc|ccc}
1 & 1 & 0 & 1 & 1 & 0 & 0 & 1 & 0 & 0 \\
0 & 0 & 0 & 1 & 0 & 1 & 0 & 1 & 1 & 0 \\
0 & 1 & 1 & 0 & 1 & 0 & 1 & 0 & 0 & 1 \\
\hline
1 & 1 & 0 & 0 & 0 & 0 & 1 & 0 & 1 & 1 \\
0 & 0 & 1 & 0 & 0 & 1 & 0 & 1 & 0 & 1
\end{array}\right] \\
 C & D & E
\end{array}
$$

应用 Gauss-Jordan 消除法把 E 消除(让 $E = 0$),这就是让 $\begin{bmatrix} I_{m-g} & 0 \\ -ET^{-1} & I_g \end{bmatrix}$ 矩阵左乘

H_t,即

$$
\tilde{H} = \begin{bmatrix} I_{m-g} & 0 \\ -ET^{-1} & I_g \end{bmatrix} H_t = \begin{bmatrix} I_{m-g} & 0 \\ -ET^{-1} & I_g \end{bmatrix} \begin{bmatrix} A & B & T \\ C & D & E \end{bmatrix} = \begin{bmatrix} A & B & T \\ \tilde{C} & \tilde{D} & 0 \end{bmatrix} \tag{8.30}
$$

其中 $\tilde{C} = -ET^{-1}A + C, \tilde{D} = -ET^{-1}B + D$。

需要注意的是,计算中负号"$-$"可以忽略,这仅仅是表达上的需要,因为这里的计算都是模 2 加运算。

在本例中,$T = \begin{bmatrix} 1 & 0 & 0 \\ 1 & 1 & 0 \\ 0 & 0 & 1 \end{bmatrix}$,可计算得到

$$
T^{-1} = \begin{bmatrix} 1 & 0 & 0 \\ 1 & 1 & 0 \\ 0 & 0 & 1 \end{bmatrix}, \quad ET^{-1} = \begin{bmatrix} 1 & 1 & 1 \\ 1 & 0 & 1 \end{bmatrix}
$$

$$
\tilde{C} = -ET^{-1}A + C = \begin{bmatrix} 0 & 1 & 1 & 0 & 0 \\ 1 & 0 & 0 & 1 & 0 \end{bmatrix}
$$

$$
\tilde{D} = -ET^{-1}B + D = \begin{bmatrix} 1 & 0 \\ 1 & 1 \end{bmatrix}
$$

$$
\begin{bmatrix} I_{m-g} & 0 \\ -ET^{-1} & I_g \end{bmatrix} = \begin{bmatrix} 1 & 0 & 0 & 0 & 0 \\ 0 & 1 & 0 & 0 & 0 \\ 0 & 0 & 1 & 0 & 0 \\ 1 & 1 & 1 & 1 & 0 \\ 1 & 0 & 1 & 0 & 1 \end{bmatrix}
$$

从而可以得到 E 消除后的矩阵为

$$\widetilde{\boldsymbol{H}}=\left[\begin{array}{ccccc|cc|ccc}1&1&0&1&1&0&0&1&0&0\\0&0&0&1&0&1&0&1&1&0\\0&1&1&0&1&0&1&0&0&1\\\hline 0&1&1&0&0&1&0&0&0&0\\1&0&0&1&0&1&1&0&0&0\end{array}\right]$$

假设编码的码字为 $\boldsymbol{c}=[c_1\quad c_2\quad\cdots\quad c_n]$，把它分为三部分 $\boldsymbol{c}=[\boldsymbol{u}\quad\boldsymbol{p}^{(1)}\quad\boldsymbol{p}^{(2)}]$，其中 $\boldsymbol{u}=[\boldsymbol{u}_1\quad\boldsymbol{u}_2\quad\cdots\quad\boldsymbol{u}_k]$是比特信息序列，$\boldsymbol{p}^{(1)}=[p_1^{(1)}\quad p_2^{(1)}\quad\cdots\quad p_g^{(1)}]$是第一部分校验比特，$\boldsymbol{p}^{(2)}=[p_1^{(2)}\quad p_2^{(2)}\quad\cdots\quad p_{m-g}^{(2)}]$是第二部分校验比特。

因为 $\boldsymbol{c}\cdot\widetilde{\boldsymbol{H}}^{\mathrm{T}}=\boldsymbol{0}$，结合式(8.30)，有

$$\boldsymbol{c}\cdot\widetilde{\boldsymbol{H}}=[\boldsymbol{u}\quad\boldsymbol{p}^{(1)}\quad\boldsymbol{p}^{(2)}]\cdot\begin{bmatrix}\boldsymbol{A}&\boldsymbol{B}&\boldsymbol{T}\\\widetilde{\boldsymbol{C}}&\widetilde{\boldsymbol{D}}&\boldsymbol{0}\end{bmatrix}^{\mathrm{T}}$$

$$=[\boldsymbol{u}\quad\boldsymbol{p}^{(1)}\quad\boldsymbol{p}^{(2)}]\cdot\begin{bmatrix}\boldsymbol{A}^{\mathrm{T}}&\widetilde{\boldsymbol{C}}^{\mathrm{T}}\\\boldsymbol{B}^{\mathrm{T}}&\widetilde{\boldsymbol{D}}^{\mathrm{T}}\\\boldsymbol{T}^{\mathrm{T}}&\boldsymbol{0}^{\mathrm{T}}\end{bmatrix}=\boldsymbol{0}\tag{8.31}$$

就可得到

$$\boldsymbol{u}\boldsymbol{A}^{\mathrm{T}}+\boldsymbol{p}^{(1)}\boldsymbol{B}^{\mathrm{T}}+\boldsymbol{p}^{(2)}\boldsymbol{T}^{\mathrm{T}}=\boldsymbol{0}\tag{8.32}$$

$$\boldsymbol{u}\widetilde{\boldsymbol{C}}^{\mathrm{T}}+\boldsymbol{p}^{(1)}\widetilde{\boldsymbol{D}}^{\mathrm{T}}=\boldsymbol{0}\tag{8.33}$$

由式(8.33)可计算出

$$\boldsymbol{p}^{(1)}=\boldsymbol{u}\widetilde{\boldsymbol{C}}^{\mathrm{T}}(\widetilde{\boldsymbol{D}}^{\mathrm{T}})^{-1}\tag{8.34}$$

把式(8.34)代入式(8.32)可得

$$\boldsymbol{p}^{(2)}=(\boldsymbol{u}\boldsymbol{A}^{\mathrm{T}}+\boldsymbol{p}^{(1)}\boldsymbol{B}^{\mathrm{T}})(\boldsymbol{T}^{\mathrm{T}})^{-1}\tag{8.35}$$

在本例中，由式(8.34)和式(8.35)可计算得到

$$\boldsymbol{p}^{(1)}=\boldsymbol{u}\widetilde{\boldsymbol{C}}^{\mathrm{T}}(\widetilde{\boldsymbol{D}}^{\mathrm{T}})^{-1}=[1\quad1\quad0\quad0\quad1]\begin{bmatrix}0&1\\1&0\\1&0\\0&1\\0&0\end{bmatrix}\begin{bmatrix}1&1\\0&1\end{bmatrix}=[1\quad1]\begin{bmatrix}1&1\\0&1\end{bmatrix}=[1\quad0]$$

$$\boldsymbol{p}^{(2)}=(\boldsymbol{u}\boldsymbol{A}^{\mathrm{T}}+\boldsymbol{p}^{(1)}\boldsymbol{B}^{\mathrm{T}})(\boldsymbol{T}^{\mathrm{T}})^{-1}$$

$$=\left[[1\quad1\quad0\quad0\quad1]\begin{bmatrix}1&0&0\\1&0&1\\0&0&1\\1&1&0\\1&0&1\end{bmatrix}+[1\quad0]\begin{bmatrix}0&1&0\\0&0&1\end{bmatrix}\right](\boldsymbol{T}^{\mathrm{T}})^{-1}$$

$$=[1\quad1\quad0]\begin{bmatrix}1&1&0\\0&1&0\\0&0&1\end{bmatrix}=[1\quad0\quad0]$$

所以，整个编码序列为 $\boldsymbol{c}=[11001\quad10\quad100]$。

值得注意的是，在将 $\boldsymbol{H}$ 矩阵变换为下三角形式的校验矩阵时，涉及行和列的置换，行变

换后再由列的变换会导致参与校验方程的比特节点的变化，这样根据 $\boldsymbol{H}$ 和 $\widetilde{\boldsymbol{H}}$ 产生的编码集合是不同的，因此要在译码器进行相同的列置换。这部分内容在线性分组码的相关章节有详细描述。

8.3.3 通过 H 矩阵的设计简化编码复杂度

在利用 LDPC 码 $\boldsymbol{H}$ 矩阵编码的时候，一般都需要先得到 $\boldsymbol{G}$ 矩阵，随后生成所需要的码字。在 $\boldsymbol{H}$ 矩阵转化为 $\boldsymbol{G}$ 矩阵的过程中所需要的计算量是相当大的，而且在硬件存储方面，$\boldsymbol{H}$ 矩阵为稀疏矩阵，需要存储每个 1 的位置，但是 $\boldsymbol{G}$ 矩阵是一个密集矩阵加上一个单位阵的形式，这就需要开辟很大的存储空间，所以如果编码时不需要生成 $\boldsymbol{G}$ 矩阵，而直接通过 $\boldsymbol{H}$ 矩阵编码，这样编码复杂度就将大大降低。

一种方法是构造 $\boldsymbol{H}_{\text{sys}}$ 形式的校验矩阵，即先构造一个 $\boldsymbol{H}_1$ 矩阵，随后在 $\boldsymbol{H}_1$ 矩阵后面添加一个单位阵，从而构造出 $\boldsymbol{H}_{\text{sys}}$ 矩阵，如图 8.16 所示，利用这种 $\boldsymbol{H}$ 矩阵可以实现线性时间编码。

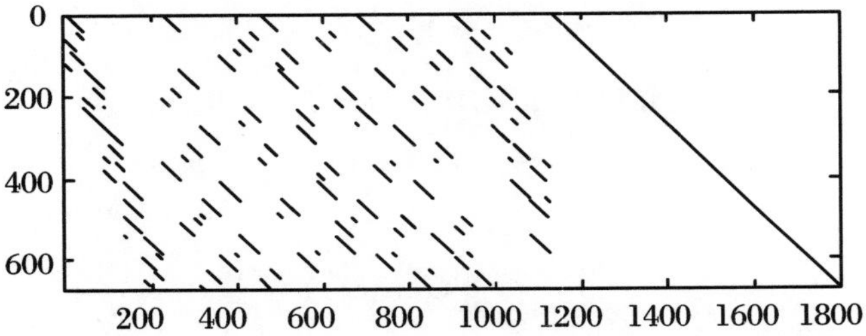

图 8.16 一种简单构造 H_{sys} 矩阵的方法

在这种简单的方法中，$\boldsymbol{H}_{\text{sys}}$ 矩阵右边是一个单位阵，列重为 1，即每个比特只参与一个校验方程，这样就使得校验节点对比特节点的保护不够，造成性能上的降低。为了增加对右边比特的保护，可以采用下面的矩阵构造方式。

将 $\boldsymbol{H}$ 矩阵构造为如下形式：

$$\boldsymbol{H}=\begin{bmatrix} \boldsymbol{p}_{1,1} & \boldsymbol{p}_{1,2} & \cdots & \boldsymbol{p}_{1,n-m} & \boldsymbol{p}_{1,n-m+1} & 0 & 0 & \cdots & 0 \\ \boldsymbol{p}_{2,1} & \boldsymbol{p}_{2,2} & \cdots & \boldsymbol{p}_{2,n-m} & \boldsymbol{p}_{2,n-m+1} & \boldsymbol{p}_{2,n-m+2} & 0 & \cdots & 0 \\ \vdots & \vdots & \ddots & \vdots & \vdots & \vdots & \vdots & \ddots & \vdots \\ \boldsymbol{p}_{m,1} & \boldsymbol{p}_{m,2} & \cdots & \boldsymbol{p}_{m,n-m} & \boldsymbol{p}_{m,n-m+1} & \boldsymbol{p}_{m,n-m+2} & \boldsymbol{p}_{m,n-m+3} & \cdots & \boldsymbol{p}_{m,n} \end{bmatrix} \tag{8.36}$$

其中 $\boldsymbol{p}_{i,j}$ 为利用单位阵移位生成的循环子矩阵。

这种循环子矩阵有一个非常好的性质：

$$\boldsymbol{p}_{i,j}\cdot\boldsymbol{p}_{i,j}^{\mathrm{T}}=\boldsymbol{I} \tag{8.37}$$

即 $\boldsymbol{p}_{i,j}^{-1}=\boldsymbol{p}_{i,j}^{\mathrm{T}}$，这样就可通过对矩阵求转置而得到矩阵的逆，大大减少计算量。

对于上式所示的 $\boldsymbol{H}$ 矩阵，假设编码后的序列为 $\boldsymbol{x}=[\boldsymbol{x}_1 \ \ \boldsymbol{x}_2 \ \ \cdots \ \ \boldsymbol{x}_{n-m} \ \ \boldsymbol{c}_1 \ \ \boldsymbol{c}_2 \ \ \cdots \ \ \boldsymbol{c}_m]^{\mathrm{T}}$（这里默认 $\boldsymbol{H}$ 是满秩的，否则信息序列长度不等于 $n-m$），其中 $\boldsymbol{x}_1,\boldsymbol{x}_2,\cdots,\boldsymbol{x}_{n-m}$ 表示信息序列，$\boldsymbol{c}_1,\boldsymbol{c}_2,\cdots,\boldsymbol{c}_m$ 是校验序列。根据校验方程 $\boldsymbol{Hx}=\boldsymbol{0}$，可得

$$\begin{cases} \boldsymbol{p}_{1,n-m+1}\boldsymbol{c}_1 = \boldsymbol{p}_{1,1}\boldsymbol{x}_1 + \boldsymbol{p}_{1,2}\boldsymbol{x}_2 + \cdots + \boldsymbol{p}_{1,n-m}\boldsymbol{x}_{n-m} \\ \boldsymbol{p}_{2,n-m+1}\boldsymbol{c}_1 + \boldsymbol{p}_{2,n-m+2}\boldsymbol{c}_2 = \boldsymbol{p}_{2,1}\boldsymbol{x}_1 + \boldsymbol{p}_{2,2}\boldsymbol{x}_2 + \cdots + \boldsymbol{p}_{2,n-m}\boldsymbol{x}_{n-m} \\ \vdots \\ \boldsymbol{p}_{m,n-m+1}\boldsymbol{c}_1 + \boldsymbol{p}_{m,n-m+2}\boldsymbol{c}_2 + \cdots + \boldsymbol{p}_{m,n}\boldsymbol{c}_m = \boldsymbol{p}_{m,1}\boldsymbol{x}_1 + \boldsymbol{p}_{m,2}\boldsymbol{x}_2 + \cdots + \boldsymbol{p}_{m,n-m}\boldsymbol{x}_{n-m} \end{cases} \tag{8.38}$$

通过迭代计算，依次可得

$$\begin{cases} \boldsymbol{c}_1 = \boldsymbol{p}_{1,n-m+1}^{\mathrm{T}}(\boldsymbol{p}_{1,1}\boldsymbol{x}_1 + \boldsymbol{p}_{1,2}\boldsymbol{x}_2 + \cdots + \boldsymbol{p}_{1,n-m}\boldsymbol{x}_{n-m}) \\ \boldsymbol{c}_2 = \boldsymbol{p}_{2,n-m+2}^{\mathrm{T}}(\boldsymbol{p}_{2,1}\boldsymbol{x}_1 + \boldsymbol{p}_{2,2}\boldsymbol{x}_2 + \cdots + \boldsymbol{p}_{2,n-m}\boldsymbol{x}_{n-m} + \boldsymbol{p}_{2,n-m+1}\boldsymbol{c}_1) \\ \vdots \\ \boldsymbol{c}_m = \boldsymbol{p}_{m,n}^{\mathrm{T}}(\boldsymbol{p}_{m,1}\boldsymbol{x}_1 + \boldsymbol{p}_{m,2}\boldsymbol{x}_2 + \cdots + \boldsymbol{p}_{m,n-m}\boldsymbol{x}_{n-m} + \boldsymbol{p}_{m,n-m+1}\boldsymbol{c}_1 + \boldsymbol{p}_{m,n-m+2}\boldsymbol{c}_2 + \cdots) \end{cases} \tag{8.39}$$

通过观察可知，这样的编码序列是系统码形式，但这种方法虽然实现了线性编码，但性能上是有损失的。实际应用中，编码器的设计基本上是基于代数法进行构造的，这类码具有循环或准循环结构，编码简单，没有 4 循环，性能上有保证。

8.4　LDPC 码的译码

LDPC 码的译码算法可分为硬判决、软判决、软硬结合(混合)判决等三类。比特翻转算法属于硬判决，实现比较简单。加强比特翻转算法属于混合判决，能够比比特翻转算法提供更好的性能。置信传播(Belief Propagation，BP)算法是一种消息传递算法，节点到节点的消息是通过 Tanner 图传递的，属于软判决。除了应用于 LDPC 译码外，置信传播算法还常用于人工智能、信息论、信号处理等领域。和积算法[12]是置信传播算法的一种，性能优异，但计算复杂度高，迭代次数多。目前业界使用较多的两个低复杂度的 BP 算法是：偏置最小和(Min Sum Algorithm，MSA)算法[13]与归一化 MSA[14]，量化 BP 算法也吸引了一些学者的关注[15-16]。

译码算法的改进和优化离不开译码性能的分析。在译码性能分析的研究方面，T. J. Richardson 等人给出了密度进化的工具，跟踪 Tanner 图中消息的概率，可提供任何所需精度的性能估计。S. Y. Chung 等人将消息离散化，通过计算机迭代搜索寻找最优的节点次数分布，特别适合于非规则码的分析，在二进制输入 AWGN 信道下，设计码率 1/2、码长10^7 的非规则 LDPC 码在错误概率10^{-6}时离香农限仅 0.0045 dB，这在当时是性能最接近香农限的信道编码。

我们主要讲述消息传递(Message-Passing)算法、比特翻转(Bit-Flipping)译码算法、和积(Sum-Product)算法。LDPC 码的解码算法可统称为消息传递算法，都通过 Tanner 图的边来迭代传递消息，也称为迭代译码。根据传递消息类型的不同，或者在这些节点(变量节点和校验节点)上的操作类型的不同，消息传递算法就取不同的名字。比如，传递的消息类型是二进制比特，就是比特翻转译码算法，传递的消息类型是码字比特的概率，就是置信传播译码算法。如果将比特概率值用对数似然比表示，这类置信传播算法就称为和积算法，因为在比特节点和校验节点计算对数似然比的主要操作是相加和相乘运算。

8.4.1 BEC 下的消息传递算法

在 BEC(Binary Erasure Channel)中,接收端要么正确接收(概率为 $1-\varepsilon$),要么接收到一个消息 e(概率为 ε),其实就表明这个比特没有正确接收,被擦除了,如图 8.17 所示。由于接收到的比特都是完全正确的,译码器的任务就是判决那些被擦除的比特是 1 还是 0。如果一个校验方程只有一个未知的擦除比特,我们很容易通过校验关系计算出来。例如一个校验方程是 $c_1+c_2+c_4=0$,如果 $c_1=0,c_2=1,c_4$ 是擦除比特,则我们很容易根据校验关系计算出 c_4 也为1。

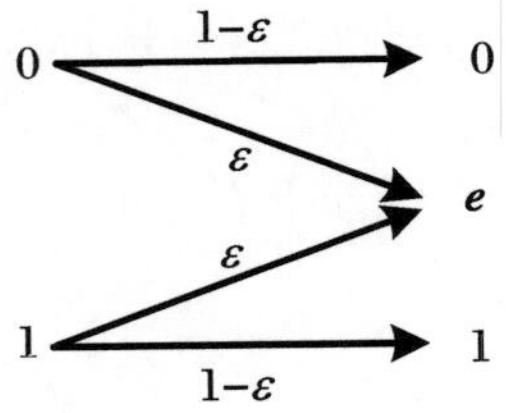

图 8.17 二进制擦除信道

消息传递算法是一种迭代译码算法,通过比特节点和校验节点间的前向与后向消息的传递,直到得到一个结果(迭代次数达到或校验方程都满足,即 $\boldsymbol{c}\cdot\boldsymbol{H}^{\mathrm{T}}=\mathbf{0}$)。

例 8.4 假设一个码 $\boldsymbol{c}=[c_1 \quad c_2 \quad c_3 \quad c_4 \quad c_5 \quad c_6]$满足以下校验方程组:

$$\begin{cases} c_1+c_2+c_4=0 \\ c_1+c_2+c_3+c_6=0 \\ c_2+c_3+c_5=0 \end{cases}$$

每个合法有效的码字都必然遵守上述的约束。如果收到一个码序列为$[1 \quad 1 \quad 0 \quad 0 \quad 0 \quad 0]$,通过计算可知

$$\begin{cases} c_1+c_2+c_4=1+1+0=0 \\ c_1+c_2+c_3+c_6=1+1+0+0=0 \\ c_2+c_3+c_5=1+0+0=1 \end{cases}$$

不满足其中一个约束方程,所以上述码字不是一个有效码字。

对于第一个约束方程,$c_1+c_2+c_4=0$,如果已知 $c_1=0,c_2=1$,那么我们可以计算得到 c_4 必然为 1,即 $c_4=1$,这就是消息传递译码的基础,每个校验节点能够决定擦除比特的值(当然,前提是校验方程中只有一个擦除比特,如果有多个擦除比特,就无法求出)。

第 i 个比特节点发送信息 M_i 给它所有连接的校验节点,要么值是已知的(1 或 0),要么就是 e(表明它被擦除了)。

第 j 个校验节点发送给与它相连的第 i 个比特节点的信息 $E_{j,i}$,明确表明第 i 个比特是 1,0 或 e,这样一个迭代过程就完成了。直到所有比特节点的值都已知,或达到了最大迭代次数,译码结束。

我们用 B_j 来表示 $\boldsymbol{H}$ 中第 j 个校验方程中的比特集合,比如式(8.40)所示的校验矩阵,它对应的 Tanner 图如图 8.18 所示。

$$\boldsymbol{H}=\begin{bmatrix}1&1&0&1&0&0\\0&1&1&0&1&0\\1&0&0&0&1&1\\0&0&1&1&0&1\end{bmatrix} \tag{8.40}$$

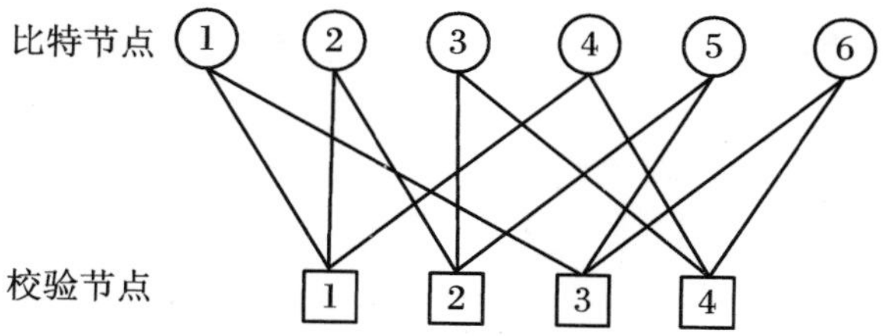

图 8.18　式(8.40)对应的 Tanner 图

从图 8.18 中可以看出 $B_1=\{1,2,4\}$，$B_2=\{2,3,5\}$，$B_3=\{1,5,6\}$，$B_4=\{3,4,6\}$。类似地，我们用 A_i 表示第 i 个比特参与的校验方程集合，有 $A_1=\{1,3\}$，$A_2=\{1,2\}$，$A_3=\{2,4\}$，$A_4=\{1,4\}$，$A_5=\{2,3\}$，$A_6=\{3,4\}$。

例 8.5　一个码字 $\boldsymbol{c}=[0\quad 0\quad 1\quad 0\quad 1\quad 1]$（接收端并不知道码字信息）经过信道后，接收到的向量为 $\boldsymbol{y}=[0\quad 0\quad 1\quad e\quad e\quad e]$，校验矩阵如式(8.40)所示，应用消息传递译码算法恢复出擦除比特。

初始阶段，每个比特节点上的值 $M_i=y_i$，所以比特节点上的信息序列为 $\boldsymbol{M}=[0\quad 0\quad 1\quad e\quad e\quad e]$。

第一步：通过校验节点计算某些比特信息。

第 1 个校验节点涉及第 1,2 和 4 比特节点，相应的输入信息为 $0,0,e$，因为这个校验节点只有一个输入 e 信息（从第 4 个比特节点发出的），因此可以计算出这个比特的值 $E_{1,4}$，并将结果通过边（第 1 个校验节点到第 4 个比特节点的边）传递到第 4 个比特节点，$E_{1,4}=M_1+M_2=0+0=0$，即 $\hat{c}_4=0$，如图 8.19(a)中虚线所示。同样地，我们可计算得到 $E_{2,5}=M_2+M_3=0+1=1$，即 $\hat{c}_5=1$，如图 8.19(b)中虚线所示。

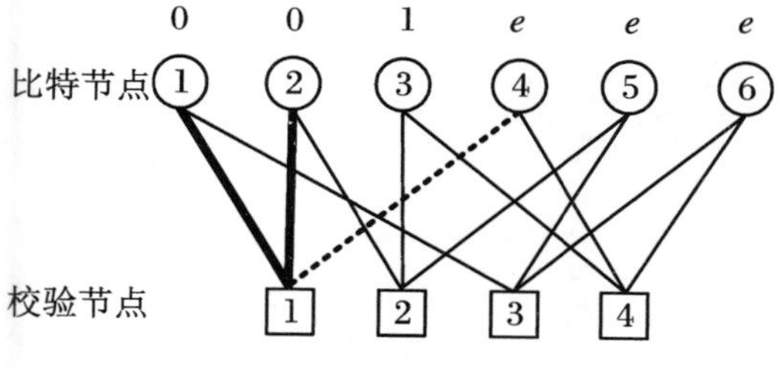

(a) 边信息$E_{1,4}$的传递

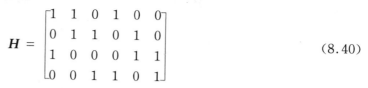

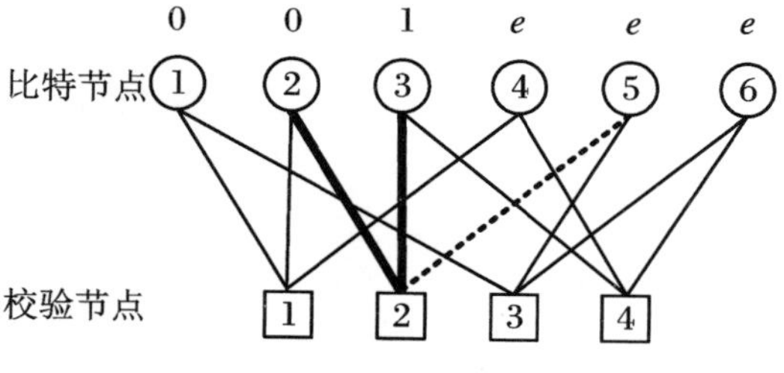

(b) 边信息$E_{2,5}$的传递

图 8.19

第 3 个校验节点由第 1,5,6 比特节点参与，即 $0,e,e$，因为有两个 e，即 $E_{3,5}=M_1+M_6=0+e=e$，$E_{3,6}=M_1+M_5=0+e=e$，所以无法确定任何比特的值，第 4 个校验节点情况类似，如图 8.20 所示。

第二步：比特信息更新，继续计算某些比特信息。

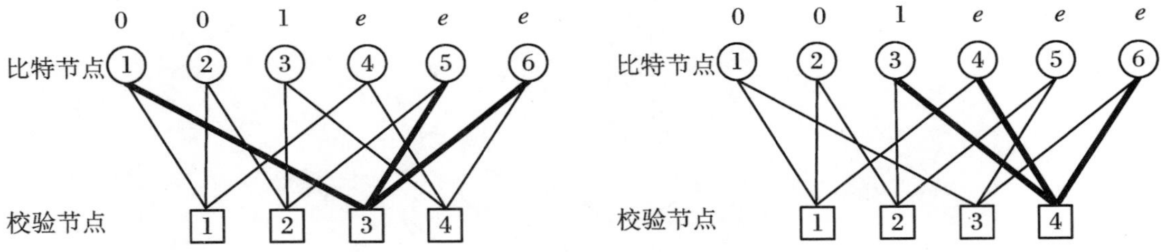

(a) 第3个校验方程包含两个e　　(b) 第4个校验方程包含两个e

图 8.20

经过第一步后，能够得到 $\hat{c}_4=0$ 和 $\hat{c}_5=1$，这样比特节点上的信息序列更新为 $\boldsymbol{M}=[0\quad 0\quad 1\quad 0\quad 1\quad e]$，此时比特节点上的值只有一个 e，根据第 3 个校验方程，很容易计算出 $E_{3,6}=M_1+M_5=0+1=1$，如图 8.21 中虚线所示，即 $\hat{c}_6=1$，这样就可得到擦除比特上的值，译码出的发送序列为 $\hat{\boldsymbol{c}}=\boldsymbol{M}=[0\quad 0\quad 1\quad 0\quad 1\quad 1]$。经验证，它也满足第 4 个校验方程：$M_3+M_4+M_6=1+0+1=0$。

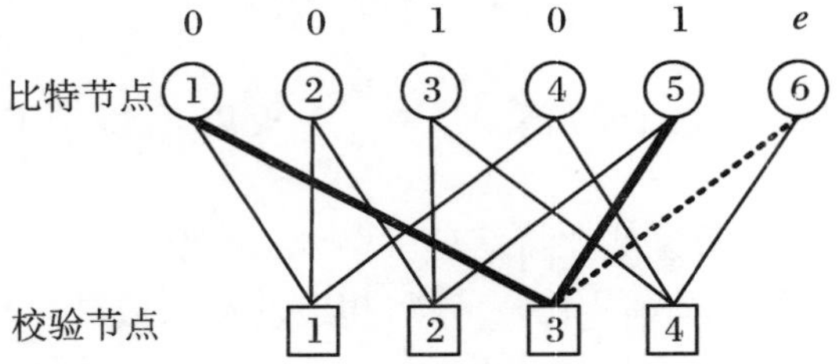

图 8.21　边信息 $E_{3,6}$ 的传递

8.4.2 BSC 下的比特翻转译码

在 BEC 下，接收到的值有“0”“1”和“e”三种可能性，其中“0”和“1”都是表明传输无错误，接收是正确的。而在 BSC 下，接收到的值只有“0”和“1”，但这些值不能保证传输是正确的，这一点要注意区别。

在 BSC 下，比特翻转译码算法是一种硬判决译码算法，沿着 Tanner 图的边传递的信息都是“0”“1”这样的二进制信息。第 j 个校验节点决定第 i 个比特节点的值：先假设第 i 个比特节点被擦除了，检测是“1”还是“0”能够满足第 j 个校验方程，这即为第 i 个比特的外部信息。

比特翻转译码的基本思想是：一个比特节点会收到多个外部信息（多个校验节点传递而来的），然后按照“少数服从多数”原则，得到该比特的值。这个过程一直重复，直到最大译码迭代次数达到或满足 $\hat{\boldsymbol{c}}\cdot\boldsymbol{H}^{\mathrm{T}}=\boldsymbol{0}$。

例 8.6　假设一个发送序列 $\boldsymbol{c}$ 经过 BSC 后，接收到的码序列是 $\boldsymbol{y}=[0\quad 1\quad 1\quad 0\quad 1\quad 1]$，校验矩阵如式(8.40)所示，求发送的编码序列 $\boldsymbol{c}$。

初始阶段，每个比特节点上的值 $M_i=y_i$，所以 $\boldsymbol{M}=[0\quad 1\quad 1\quad 0\quad 1\quad 1]$，如图 8.22

所示。

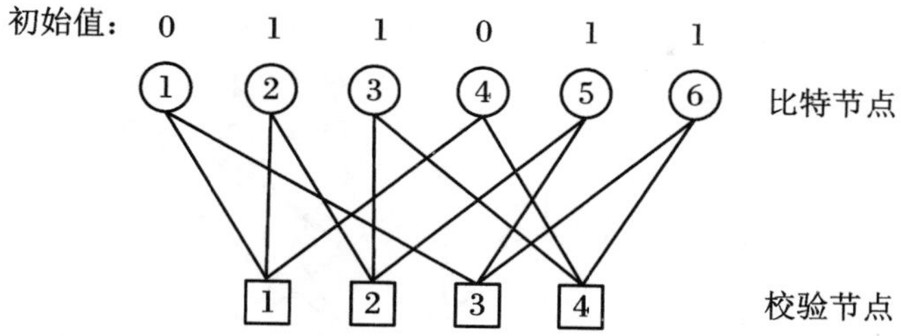

图 8.22　校验矩阵 Tanner 图及接收初始值

第一步：校验节点计算反馈给比特节点的值。

在第 1 个校验方程中的比特集合为 $B_1=\{1,2,4\}$，这样就可计算出第 1 个校验节点反馈给比特节点 1,2 和 4 的信息，分别为

$$\begin{cases}E_{1,1}=M_2+M_4=1+0=1\\E_{1,2}=M_1+M_4=0+0=0\\E_{1,4}=M_1+M_2=0+1=1\end{cases}$$

此时在比特节点 1,2 和 4 上，除了初始值外，还有第 1 个校验节点反馈的值，分别为 1,0,1，如图 8.23 所示。

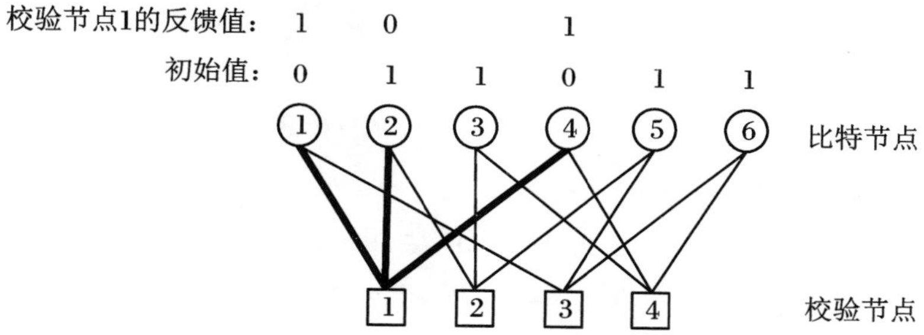

图 8.23　校验节点 1 的反馈值

在第 2 个校验方程中的比特集合为 $B_2=\{2,3,5\}$，这样就可计算出第 2 个校验节点反馈给比特节点 2,3 和 5 的信息，分别为

$$\begin{cases}E_{2,2}=M_3+M_5=1+1=0\\E_{2,3}=M_2+M_5=1+1=0\\E_{2,5}=M_2+M_5=1+1=0\end{cases}$$

第 2 个校验节点反馈的值，分别为 0,0,0，如图 8.24 所示。

在第 3 个校验方程中的比特集合为 $B_3=\{1,5,6\}$，这样就可计算出第 3 个校验节点反馈给比特节点 1,5 和 6 的信息，分别为

$$\begin{cases}E_{3,1}=M_5+M_6=1+1=0\\E_{3,5}=M_1+M_6=0+1=1\\E_{3,6}=M_1+M_5=0+1=1\end{cases}$$

第 3 个校验节点反馈的值，分别为 0,1,1，如图 8.25 所示。

在第 4 个校验方程中的比特集合为 $B_4=\{3,4,6\}$，这样就可计算出第 4 个校验节点反

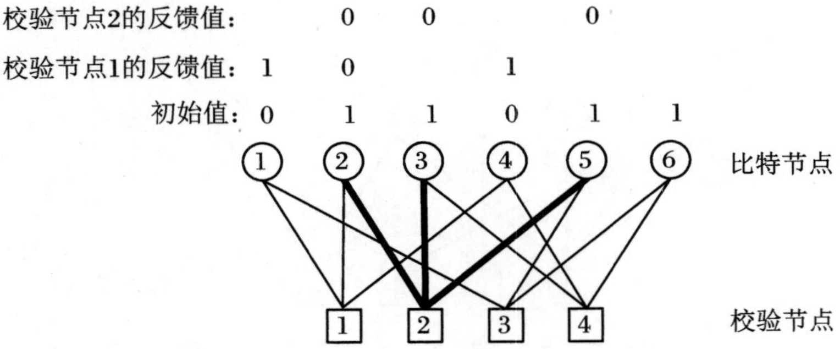

图 8.24 校验节点 2 的反馈值

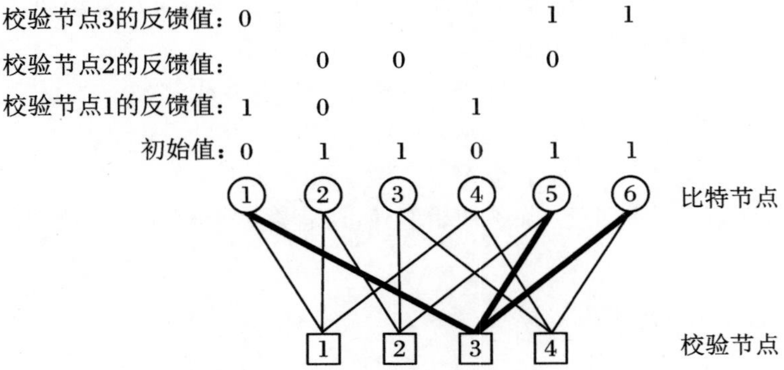

图 8.25 校验节点 3 的反馈值

馈给比特节点 3,4 和 6 的信息,分别为

$$\begin{cases} E_{4,3} = M_4 + M_6 = 0 + 1 = 1 \\ E_{4,4} = M_3 + M_6 = 1 + 1 = 0 \\ E_{4,6} = M_3 + M_4 = 1 + 0 = 1 \end{cases}$$

第 4 个校验节点反馈的值,分别为 1,0,1,如图 8.26 所示。

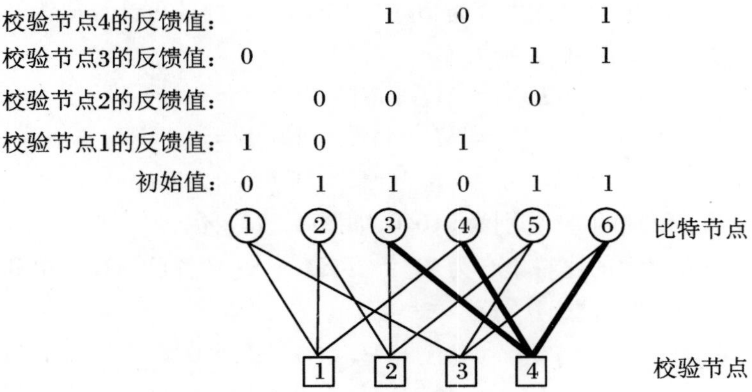

图 8.26 校验节点 4 的反馈值

第二步:根据少数服从多数的原则,决定是否改变比特节点的值。

第 1 个比特节点,接收到校验节点 1 和 3 送来的外部信息,分别是 1 和 0,再结合初始值

0,所以仍然保持原来的值为“0”;第 2 个比特节点,收到校验节点 1 和 2 送来的外部信息 0 和 0,和初始值“1”不同,就对 1 进行翻转 1 → 0;依次类推,译码得到 $\hat{c}=[0\quad 0\quad 1\quad 0\quad 1\quad 1]$。

第三步:验证 $\hat{c}\cdot \boldsymbol{H}^{\mathrm{T}}=\boldsymbol{0}$。

$$\hat{c}\cdot \boldsymbol{H}^{\mathrm{T}}=[0\quad 0\quad 1\quad 0\quad 1\quad 1]\cdot\begin{bmatrix}1&0&1&0\\1&1&0&0\\0&1&0&1\\1&0&0&1\\0&1&1&0\\0&0&1&1\end{bmatrix}=[0\quad 0\quad 0\quad 0]$$

所以译码得到的 $\hat{c}=[0\quad 0\quad 1\quad 0\quad 1\quad 1]$是一个有效码字。

例 8.7　假设发送的码字是 $\boldsymbol{c}=[0\quad 0\quad 1\quad 0\quad 0\quad 1]$(接收端不知道该信息),经过信道后,接收到的码序列是 $\boldsymbol{y}=[1\quad 0\quad 1\quad 0\quad 0\quad 1]$,假设校验矩阵为 $\boldsymbol{H}=\begin{bmatrix}1&1&0&1&0&0\\1&1&0&0&1&0\\0&0&1&0&1&1\\0&0&1&1&0&1\end{bmatrix}$,对应的 Tanner 图如图 8.27 所示,译码出发送序列 $\boldsymbol{c}$。

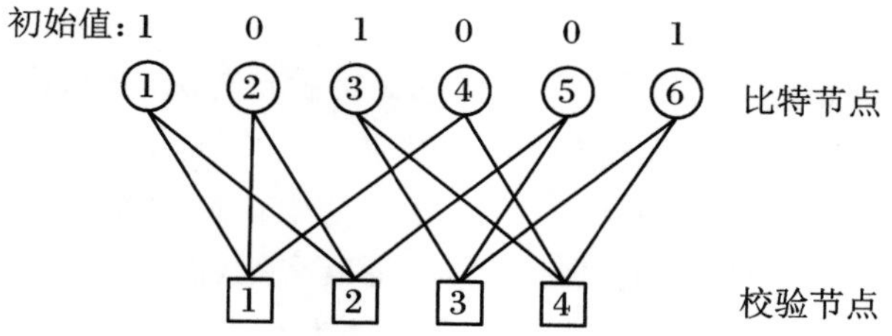

图 8.27　校验矩阵 Tanner 图及接收初始值

经过 4 个校验节点的反馈,如图 8.28 所示。

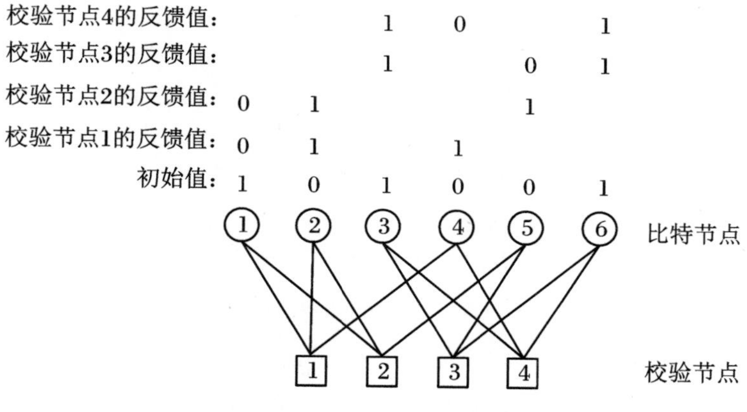

图 8.28　4 个校验节点的反馈值

译码后的序列为 $\hat{c}=[0\quad 1\quad 1\quad 0\quad 0\quad 1]$,经验证

$$\hat{c} \cdot \boldsymbol{H}^{\mathrm{T}} = [0 \quad 1 \quad 1 \quad 0 \quad 0 \quad 1] \cdot \begin{bmatrix} 1 & 1 & 0 & 0 \\ 1 & 1 & 0 & 0 \\ 0 & 0 & 1 & 1 \\ 1 & 0 & 0 & 1 \\ 0 & 1 & 1 & 0 \\ 0 & 0 & 1 & 1 \end{bmatrix} = [1 \quad 1 \quad 0 \quad 0] \neq \mathbf{0}$$

所以 $\hat{c} = [0 \quad 1 \quad 1 \quad 0 \quad 0 \quad 1]$不是一个有效码字，将该信息再次送入各节点进行计算，但仍得不到正确结果。这是因为存在 4 循环，前两个比特参与两个校验方程，如图 8.29 中的虚线所示，无法确定是哪个比特出错。

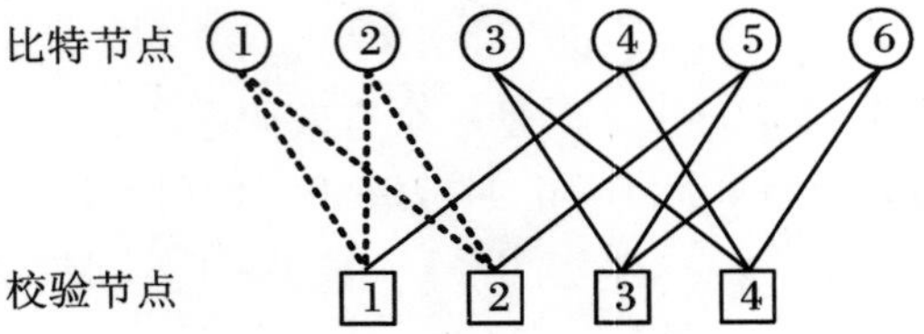

图 8.29 Tanner 图中的一个 4 循环

8.4.3 和积算法

和积算法是软判决消息传递算法，与前面的比特翻转算法类似（传递的是“0”或“1”的概率，不再是二进制的 0 或 1 了）。比特翻转算法的输入是 0，1（即对接收值做了硬判决），而和积算法的输入是 0 或 1 的概率（这是一个软信息），即每个接收值的先验概率。

对于和积译码器，节点间传递的外部信息也是概率值，而不是硬判决值。$E_{j,i}$ 是校验节点 j 到比特节点 i 的外部信息，它表示校验节点 j 认为 $c_i = 1$ 的概率，即 $E_{j,i}$ 给出了“若 $c_i = 1$，则校验方程 j 成立”的概率，该概率就是校验方程中有奇数个 1 的概率：

$$P_{j,i}^{\mathrm{ext}} = \frac{1}{2} - \frac{1}{2} \prod_{i' \in B_j, i' \neq i} (1 - 2P_{j,i'}) \tag{8.41}$$

其中 $P_{j,i'}$ 是给第 j 个校验节点 $c_i' = 1$ 的概率。

这样，“若 $c_i = 0$，则校验方程 j 成立”的概率就为 $1 - P_{j,i}^{\mathrm{ext}}$。

对式(8.41)的证明：转为求序列中偶数个 1 的概率。

一个长度为 m 的序列中含有偶数个 1 的概率为 $\frac{1}{2} + \frac{1}{2}\prod_{k=1}^{m}(1 - 2p_k)$。

证明 对 $f(x) = \prod_{k=1}^{m}((1 - p_k) + p_k x)$ 进行二项式展开，其中“1”用 x^1 的指数表示，出现的概率为 p_k；“0”用 x^0 的指数表示，出现的概率为 $1 - p_k$，序列中的“1”“0”都是独立出现、没有相关性的。序列中偶数（用 $2k$ 表示）个“1”的概率，就是 x^{2k} 项的系数。因此，展开式中偶数项系数的和就是序列中含有偶数个 1 的概率。根据二项式的性质，偶数项系数的和为

$$a_0 + a_2 + a_4 + \cdots = \frac{f(1) + f(-1)}{2}$$

$$= \frac{\prod_{k=1}^{m}((1-p_k)+p_k)+\prod_{k=1}^{m}((1-p_k)-p_k)}{2}$$

$$= \frac{1+\prod_{k=1}^{m}(1-2p_k)}{2}$$

这样，序列中含有奇数个 1 的概率就为

$$1-\frac{1+\prod_{k=1}^{m}(1-2p_k)}{2} = \frac{1}{2}-\frac{1}{2}\prod_{k=1}^{m}(1-2p_k)$$

对一个二进制变量 x，$p(x=0)+p(x=1)=1$，因此对变量 x 我们只需存储一个概率值，其对数表示为

$$L(x) = \ln\frac{p(x=0)}{p(x=1)} \tag{8.42}$$

因此有

$$\begin{cases} p(x=0) = \dfrac{e^{L(x)}}{1+e^{L(x)}} \\ p(x=1) = \dfrac{e^{-L(x)}}{1+e^{-L(x)}} \end{cases} \tag{8.43}$$

对数处理能够减少计算复杂度，因此，$E_{j,i}$ 表示为对数似然比形式，即

$$E_{j,i} = L(P_{j,i}^{\text{ext}}) = \ln\frac{1-P_{j,i}^{\text{ext}}}{P_{j,i}^{\text{ext}}} \tag{8.44}$$

把式(8.41)代入式(8.44)，可得

$$\begin{aligned} E_{j,i} &= \ln\frac{\frac{1}{2}+\frac{1}{2}\prod_{i'\in B_j,i'\neq i}(1-2P_{j,i'})}{\frac{1}{2}-\frac{1}{2}\prod_{i'\in B_j,i'\neq i}(1-2P_{j,i'})} = \ln\frac{1+\prod_{i'\in B_j,i'\neq i}\left(1-2\frac{e^{-M_{j,i'}}}{1+e^{-M_{j,i'}}}\right)}{1-\prod_{i'\in B_j,i'\neq i}\left(1-2\frac{e^{-M_{j,i'}}}{1+e^{-M_{j,i'}}}\right)} \\ &= \ln\frac{1+\prod_{i'\in B_j,i'\neq i}\left(\frac{1-e^{-M_{j,i'}}}{1+e^{-M_{j,i'}}}\right)}{1-\prod_{i'\in B_j,i'\neq i}\left(\frac{1-e^{-M_{j,i'}}}{1+e^{-M_{j,i'}}}\right)} \end{aligned} \tag{8.45}$$

其中 $M_{j,i'} \triangleq L(P_{j,i'}) = \ln\frac{1-P_{j,i'}}{P_{j,i'}}$。

根据数学表达式 $\tanh\frac{1}{2}\ln\left(\frac{1-p}{p}\right)=1-2p$，可得

$$E_{j,i} = \ln\frac{1+\prod_{i'\in B_j,i'\neq i}\tanh(M_{j,i'}/2)}{1-\prod_{i'\in B_j,i'\neq i}\tanh(M_{j,i'}/2)} \tag{8.46}$$

再利用数学公式 $2\tanh^{-1}p=\ln\frac{1+p}{1-p}$，可得

$$E_{j,i} = 2\tanh^{-1}\prod_{i'\in B_j,i'\neq i}\tanh(M_{j,i'}/2) \tag{8.47}$$

这样，第 i 个比特节点收到的总信息包括：该比特节点的输入 LLR——R_i，以及从与它相连

的每个校验节点的外信息 $E_{j,i}$，即

$$L_i = R_i + \sum_{j \in A_i} E_{j,i} \tag{8.48}$$

其中

$$R_i = \ln \frac{p(c_i = 0 \mid y_i)}{p(c_i = 1 \mid y_i)} \tag{8.49}$$

但是从比特节点 i 到校验节点 j 的信息 $M_{j,i}$ 并不是式(8.48)，还要从式(8.48)中除去第 j 个校验节点发送的信息，即

$$M_{j,i} = R_i + \sum_{\substack{j' \in A_i \\ j' \neq j}} E_{j',i} \tag{8.50}$$

和积算法旨在：① 对每个码字比特计算出后验概率；② 为每个比特选择具有最大后验概率的译码值。

例 8.8 假设发送的码字是 $\boldsymbol{c} = [0 \quad 0 \quad 1 \quad 0 \quad 1 \quad 1]$，经过 BSC($\varepsilon = 0.2$)后，接收到的码序列是 $\boldsymbol{y} = [1 \quad 0 \quad 1 \quad 0 \quad 1 \quad 1]$，校验矩阵为 $\boldsymbol{H} = \begin{bmatrix} 1 & 1 & 0 & 1 & 0 & 0 \\ 0 & 1 & 1 & 0 & 1 & 0 \\ 1 & 0 & 0 & 0 & 1 & 1 \\ 0 & 0 & 1 & 1 & 0 & 1 \end{bmatrix}$，对应的 Tanner 图如图 8.30 所示。

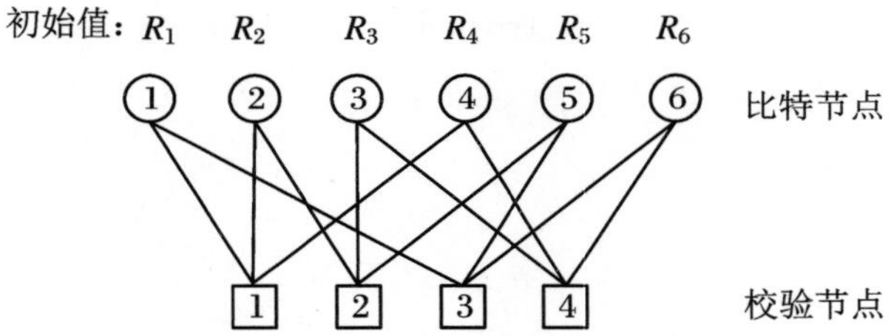

图 8.30 校验矩阵对应的 Tanner 图及初始值

由式(8.49)，我们可计算出已知接收比特值 y_i 情况下发送比特的对数似然值 R_i，为

$$R_i = \begin{cases} \ln \dfrac{\varepsilon}{1-\varepsilon}, & y_i = 1 \\ \ln \dfrac{1-\varepsilon}{\varepsilon}, & y_i = 0 \end{cases}$$

对本例而言，$\ln \dfrac{\varepsilon}{1-\varepsilon} = \ln \dfrac{0.2}{0.8} = -1.3863$，$\ln \dfrac{1-\varepsilon}{\varepsilon} = \ln \dfrac{0.8}{0.2} = 1.3863$。接收到的序列为 $\boldsymbol{y} = [1 \quad 0 \quad 1 \quad 0 \quad 1 \quad 1]$，因此有

$$\boldsymbol{R} = [-1.3863 \quad 1.3863 \quad -1.3863 \quad 1.3863 \quad -1.3863 \quad -1.3863]$$

初始化时，比特节点 i 上的值设为 $M_{j,i} = R_i$，第 1 个比特涉及第 1 个和第 3 个校验方程，所以可得：$M_{1,1} = R_1 = -1.3863$，$M_{3,1} = R_1 = -1.3863$。

其他比特计算类似，有

$i = 2$，$M_{1,2} = R_2 = 1.3863$，$M_{2,2} = R_2 = 1.3863$；

$i = 3$，$M_{2,3} = R_3 = -1.3863$，$M_{4,3} = R_3 = -1.3863$；

$i = 4$，$M_{1,4} = R_4 = 1.3863$，$M_{4,4} = R_4 = 1.3863$；

$i = 5$，$M_{2,5} = R_5 = -1.3863$，$M_{5,5} = R_5 = -1.3863$；

$i=6, M_{3,6}=R_6=-1.3863,\ M_{4,6}=R_6=-1.3863$。

现在根据式(8.46)计算校验节点到比特节点的外部概率信息 $E_{j,i}$。第 1 个校验包含第 1、第 2 和第 4 比特，所以从第 1 个校验节点到第 1 个比特节点的外部概率就取决于第 2 和第 4 比特的概率，即

$$\begin{aligned}E_{1,1}&=\ln\frac{1+\tanh(M_{1,2}/2)\tanh(M_{1,4}/2)}{1-\tanh(M_{1,2}/2)\tanh(M_{1,4}/2)}\\&=\ln\frac{1+\tanh(1.3863/2)\tanh(1.3863/2)}{1-\tanh(1.3863/2)\tanh(1.3863/2)}\\&=\ln\frac{1+0.6\times0.6}{1-0.6\times0.6}=0.7538\end{aligned}$$

校验节点 1 就把该信息传递给比特节点 1，类似地，可求出 $E_{1,2}=-0.7538$，$E_{1,4}=-0.7538$，如图 8.31 所示。

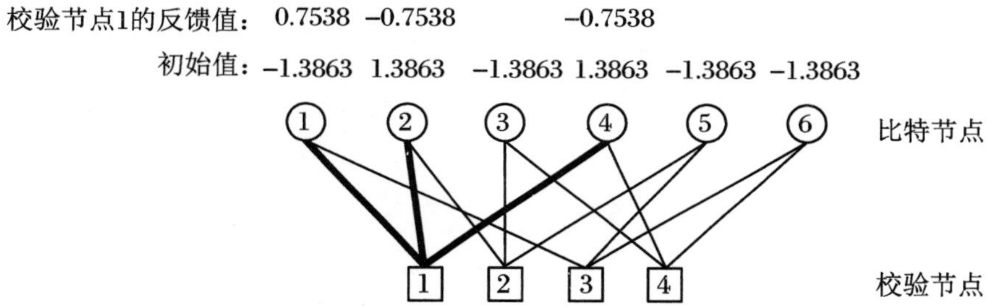

图 8.31　校验节点 1 的反馈值

第 2 个校验节点连接着第 2,3,5 比特节点，因此可得相应的外部信息(对数似然值)为

$$\begin{aligned}E_{2,2}&=\ln\frac{1+\tanh(M_{2,3}/2)\tanh(M_{2,5}/2)}{1-\tanh(M_{2,3}/2)\tanh(M_{2,5}/2)}\\&=\ln\frac{1+(-0.6)\times(-0.6)}{1-(-0.6)\times(-0.6)}=0.7538\end{aligned}$$

$$E_{2,3}=-0.7538,\quad E_{2,5}=-0.7538$$

$$E_{3,1}=0.7538,\quad E_{3,5}=0.7538,\quad E_{3,6}=0.7538$$

$$E_{4,3}=-0.7538,\quad E_{4,4}=0.7538,\quad E_{4,6}=-0.7538$$

这样，4 个校验节点的反馈值如图 8.32 所示。

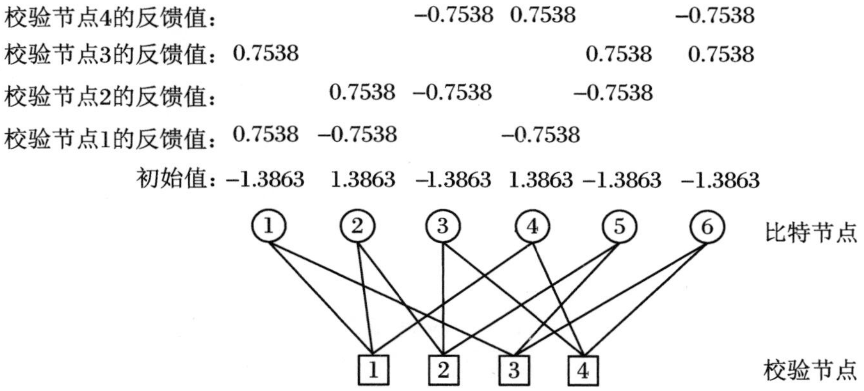

图 8.32　4 个校验节点的反馈值

也可将这些外部信息写成矩阵形式，为

$$E=\begin{bmatrix}0.7538 & -0.7538 & \cdot & -0.7538 & \cdot & \cdot \\ \cdot & 0.7538 & -0.7538 & \cdot & -0.7538 & \cdot \\ 0.7538 & \cdot & \cdot & \cdot & 0.7538 & 0.7538 \\ \cdot & \cdot & -0.7538 & 0.7538 & \cdot & -0.7538\end{bmatrix}$$

这样，每个比特节点就会收到多个外部信息，根据式(8.47)更新比特节点处的值(即每个比特的后验概率对数似然值)，进行判决(此时为硬判决)后，得到估计的编码序列 $\hat{c}$。通过验证 $\hat{c}\cdot\boldsymbol{H}^{\mathrm{T}}$ 是否为 $\mathbf{0}$，就可知道估计编码序列 $\hat{c}$ 是否为一个合法码字。

本例中，第 1 个比特节点收到第 1、第 3 校验节点发来的外部信息 $E_{1,1}$ 和 $E_{3,1}$，还有一个从信道收到的内部信息 R_1，则比特节点 1 处更新的值 L_1 为

$$\begin{aligned}L_1 &= R_1+E_{1,1}+E_{3,1}\\ &= -1.3863+0.7538+0.7538\\ &= 0.1213\end{aligned}$$

判决时，如果 $L_1>0$，判为 0，表明码序列中的第 1 个比特译为 0。

同理

$$\begin{aligned}L_2 &= R_2+E_{1,2}+E_{2,2}=1.3863\\ L_3 &= R_3+E_{2,3}+E_{4,3}=-2.8938\\ L_4 &= R_4+E_{1,4}+E_{4,4}=1.3863\\ L_5 &= R_5+E_{2,5}+E_{3,5}=-1.3863\\ L_6 &= R_6+E_{3,6}+E_{4,6}=-1.3863\end{aligned}$$

可得判决译码后的编码序列为 $\hat{c}=[0\quad 0\quad 1\quad 0\quad 1\quad 1]$。

对 $\hat{c}$ 进行验证，即验证校正子 $\boldsymbol{s}=\hat{c}\cdot\boldsymbol{H}^{\mathrm{T}}$ 是否为 $\mathbf{0}$。由

$$\begin{aligned}\boldsymbol{s} &= \hat{c}\cdot\boldsymbol{H}^{\mathrm{T}}\\ &= [0\quad 0\quad 1\quad 0\quad 1\quad 1]\begin{bmatrix}1&0&1&0\\1&1&0&0\\0&1&0&1\\1&0&0&1\\0&1&1&0\\0&0&1&1\end{bmatrix}\\ &= [0\quad 0\quad 0\quad 0]\end{aligned}$$

可知估计的编码序列 $\hat{c}$ 是一个合法码字，译码结束。

当然，还有一些计算复杂度低的改进方法，就不叙述了。

本章小结

本章首先对规则/非规则、围长、度分布等基本概念进行了介绍，然后描述了 Gallager 构造法、MacKay 构造法、置换构造法等几种校验矩阵 $\boldsymbol{H}$ 的构造方法，学习了基于 $\boldsymbol{H}$ 实现线性编码的 Richardson 编码算法。最后在译码方面，主要学习了在 BEC 下的消息传递译码算法、BSC 下的比特翻转译码算法及和积算法。

习题

8.1 使用 Gallager 方法构造出码长为 24、行重为 4、列重为 3 的 LDPC 码。

8.2 证明$(n,1)$重复码是 LDPC 码,求出其校验矩阵,画出其 Tanner 图。

8.3 设一 LDPC 码的校验矩阵为 $\boldsymbol{H}=\begin{bmatrix}1&1&0&1&0&0\\0&1&1&0&1&0\\1&0&0&0&1&1\\0&0&1&1&0&1\end{bmatrix}$。

(1) 计算该码的编码码率;

(2) 经过 BEC 后,接收到的向量为 $\boldsymbol{y}=[0\quad e\quad 1\quad e\quad 1\quad e]$,请用消息传递算法译出发送的编码序列;

(3) 经过 BSC 后,接收到的向量为 $\boldsymbol{y}=[1\quad 0\quad 1\quad 0\quad 1\quad 0]$,请用比特翻转译码算法译出发送的编码序列;

(4) 经过 BSC($\varepsilon=0.1$)后,接收到的向量仍为 $\boldsymbol{y}=[1\quad 0\quad 1\quad 0\quad 1\quad 0]$,请用和积译码算法译出发送的编码序列。

参考文献

[1] Gallager R G. Low density parity check codes[J]. IRE Transactions on Information Theory, 1962, 8(1): 21-28.

[2] Tanner R M. A recursive approach to low complexity codes[J]. IEEE Transactions on Information Theory, 1981, 27(5): 533-547.

[3] MacKay D, Neal R. Near Shannon limit performance of low density parity check codes[J]. Electronics Letters, 1996, 32(18): 1645-1646.

[4] Luby M, Mitzenmacher M, Shokrollahi M A, et al. Practical loss-resilient codes[C]. Proceedings of the Twenty-ninth Annual ACM Symposium on Theory of Computing, May 4-6, 1997, Paso Texas, USA: 150-159.

[5] Luby M, Mitzenmacher M, Shokrollahi M A, et al. Improved low-density parity-check codes using irregular graphs[J]. IEEE Transactions on Information Theory, 2001, 47(2): 585-598.

[6] Hohnson S J. Iterative error correction Turbo, low-density parity-check and repeat-accumulated codes[M]. Cambridge: Cambridge University Press, 2010.

[7] Lin S, Li J. Fundamentals of classical and modern error-correcting codes[M]. Cambridge: Cambridge University Press, 2022.

[8] Richardson T, Urbanke R. The capacity of low-density parity check codes under message-passing decoding[J]. IEEE Transactions on Information Theory, 2001, 47(2): 599-618.

[9] Hu X, Eleftheriou E, Arnold D. Progressive edge-growth tanner graphs[C]. IEEE Global Telecommunications Conference, Nov. 25-29, 2001, San Antonio, Tx, USA: 995-1001.

[10] Hu X, Eleftheriou E, Arnold D. Regular and irregular progressive edge-growth tanner graphs[J]. IEEE Transactions on Information Theory, 2005, 51(1): 386-398.

[11] Thorpe J. Low-density parity-check (LDPC) codes constructed from photographs[R]. IPN Progress Report, 2003, 42(154).

[12] Kschischang F R, Frey B J, Loeliger H. Factor graphs and the sumproduct algorithm[J]. IEEE Transactions on Information Theory, 2001, 47(2): 498-519.

[13] Fossorier M P C, Mihaljevic M, Imai H. Reduced complexity iterative decoding of low-density parity check codes based on belief propagation[J]. IEEE Transactions on Communications, 1999, 47(5): 673-680.

[14] Chen J, Dholakia A, Eleftheriou E, et al. Reduced complexity decoding of LDPC codes[J]. IEEE Transactions on Communications, 2005, 53(8): 1288-1299.

[15] Nguyen-Ly T, Savin V, Le K, et al. Analysis and design of cost-effective, high-throughput LDPC decoders[J]. IEEE Transactions on Very Large Scale Integration (VLSI) Systems, 2018, 26(3): 508-521.

[16] Lewandowsky J, Bauch G. Information-optimum LDPC decoders based on the information bottleneck method[J]. IEEE Access, 2018, 6: 4054-4071.

第9章 极 化 码

本章首先学习了信道极化的基本原理，详细描述了信道合并与信道分解过程，阐明了极化码的编码方法，最后介绍了基于树图的连续消除译码算法。

9.1 引 言

2008年土耳其Bilkent大学Erdal Arikan教授在国际信息论会议（International Symposium on Information Theory，ISIT）上首次提出了极化码的概念[1]，它是一种基于信道极化理论提出的线性信道编码方法，具有较低的编译码复杂度，当码长为 N 时，复杂度为 $O(N\log N)$。2016年11月17日，在3GPP RAN1 87次会议上，华为倡导的极化码成为5G增强型移动宽带（Enhanced Mobile BroadBand，eMBB）场景控制信道的编码方案[2-3]。

信道极化包括信道合并和信道分解两部分。当合并信道的数目趋于无穷大时，会出现极化现象：一部分信道将趋于无噪信道，另外一部分则趋于全噪信道，这种现象就是信道极化。无噪信道的传输速率会达到信道容量 $I(\boldsymbol{W})$，而全噪信道的传输速率趋于0。极化码的编码策略正是根据这种特性，利用无噪信道传输用户的有用信息，全噪信道传输约定的信息或者不传信息。

基于信道极化理论提出的极化码，是第一类被证明在码长无限长时、采用逐次消除译码算法可严格达到二进制对称信道（BSC）容量的信道编码方案[4]。

二进制离散无记忆信道（Binary Discrete Memoryless Channel，BDMC）有两个主要的信道参数：信道容量和巴氏参数（Bhattacharyya parameter）。

给定一个BDMC $\boldsymbol{W}: X\rightarrow Y$，$X$ 和 Y 分别为输入和输出，令 $P(Y|X)$ 为信道转移概率，其中 $X\in\{0,1\}$。对于信道 $\boldsymbol{W}$，信道容量 $I(\boldsymbol{W})$ 和巴氏参数 $Z(\boldsymbol{W})$ 分别为

$$I(\boldsymbol{W}) = \sum_{y\in Y}\sum_{x\in X}\frac{1}{2}P(y\mid x)\log\frac{P(y\mid x)}{\frac{1}{2}P(y\mid 0)+\frac{1}{2}P(y\mid 1)} \tag{9.1}$$

$$Z(\boldsymbol{W}) = \sum_{y\in Y}\sqrt{P(y\mid 0)P(y\mid 1)} \tag{9.2}$$

这两个参数分别用于信道速率和信道可靠性的度量，$I(\boldsymbol{W})$ 是等概率信源通过信道 $\boldsymbol{W}$ 能够可靠传输的最高速率，巴氏参数 $Z(\boldsymbol{W})$ 是信道使用一次最大似然判决后的错误概率上限。$I(\boldsymbol{W})$ 和 $Z(\boldsymbol{W})$ 的取值范围都为 $[0,1]$，当 $I(\boldsymbol{W})\rightarrow 1$ 时，$Z(\boldsymbol{W})\rightarrow 0$；当 $Z(\boldsymbol{W})\rightarrow 1$ 时，

$I(\boldsymbol{W})\to 0$。当 $\boldsymbol{W}$ 为对称信道时，$I(\boldsymbol{W})$等于香农容量。极化码的核心就是信道极化理论，不同的信道对应的极化方法有区别。

9.2 信道极化与编码

信道极化过程包括信道合并和信道分解，如图 9.1 所示。先将 N 个 BDMC $\boldsymbol{W}$ 通过线性变换合并成 $\boldsymbol{W}_N$，再将 $\boldsymbol{W}_N$ 分解为 N 个极化子信道$\{\boldsymbol{W}_N^{(i)}:1\leqslant i\leqslant N\}$，就是信道极化现象的具体实现过程。

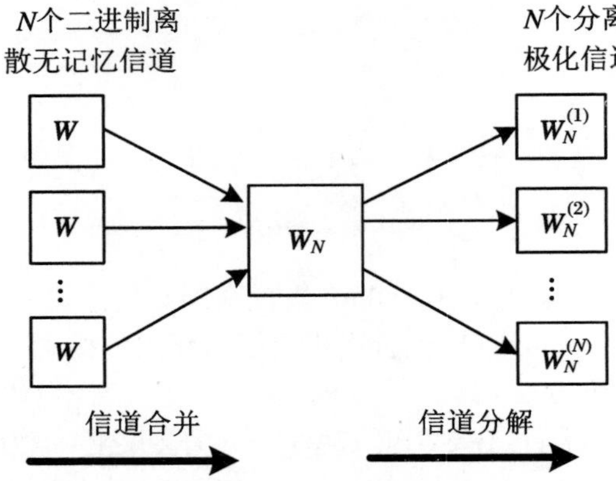

图 9.1 信道极化过程

信道合并是对 N 个独立的二进制离散信道 $\boldsymbol{W}$ 使用递归方式生成信道 $\boldsymbol{W}_N:\boldsymbol{X}^N\to\boldsymbol{Y}^N$，其中 $\boldsymbol{X}^N=\{x_1,x_2,\cdots,x_N\}$，$\boldsymbol{Y}^N=\{y_1,y_2,\cdots,y_N\}$，$N=2^n(n\geqslant 0)$。递归从第 0 级$(n=0)$开始，这一级只有一个 $\boldsymbol{W}$，定义 $\boldsymbol{W}_1=\boldsymbol{W}$。

递归的第 1 级$(n=1)$是合并两个独立的 $\boldsymbol{W}_1$，得到 $\boldsymbol{W}_2:\boldsymbol{X}^2\to\boldsymbol{Y}^2$，如图 9.2 所示。

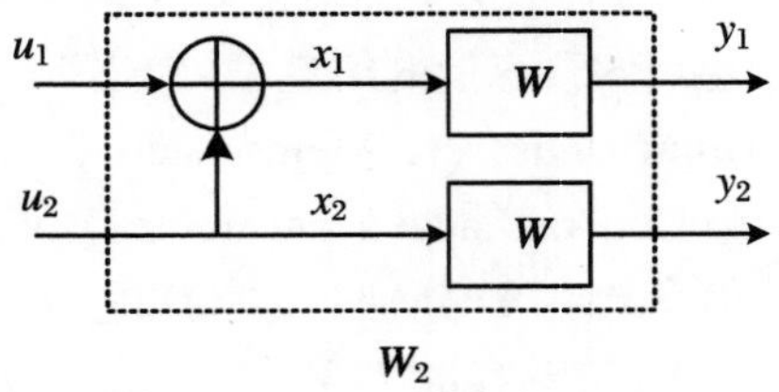

图 9.2 合成 $\boldsymbol{W}_2$ 信道的过程

$\boldsymbol{W}_2$ 的信道转移概率为

$$\boldsymbol{W}_2(y_1,y_2\mid u_1,u_2)=\boldsymbol{W}(y_1\mid u_1\oplus u_2)\boldsymbol{W}(y_2\mid u_2) \tag{9.3}$$

由图 9.2 可知

$$\begin{cases}x_1=u_1\oplus u_2\\x_2=u_2\end{cases} \tag{9.4}$$

因此可得

$$[x_1 \quad x_2] = [u_1 \quad u_2]\begin{bmatrix}1 & 0\\1 & 1\end{bmatrix} = [u_1 \quad u_2]\cdot \boldsymbol{G}_2 \tag{9.5}$$

其中 $\boldsymbol{G}_2=\begin{bmatrix}1 & 0\\1 & 1\end{bmatrix}$，表示当 $N=2$ 时的生成矩阵，即根据输入 u_1 和 u_2 得到 x_1 和 x_2 的生成矩阵。

递归的第2级($n=2$)是合并两个独立的 $\boldsymbol{W}_2$，得到 $\boldsymbol{W}_4:\boldsymbol{X}^4\rightarrow\boldsymbol{Y}^4$，如图9.3所示。

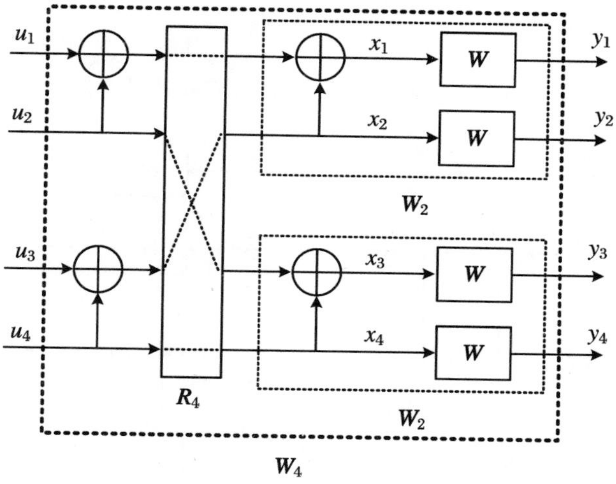

图9.3 合成 W_4 信道的过程

$\boldsymbol{W}_4$ 的信道转移概率为

$$\begin{aligned}
&\boldsymbol{W}_4(y_1^4 \mid u_1^4)\\
&= \boldsymbol{W}_2(y_1^2 \mid u_1\oplus u_2, u_3\oplus u_4)\boldsymbol{W}_2(y_3^4 \mid u_2, u_4)\\
&= \boldsymbol{W}(y_1 \mid u_1\oplus u_2\oplus u_3\oplus u_4)\boldsymbol{W}(y_2 \mid u_3\oplus u_4)\boldsymbol{W}(y_3 \mid u_2\oplus u_4)\boldsymbol{W}(y_4 \mid u_4)\\
&= \boldsymbol{W}^4(y_1^4 \mid u_1^4\boldsymbol{G}_4)
\end{aligned} \tag{9.6}$$

其中

$$\boldsymbol{W}^N(y_1^N \mid u_1^N) = \prod_{i=1}^{N}\boldsymbol{W}(y_i \mid u_i) \tag{9.7}$$

由此可知

$$\boldsymbol{W}_N(y_1^N \mid u_1^N) = \boldsymbol{W}^N(y_1^N \mid u_1^N\boldsymbol{G}_N) \tag{9.8}$$

由图9.3可知

$$\begin{cases}
x_1 = u_1\oplus u_2\oplus u_3\oplus u_4\\
x_2 = u_3\oplus u_4\\
x_3 = u_2\oplus u_4\\
x_4 = u_4
\end{cases} \tag{9.9}$$

因此可得

$$[x_1 \quad x_2 \quad x_3 \quad x_4] = [u_1 \quad u_2 \quad u_3 \quad u_4]\begin{bmatrix}1&0&0&0\\1&0&1&0\\1&1&0&0\\1&1&1&1\end{bmatrix} = [u_1 \quad u_2 \quad u_3 \quad u_4] \cdot \boldsymbol{G}_4 \tag{9.10}$$

其中 $\boldsymbol{G}_4=\begin{bmatrix}1&0&0&0\\1&0&1&0\\1&1&0&0\\1&1&1&1\end{bmatrix}$。

若把图 9.3 中的连线重新整理,可得更为直观的关系图[5],如图 9.4 所示。

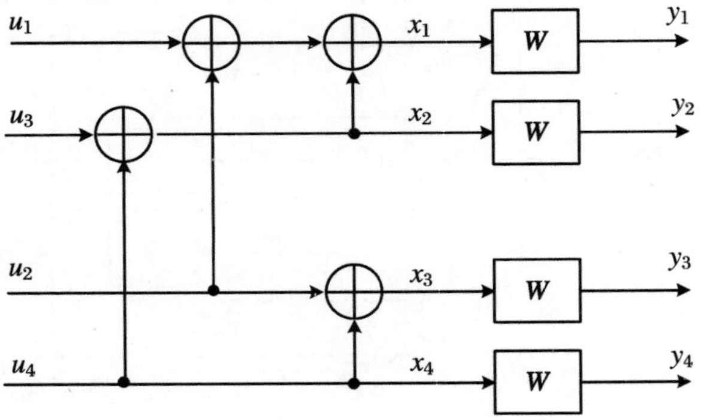

图 9.4　W_4 信道合成过程的另一种表示

递归的第 3 级($n=3$)是合并两个独立的 $\boldsymbol{W}_4$,得到 $\boldsymbol{W}_8:\boldsymbol{X}^8\rightarrow\boldsymbol{Y}^8$,如图 9.5 所示。

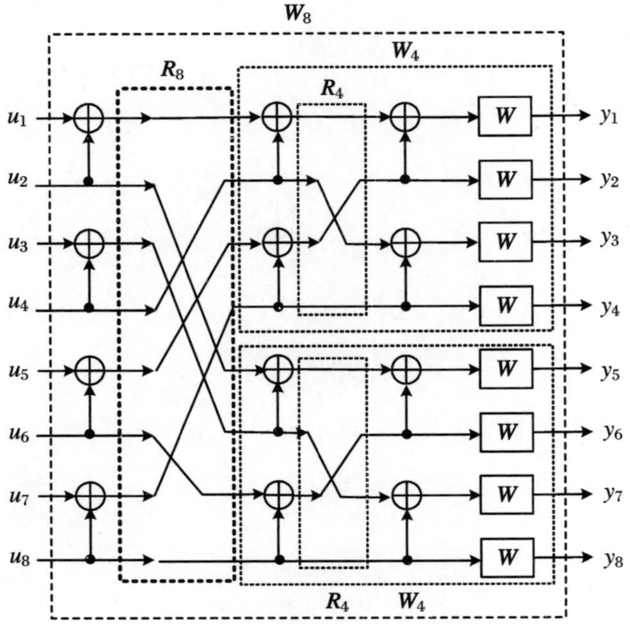

图 9.5　合成 W_8 信道的过程

生成矩阵 $\boldsymbol{G}_8$ 为

$$\boldsymbol{G}_8 = \begin{bmatrix} 1 & 0 & 0 & 0 & 0 & 0 & 0 & 0 \\ 1 & 0 & 0 & 0 & 1 & 0 & 0 & 0 \\ 1 & 0 & 1 & 0 & 0 & 0 & 0 & 0 \\ 1 & 0 & 1 & 0 & 1 & 0 & 1 & 0 \\ 1 & 1 & 0 & 0 & 0 & 0 & 0 & 0 \\ 1 & 1 & 0 & 0 & 1 & 1 & 0 & 0 \\ 1 & 1 & 1 & 1 & 0 & 0 & 0 & 0 \\ 1 & 1 & 1 & 1 & 1 & 1 & 1 & 1 \end{bmatrix} \tag{9.11}$$

若把图 9.5 中的连线重新整理，可得图 9.6。

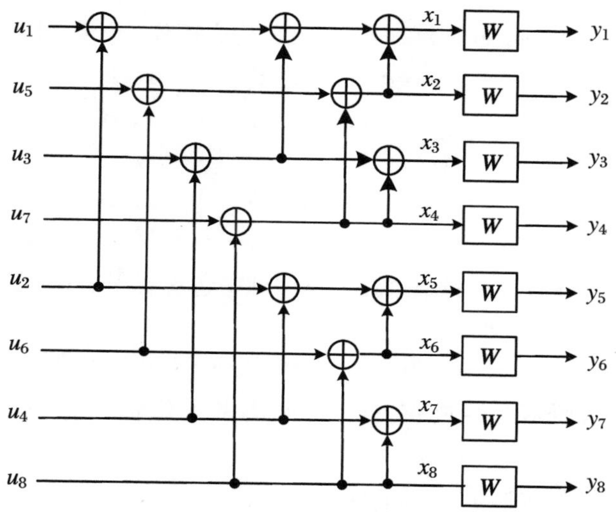

图 9.6　$\boldsymbol{W}_8$ 信道合成过程的另一种表示

由此可得极化编码器的递归构造为

$$\boldsymbol{G}_N = \boldsymbol{B}_N \boldsymbol{F}^{\otimes n} \tag{9.12}$$

其中

$$\boldsymbol{B}_N = \boldsymbol{R}_N(\boldsymbol{I}_2 \otimes \boldsymbol{B}_{N/2}) \tag{9.13}$$

$$\boldsymbol{B}_2 = \boldsymbol{I}_2 = \begin{bmatrix} 1 & 0 \\ 0 & 1 \end{bmatrix} \tag{9.14}$$

$\boldsymbol{R}_N$ 是一个排列运算，能够实现将奇数位放在前面，偶数位放在后面。比如一个序列 $\boldsymbol{u} = [1 \quad 2 \quad 3 \quad 4]$，如若实现将奇数在前、偶数在后的目的，即 $\boldsymbol{u}' = [1 \quad 3 \quad 2 \quad 4]$，取

$$\boldsymbol{R}_4 = \begin{bmatrix} 1 & 0 & 0 & 0 \\ 0 & 0 & 1 & 0 \\ 0 & 1 & 0 & 0 \\ 0 & 0 & 0 & 1 \end{bmatrix} \tag{9.15}$$

则可实现 $\boldsymbol{u}' = \boldsymbol{u} \cdot \boldsymbol{R}_4$。若要将序列 $[1 \quad 2 \quad 3 \quad 4 \quad 5 \quad 6 \quad 7 \quad 8]$ 转换为 $[1 \quad 3 \quad 5 \quad 7 \quad 2 \quad 4 \quad 6 \quad 8]$，对应的 $\boldsymbol{R}_8$ 为

$$\boldsymbol{R}_8 = \begin{bmatrix} 1 & 0 & 0 & 0 & 0 & 0 & 0 & 0 \\ 0 & 0 & 0 & 0 & 1 & 0 & 0 & 0 \\ 0 & 1 & 0 & 0 & 0 & 0 & 0 & 0 \\ 0 & 0 & 0 & 0 & 0 & 1 & 0 & 0 \\ 0 & 0 & 1 & 0 & 0 & 0 & 0 & 0 \\ 0 & 0 & 0 & 0 & 0 & 0 & 1 & 0 \\ 0 & 0 & 0 & 1 & 0 & 0 & 0 & 0 \\ 0 & 0 & 0 & 0 & 0 & 0 & 0 & 1 \end{bmatrix} \tag{9.16}$$

$$\boldsymbol{F}^{\otimes 2} = \boldsymbol{F} \otimes \boldsymbol{F} \tag{9.17}$$

$$\boldsymbol{F} = \begin{bmatrix} 1 & 0 \\ 1 & 1 \end{bmatrix} \tag{9.18}$$

其中“$\otimes$”表示克罗内克(Kronecker)积，若 $\boldsymbol{A}$ 和 $\boldsymbol{B}$ 均为矩阵，则 $\boldsymbol{A}\otimes\boldsymbol{B}$ 运算为

$$\boldsymbol{A} \otimes \boldsymbol{B} = \begin{bmatrix} a_{11}\boldsymbol{B} & a_{12}\boldsymbol{B} & \cdots & a_{1N}\boldsymbol{B} \\ a_{21}\boldsymbol{B} & a_{22}\boldsymbol{B} & \cdots & a_{2N}\boldsymbol{B} \\ \vdots & \vdots & \ddots & \vdots \\ a_{N1}\boldsymbol{B} & a_{N2}\boldsymbol{B} & \cdots & a_{NN}\boldsymbol{B} \end{bmatrix} \tag{9.19}$$

通过以上的符号说明，我们可以构造生成矩阵 $\boldsymbol{G}_N(N=2^n)$。值得注意的是，N 既是信息序列的长度，也是编码序列的长度，只不过在信息序列中包含有用信息(在无噪信道传输)和已知的无用信息(在全噪信道传输)。

由图 9.2～图 9.6 可知，当输入为 $\boldsymbol{u}_1^N=\{u_1,u_2,\cdots,u_N\}$，编码输出序列为 $\boldsymbol{X}^N=\boldsymbol{u}_1^N\cdot\boldsymbol{G}_N=\{x_1,x_2,\cdots,x_N\}$，而 $\boldsymbol{X}^N$ 经过 N 个二进制离散无记忆信道后在接收端得到 $\boldsymbol{Y}^N=\{y_1,y_2,\cdots,y_N\}$，$\boldsymbol{X}^N$ 和 $\boldsymbol{Y}^N$ 是一一映射关系。

例 9.1 当 $N=4$ 时，构造生成矩阵 $\boldsymbol{G}_4$。

根据式(9.12)所示的递归公式可知

$$\boldsymbol{G}_4 = \boldsymbol{B}_4\boldsymbol{F}^{\otimes 2}$$

$$\boldsymbol{F}^{\otimes 2} = \boldsymbol{F} \otimes \boldsymbol{F} = \begin{bmatrix} 1 & 0 \\ 1 & 1 \end{bmatrix} \otimes \begin{bmatrix} 1 & 0 \\ 1 & 1 \end{bmatrix} = \begin{bmatrix} 1 & 0 & 0 & 0 \\ 1 & 1 & 0 & 0 \\ 1 & 0 & 1 & 0 \\ 1 & 1 & 1 & 1 \end{bmatrix}$$

根据式(9.13)得

$$\boldsymbol{B}_4 = \boldsymbol{R}_4(\boldsymbol{I}_2 \otimes \boldsymbol{B}_{4/2}) = \begin{bmatrix} 1 & 0 & 0 & 0 \\ 0 & 0 & 1 & 0 \\ 0 & 1 & 0 & 0 \\ 0 & 0 & 0 & 1 \end{bmatrix} \left[\begin{bmatrix} 1 & 0 \\ 0 & 1 \end{bmatrix} \otimes \begin{bmatrix} 1 & 0 \\ 0 & 1 \end{bmatrix}\right]$$

$$= \begin{bmatrix} 1 & 0 & 0 & 0 \\ 0 & 0 & 1 & 0 \\ 0 & 1 & 0 & 0 \\ 0 & 0 & 0 & 1 \end{bmatrix} \begin{bmatrix} 1 & 0 & 0 & 0 \\ 0 & 1 & 0 & 0 \\ 0 & 0 & 1 & 0 \\ 0 & 0 & 0 & 1 \end{bmatrix} = \begin{bmatrix} 1 & 0 & 0 & 0 \\ 0 & 0 & 1 & 0 \\ 0 & 1 & 0 & 0 \\ 0 & 0 & 0 & 1 \end{bmatrix}$$

最后可得

$$G_4 = \begin{bmatrix}1&0&0&0\\0&0&1&0\\0&1&0&0\\0&0&0&1\end{bmatrix}\begin{bmatrix}1&0&0&0\\1&1&0&0\\1&0&1&0\\1&1&1&1\end{bmatrix} = \begin{bmatrix}1&0&0&0\\1&0&1&0\\1&1&0&0\\1&1&1&1\end{bmatrix}$$

例 9.2 当 $N=8$ 时，构造生成矩阵 $\boldsymbol{G}_8$。

根据式(9.12)所示的递归公式可知

$$\boldsymbol{G}_8 = \boldsymbol{B}_8 \boldsymbol{F}^{\otimes 3}$$

$$\boldsymbol{F}^{\otimes 3} = \boldsymbol{F} \otimes \boldsymbol{F} \otimes \boldsymbol{F} = \begin{bmatrix}1&0\\1&1\end{bmatrix} \otimes \begin{bmatrix}1&0\\1&1\end{bmatrix} \otimes \begin{bmatrix}1&0\\1&1\end{bmatrix} = \begin{bmatrix}1&0&0&0\\1&1&0&0\\1&0&1&0\\1&1&1&1\end{bmatrix} \otimes \begin{bmatrix}1&0\\1&1\end{bmatrix}$$

$$= \begin{bmatrix}1&0&0&0&0&0&0&0\\1&1&0&0&0&0&0&0\\1&0&1&0&0&0&0&0\\1&1&1&1&0&0&0&0\\1&0&0&0&1&0&0&0\\1&1&0&0&1&1&0&0\\1&0&1&0&1&0&1&0\\1&1&1&1&1&1&1&1\end{bmatrix}$$

所以有

$$\boldsymbol{F}^{\otimes n} = \boldsymbol{F} \otimes \boldsymbol{F}^{\otimes (n-1)} = \begin{bmatrix}\boldsymbol{F}^{\otimes (n-1)} & \boldsymbol{0}\\ \boldsymbol{F}^{\otimes (n-1)} & \boldsymbol{F}^{\otimes (n-1)}\end{bmatrix} \tag{9.20}$$

根据式(9.13)得

$$\boldsymbol{B}_8 = \boldsymbol{R}_8(\boldsymbol{I}_2 \otimes \boldsymbol{B}_{8/2}) = \begin{bmatrix}1&0&0&0&0&0&0&0\\0&0&0&0&1&0&0&0\\0&1&0&0&0&0&0&0\\0&0&0&0&0&1&0&0\\0&0&1&0&0&0&0&0\\0&0&0&0&0&0&1&0\\0&0&0&1&0&0&0&0\\0&0&0&0&0&0&0&1\end{bmatrix}\left[\begin{bmatrix}1&0\\0&1\end{bmatrix} \otimes \begin{bmatrix}1&0&0&0\\0&0&1&0\\0&1&0&0\\0&0&0&1\end{bmatrix}\right]$$

$$= \begin{bmatrix}1&0&0&0&0&0&0&0\\0&0&0&0&1&0&0&0\\0&1&0&0&0&0&0&0\\0&0&0&0&0&1&0&0\\0&0&1&0&0&0&0&0\\0&0&0&0&0&0&1&0\\0&0&0&1&0&0&0&0\\0&0&0&0&0&0&0&1\end{bmatrix}\begin{bmatrix}1&0&0&0&0&0&0&0\\0&0&1&0&0&0&0&0\\0&1&0&0&0&0&0&0\\0&0&0&1&0&0&0&0\\0&0&0&0&1&0&0&0\\0&0&0&0&0&1&0&0\\0&0&0&0&0&1&0&0\\0&0&0&0&0&0&0&1\end{bmatrix}$$

$$
=\begin{bmatrix}1&0&0&0&0&0&0&0\\0&0&0&0&1&0&0&0\\0&0&1&0&0&0&0&0\\0&0&0&0&0&0&1&0\\0&1&0&0&0&0&0&0\\0&0&0&0&0&1&0&0\\0&0&0&1&0&0&0&0\\0&0&0&0&0&0&0&1\end{bmatrix}
$$

最后可得

$$
\boldsymbol{G}_8=\begin{bmatrix}1&0&0&0&0&0&0&0\\0&0&0&0&1&0&0&0\\0&0&1&0&0&0&0&0\\0&0&0&0&0&0&1&0\\0&1&0&0&0&0&0&0\\0&0&0&0&0&1&0&0\\0&0&0&1&0&0&0&0\\0&0&0&0&0&0&0&1\end{bmatrix}\begin{bmatrix}1&0&0&0&0&0&0&0\\1&1&0&0&0&0&0&0\\1&0&1&0&0&0&0&0\\1&1&1&1&0&0&0&0\\1&0&0&0&1&0&0&0\\1&1&0&0&1&1&0&0\\1&0&1&0&1&0&1&0\\1&1&1&1&1&1&1&1\end{bmatrix}
$$

$$
=\begin{bmatrix}1&0&0&0&0&0&0&0\\1&0&0&0&1&0&0&0\\1&0&1&0&0&0&0&0\\1&0&1&0&1&0&1&0\\1&1&0&0&0&0&0&0\\1&1&0&0&1&1&0&0\\1&1&1&1&0&0&0&0\\1&1&1&1&1&1&1&1\end{bmatrix}
$$

经过与式(9.11)验证,生成矩阵相同。

关于编码矩阵,还有更简便的方法,即

$$
\boldsymbol{G}_N=\begin{bmatrix}\boldsymbol{G}_{\frac{N}{2}Z}\\\boldsymbol{G}_{\frac{N}{2}R}\end{bmatrix}\tag{9.21}
$$

其中 $\boldsymbol{G}_{\frac{N}{2}Z}$是在 $\boldsymbol{G}_{\frac{N}{2}}$矩阵中的每个元素后添加“0”,而 $\boldsymbol{G}_{\frac{N}{2}R}$是对 $\boldsymbol{G}_{\frac{N}{2}}$矩阵中的每个元素进行重复。

例 9.3 用式(9.21)的方法构造 $\boldsymbol{G}_4$。

$N=4$ 时,$\boldsymbol{G}_4=\begin{bmatrix}\boldsymbol{G}_{2Z}\\\boldsymbol{G}_{2R}\end{bmatrix}$。

我们知道 $\boldsymbol{G}_2=\begin{bmatrix}1&0\\1&1\end{bmatrix}$,则

$$
\boldsymbol{G}_{2Z}=\begin{bmatrix}1&0&0&0\\1&0&1&0\end{bmatrix}
$$

$$
\boldsymbol{G}_{2R}=\begin{bmatrix}1&1&0&0\\1&1&1&1\end{bmatrix}
$$

由此可得

$$G_4 = \begin{bmatrix} G_{2Z} \\ G_{2R} \end{bmatrix} = \begin{bmatrix} 1 & 0 & 0 & 0 \\ 1 & 0 & 1 & 0 \\ 1 & 1 & 0 & 0 \\ 1 & 1 & 1 & 1 \end{bmatrix}$$

对于生成矩阵 G_N 来说，它具有如下特性：

$$G_N = G_N^{-1} \tag{9.22}$$

因此，$G_N \cdot G_N^{-1} = I_N$。

前述内容是将 N 个独立信道 W 合成一个 W_N 的过程，信道极化是对这 N 个信道进行信道变换，在各个独立信道之间引入相关性，得到一组具有前后依赖关系的极化信道 $W_N^{(i)}$：$X \to Y \times X^{i-1}(i=1,2,\cdots,N)$，其中"×"表示笛卡儿积，其信道转移概率[1]为

$$W_N^{(i)}(y_1^N, u_1^{i-1} \mid u_i) = \sum_{u_{i+1}^N \in X^{N-i}} \frac{1}{2^{N-1}} W_N(y_1^N \mid u_1^N) \tag{9.23}$$

其中

$$W_N(y_1^N \mid u_1^N) = \prod_{i=1}^{N} W(y_i \mid x_i) \tag{9.24}$$

极化信道是虚拟信道，它和实际的物理信道 W 关联密切，因此需要阐明两者的关系。

假设有两个 BDMC 信道 W，其输入分别是 x_1 与 x_2，对应的输出分别是 y_1 与 y_2，如图 9.7(a)所示。

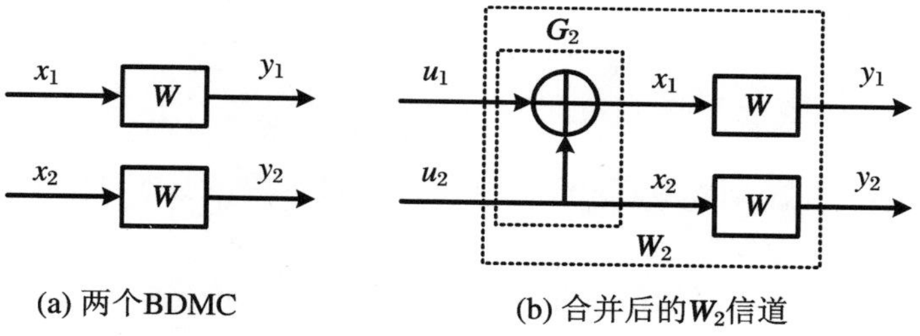

(a) 两个BDMC　　(b) 合并后的 W_2 信道

图 9.7

对每个 BDMC W 而言，其信道容量为

$$I(x_1;y_1) = I(x_2;y_2) = I(W) \tag{9.25}$$

那么两个 W 信道的和容量就为 $2I(W)$。

如果将两个信道 W 合并，如图 9.7(b)所示，则合并成信道 W_2。从 W_2 信道的视角看，(u_1,u_2)是信道输入，(y_1,y_2)是信道输出，W_2 的信道容量为

$$I(u_1,u_2;y_1,y_2) = 2I(W) \tag{9.26}$$

而 W_2 的信道转移概率为

$$W_2(y_1,y_2 \mid u_1,u_2) = W(y_1 \mid u_1 \oplus u_2) W(y_2 \mid u_2)$$

由于$[x_1 \quad x_2] = [u_1 \quad u_2] \cdot G_2$，因此$(u_1,u_2)$和$(x_1,x_2)$是一一对应的克罗内克映射(Kronecker mapping)(即 $u_1u_2=00 \to x_1x_2=00$，$u_1u_2=01 \to x_1x_2=11$，$u_1u_2=10 \to x_1x_2=10$，$u_1u_2=11 \to x_1x_2=01$)，因此式(9.26)表示的 W_2 信道容量可写为[8]

$$\begin{aligned} I(u_1,u_2;y_1,y_2) &= I(x_1,x_2;y_1,y_2) \\ &= I(x_1;y_1) + I(x_2;y_2) = 2I(W) \end{aligned} \tag{9.27}$$

根据互信息的链式规则,式(9.27)又可写为

$$\begin{aligned} I(u_1,u_2;y_1,y_2) &= I(x_1;y_1,y_2)+I(x_2;y_1,y_2\mid x_1) \\ &= I(x_1;y_1,y_2)+I(x_2;y_1,y_2,x_1) \end{aligned} \tag{9.28}$$

从式(9.28)中可以看出,实现 $\boldsymbol{W}_2$ 的信道容量包含两个步骤:① 通过虚拟信道 $\boldsymbol{W}_2^{(1)}:u_1\to(y_1,y_2)$ 发送信息,容量为 $I(x_1;y_1,y_2)$;② 如果前面已知了 u_1,则可以通过虚拟信道 $\boldsymbol{W}_2^{(2)}:u_2\to(y_1,y_2,u_1)$ 译出发送的信息(这与后面的译码部分相关),容量为 $I(x_2;y_1,y_2,u_1)$。从这点来说,合成信道 $\boldsymbol{W}_2$ 可以分为两个虚拟信道(即极化信道):

$$\boldsymbol{W}_2^{(1)}:u_1\to(y_1,y_2) \tag{9.29}$$

$$\boldsymbol{W}_2^{(2)}:u_2\to(y_1,y_2,u_1) \tag{9.30}$$

如果 $\boldsymbol{W}$ 是对称信道,则极化信道 $\boldsymbol{W}_2^{(1)}$ 和 $\boldsymbol{W}_2^{(2)}$ 也是对称信道。根据式(9.23)可得到两个极化信道 $\boldsymbol{W}_2^{(1)}$ 和 $\boldsymbol{W}_2^{(2)}$ 的转移概率函数分别为

$$\boldsymbol{W}_2^{(1)}(y_1^2\mid u_1)=\sum_{u_2\in X}\frac{1}{2}\boldsymbol{W}_2(y_1^2\mid u_1^2)=\sum_{u_2\in X}\frac{1}{2}\boldsymbol{W}(y_1\mid u_1\oplus u_2)\boldsymbol{W}(y_2\mid u_2) \tag{9.31}$$

$$\boldsymbol{W}_2^{(2)}(y_1^2,u_1\mid u_2)=\frac{1}{2}\boldsymbol{W}_2(y_1^2\mid u_1^2)=\frac{1}{2}\boldsymbol{W}(y_1\mid u_1\oplus u_2)\boldsymbol{W}(y_2\mid u_2) \tag{9.32}$$

这两个极化信道具有下列特性:

$$I(\boldsymbol{W}_2^{(1)})+I(\boldsymbol{W}_2^{(2)})=2I(\boldsymbol{W}) \tag{9.33}$$

$$I(\boldsymbol{W}_2^{(1)})\leqslant I(\boldsymbol{W})\leqslant I(\boldsymbol{W}_2^{(2)}) \tag{9.34}$$

因为两个信道的容量出现了两极分化,所以才称为极化码。

例 9.4 计算式(9.29)和式(9.30)所示两个极化信道的容量,其中 $\boldsymbol{W}$ 是 BEC,擦除概率为 p。

解 对于 BEC $\boldsymbol{W}$,擦除概率为 $p=0.5$,其信道容量为 $I(\boldsymbol{W})=1-p$。两个独立 $\boldsymbol{W}$ 信道合并为一个 $\boldsymbol{W}_2$ 信道后(如图 9.7(b)所示),总容量为 $2(1-p)$,总擦除概率为 $2p$。对 $\boldsymbol{W}_2$ 信道进行极化,分解为 $\boldsymbol{W}_2^{(1)}:u_1\to(y_1,y_2)$ 和 $\boldsymbol{W}_2^{(2)}:u_2\to(y_1,y_2,u_1)$ 两个虚拟信道。

从图 9.7(b)中可以看出,只有 y_1 和 y_2 都不被擦除,才能恢复出 u_1,y_1 和 y_2 都不被擦除的概率为 $(1-p)^2$,因此 $\boldsymbol{W}_2^{(1)}$ 也是一个 BEC,擦除概率为

$$p_1=1-(1-p)^2=2p-p^2\triangleq f_1(p) \tag{9.35}$$

其中 $f_1(p)$ 称为反向极化擦除函数。

因为 $\boldsymbol{W}_2$ 信道总擦除概率为 $2p$,因此 $\boldsymbol{W}_2^{(2)}$ 的擦除概率为

$$p_2=2p-p_1=p^2\triangleq f_2(p) \tag{9.36}$$

其中 $f_2(p)$ 称为正向极化擦除函数。

根据式(9.35)和式(9.36),可知 $\boldsymbol{W}_2^{(1)}$ 和 $\boldsymbol{W}_2^{(2)}$ 的信道容量为

$$I(\boldsymbol{W}_2^{(1)})=1-p_1=(1-p)^2=0.25$$

$$I(\boldsymbol{W}_2^{(2)})=1-p_2=1-p^2=0.75$$

由此可见,两个信道的容量出现了极化。

用 4 个独立 BDMC $\boldsymbol{W}$ 可以合并为 1 个 $\boldsymbol{W}_4$ 信道,如图 9.3、图 9.4 所示,将 $\boldsymbol{W}_4$ 分解为 4 个极化信道经历 2 个过程:首先每 2 个 $\boldsymbol{W}$ 合并、分解后得到 $\boldsymbol{W}_2^{(1)}$ 和 $\boldsymbol{W}_2^{(2)}$,这样就有 2 个 $\boldsymbol{W}_2^{(1)}$ 和 2 个 $\boldsymbol{W}_2^{(2)}$;然后再对 2 个 $\boldsymbol{W}_2^{(1)}$ 进行合并、分解,对 2 个 $\boldsymbol{W}_2^{(2)}$ 进行合并、分解,如图 9.8 所示,最终得到 4 个极化信道 $\boldsymbol{W}_4^{(1)}\sim\boldsymbol{W}_4^{(4)}$。

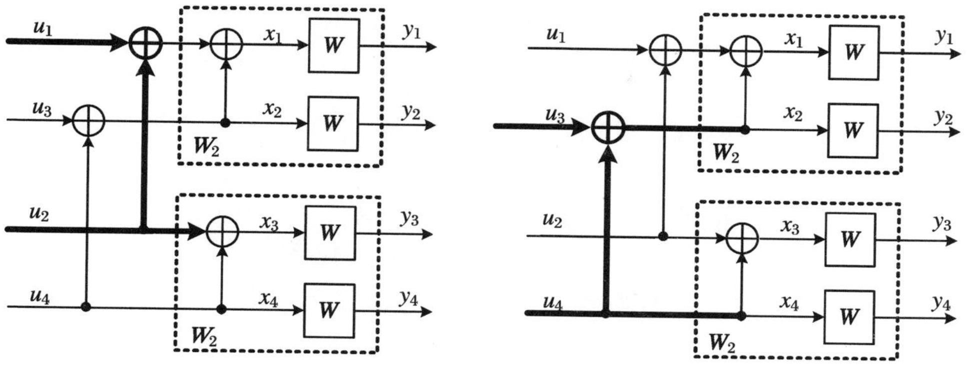

图 9.8 W_4 信道的极化过程

随着码长 N 的增加，这些信道会趋于两极分化：一部分信道趋于无噪信道（可靠信道），另一部分信道趋于全噪信道（不可靠信道）。对每个极化信道的可靠度如何度量呢？常用的方法有三种[6-7]：巴氏参数法、密度进化（density evolution）法和高斯近似（Gaussian approximation）法。

最初，极化码采用巴氏参数 $Z(\boldsymbol{W})$ 来作为每个极化信道的可靠性度量，$Z(\boldsymbol{W})$ 越大表示信道的可靠程度越低。当信道 $\boldsymbol{W}$ 是 BEC 时，每个 $Z(\boldsymbol{W}_N^{(i)})$ 都可以采用递归的方式计算出来，复杂度为 $O(N\log N)$。但对于其他信道，如 BSC 或二进制输入 AWGN 信道，并不存在准确的能够计算 $Z(\boldsymbol{W}_N^{(i)})$ 的方法。

因此，Mori 等人提出了一种采用密度进化方法跟踪每个子信道概率密度函数（Probability Density Function，PDF），从而估计每个子信道错误概率的方法。这种方法适用于所有类型的二进制输入离散无记忆信道（Binary-input Discrete Memoryless Channel，B-DMC）。

在大多数研究场景下，信道编码的传输信道模型均为二进制输入 AWGN 信道，此时可以将密度进化中的对数似然比（Likelihood Rate，LLR）的概率密度函数用一族方差为均值 2 倍的高斯分布来近似，从而简化成了对一维均值的计算，大大减少计算量，这种对密度进化的简化计算即为高斯近似。

我们主要讲述在二进制擦除信道（BEC）上如何通过递归方式计算 N 个极化信道的巴氏参数（可看作传输错误概率的最大值）：

$$\begin{cases} Z(\boldsymbol{W}_N^{2k-1}) = 2Z(\boldsymbol{W}_{N/2}^{k}) - (Z(\boldsymbol{W}_{N/2}^{k}))^2 \\ Z(\boldsymbol{W}_N^{2k}) = (Z(\boldsymbol{W}_{N/2}^{k}))^2 \end{cases} \tag{9.37}$$

递归初始值

$$Z(\boldsymbol{W}_1^1) = p \tag{9.38}$$

其中 p 为 BEC 的擦除概率。

每个极化信道的信道容量可用巴氏参数计算，即

$$I(\boldsymbol{W}_N^k) = 1 - Z(\boldsymbol{W}_N^k) \tag{9.39}$$

例 9.5 当 $N=4, p=0.5$ 时，计算各分离信道的巴氏参数。

当 $N=1$ 时，由式(9.38)可知

$$Z(\boldsymbol{W}_1^1) = p = 0.5$$

当 $N=2$ 时，由式(9.37)可知

$$Z(\boldsymbol{W}_2^{2k-1}) = 2Z(\boldsymbol{W}_1^k) - (Z(\boldsymbol{W}_1^k))^2$$
$$Z(\boldsymbol{W}_2^{2k}) = (Z(\boldsymbol{W}_1^k))^2$$

当 $k=1$ 时

$$Z(\boldsymbol{W}_2^1) = 2Z(\boldsymbol{W}_1^1) - (Z(\boldsymbol{W}_1^1))^2 = 0.75$$
$$Z(\boldsymbol{W}_2^2) = (Z(\boldsymbol{W}_1^1))^2 = 0.25$$

当 $N=4$ 时,由式(9.37)可知

$$Z(\boldsymbol{W}_4^{2k-1}) = 2Z(\boldsymbol{W}_2^k) - (Z(\boldsymbol{W}_2^k))^2$$
$$Z(\boldsymbol{W}_4^{2k}) = (Z(\boldsymbol{W}_2^k))^2$$

当 $k=1$ 时

$$Z(\boldsymbol{W}_4^1) = 2Z(\boldsymbol{W}_2^1) - (Z(\boldsymbol{W}_2^1))^2 = 0.9375$$
$$Z(\boldsymbol{W}_4^2) = (Z(\boldsymbol{W}_2^1))^2 = 0.5625$$

当 $k=2$ 时

$$Z(\boldsymbol{W}_4^3) = 2Z(\boldsymbol{W}_2^2) - (Z(\boldsymbol{W}_2^2))^2 = 0.4375$$
$$Z(\boldsymbol{W}_4^4) = (Z(\boldsymbol{W}_2^2))^2 = 0.0625$$

这样,各分离信道的最大出错概率可写成一个向量,为

$$Z(\boldsymbol{W}_4^i) = [0.9375 \quad 0.5625 \quad 0.4375 \quad 0.0625] \tag{9.40}$$

这意味着 $\boldsymbol{W}_4^4$ 具有最小的传输错误概率,而 $\boldsymbol{W}_4^1$ 具有最大的传输错误概率。根据式(9.39),按照容量对分解的信道进行排序:

$$\boldsymbol{C} = [4 \quad 3 \quad 2 \quad 1] \tag{9.41}$$

即 $\boldsymbol{W}_4^4$ 具有最大的信道容量(排序为 1),而 $\boldsymbol{W}_4^1$ 具有最小的信道容量(排序为 4),式(9.41)中序号值越小,表示信道容量越大。

我们希望在具有较大容量的极化信道传输有用信息,而在小容量信道上不传信息或传输已知信息(比如 0)。例如当 $N=4$、编码码率为 0.5 时,我们就可以将 2 个有用信息(u_1 和 u_2)安排在序号为 1 和 2 的极化信道上,而将已知的无用信息(2 个 0)安排在序号为 3 和 4 的分离信道上,即 $\boldsymbol{u}=[0 \quad 0 \quad u_1 \quad u_2]$,如图 9.9 所示。

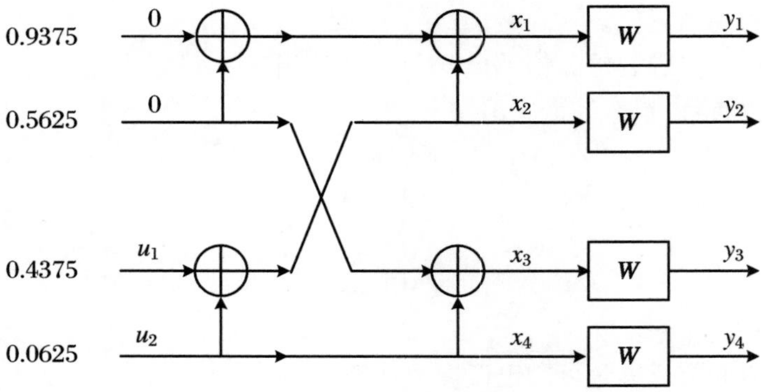

图 9.9 极化编码示意图

编码时,编码码字为

$$x_1^4 = \boldsymbol{u}\cdot\boldsymbol{G}_4 = [0\quad 0\quad u_1\quad u_2]\begin{bmatrix}1&0&0&0\\1&0&1&0\\1&1&0&0\\1&1&1&1\end{bmatrix} = [u_1\oplus u_2\quad u_1\oplus u_2\quad u_2\quad u_2]$$

再例如，当 $N=8$、编码码率为 5/8，假设分解后的信道容量排序为 $\boldsymbol{C}=[8\quad 1\quad 6\quad 5\quad 4\quad 7\quad 2\quad 3]$，则信息安排为 $\boldsymbol{u}=[0\quad u_1\quad 0\quad u_2\quad u_3\quad 0\quad u_4\quad u_5]$。编码码字可表示为

$$x_1^8 = \boldsymbol{u}\cdot\boldsymbol{G}_8 = [0\quad u_1\quad 0\quad u_2\quad u_3\quad 0\quad u_4\quad u_5]\begin{bmatrix}1&0&0&0&0&0&0&0\\1&0&0&0&1&0&0&0\\1&0&1&0&0&0&0&0\\1&0&1&0&1&0&1&0\\1&1&0&0&0&0&0&0\\1&1&0&0&1&1&0&0\\1&1&1&1&0&0&0&0\\1&1&1&1&1&1&1&1\end{bmatrix}$$

即

$$\begin{cases}x_1 = u_1\oplus u_2\oplus u_3\oplus u_4\oplus u_5\\x_2 = u_3\oplus u_4\oplus u_5\\x_3 = u_2\oplus u_4\oplus u_5\\x_4 = u_4\oplus u_5\\x_5 = u_1\oplus u_2\oplus u_5\\x_6 = u_5\\x_7 = u_2\oplus u_5\\x_8 = u_5\end{cases}$$

9.3 极化码的译码

在 BEC 下，假设输入 x 是等概率的，即 $P(x=0)=P(x=1)=p=0.5$，如果我们已知 y 的值（为 $0,1,e$），可计算出 x 的似然值，为

$$LR = \frac{P(x=0\mid y)}{P(x=1\mid y)} \tag{9.42}$$

这样当 y 为 0 时，x 的似然值为

$$LR_0 = \frac{P(x=0\mid y=0)}{P(x=1\mid y=0)} \rightarrow LR_0 = \frac{P(y=0\mid x=0)P(x=0)}{P(y=0\mid x=1)P(x=1)} \rightarrow LR_0 = \frac{1-p}{0} = \infty \tag{9.43a}$$

当 y 为 1 时，x 的似然值为

$$LR_1=\frac{P(x=0\mid y=1)}{P(x=1\mid y=1)}\rightarrow LR_1=\frac{P(y=1\mid x=0)P(x=0)}{P(y=1\mid x=1)P(x=1)}\rightarrow LR_1=\frac{0}{1-p}=0 \tag{9.43b}$$

当 y 为 e 时，x 的似然值为

$$LR_e=\frac{P(x=0\mid y=e)}{P(x=1\mid y=e)}\rightarrow LR_e=\frac{P(y=e\mid x=0)P(x=0)}{P(y=e\mid x=1)P(x=1)}\rightarrow LR_e=\frac{p}{p}=1 \tag{9.43c}$$

实际操作时，可假设 e 的取值为 -1，同时用一个较大的值代替 ∞，比如 100，即 $LR_0=\frac{1-p}{0}=100$。

例 9.6 $N=4$ 的编码器，BEC，接收到的值为 $y_1=1, y_2=0, y_3=-1, y_4=1$，计算每个编码比特 x_i 的似然比：

$$LR(x_1)=\frac{P(y_1=1\mid x_1=0)}{P(y_1=1\mid x_1=1)}=\frac{0}{1-p}=0$$

$$LR(x_2)=\frac{P(y_2=0\mid x_2=0)}{P(y_2=0\mid x_2=1)}=\frac{1-p}{0}=100$$

$$LR(x_3)=\frac{P(y_3=-1\mid x_3=0)}{P(y_3=-1\mid x_3=1)}=\frac{p}{p}=1$$

$$LR(x_4)=\frac{P(y_4=1\mid x_4=0)}{P(y_4=1\mid x_4=1)}=\frac{0}{1-p}=0$$

极化码的编码器最小单元如图 9.10(a)所示，它所对应的译码器最小单元如图 9.10(b)所示。

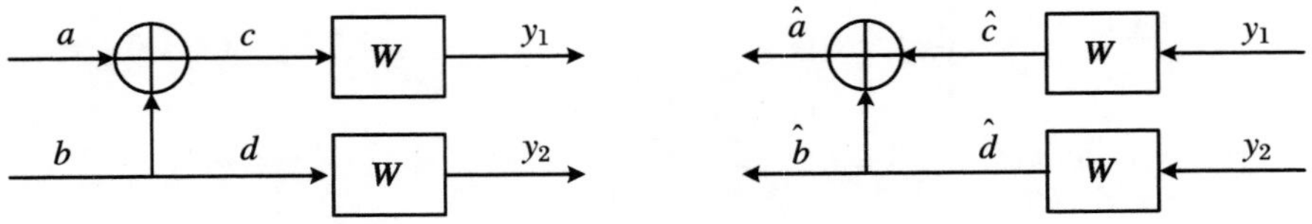

(a) 最小编码单元　　(b) 最小译码单元

图 9.10

在图 9.10(a)中，$[a \quad b]$是输入的信息序列，$[c \quad d]$是经过编码后的编码序列，编码序列经过二进制离散无记忆信道 W 后，在接收端得到接收序列$[y_1 \quad y_2]$。译码器进行译码时，其任务就是根据接收序列$[y_1 \quad y_2]$计算出编码序列$[\hat{c} \quad \hat{d}]$，再利用$[\hat{c} \quad \hat{d}]$译码得到发送信息序列的估计$[\hat{a} \quad \hat{b}]$。

由图 9.10(b)可知

$$\hat{a}=\hat{c}+\hat{d} \tag{9.44}$$

如果 $\hat{c}=0,\hat{d}=0$ 或 $\hat{c}=1,\hat{d}=1$，则 $\hat{a}=0$，即

$$P(\hat{a}=0)=P(\hat{c}=0)P(\hat{d}=0)+P(\hat{c}=1)P(\hat{d}=1) \tag{9.45a}$$

如果 $\hat{c}=0,\hat{d}=1$ 或 $\hat{c}=1,\hat{d}=0$，则 $\hat{a}=1$，即

$$P(\hat{a}=1)=P(\hat{c}=0)P(\hat{d}=1)+P(\hat{c}=1)P(\hat{d}=0) \tag{9.45b}$$

$\hat{a}$ 的似然比为

$$LR(\hat{a})=\frac{P(\hat{a}=0)}{P(\hat{a}=1)}=\frac{P(\hat{c}=0)P(\hat{d}=0)+P(\hat{c}=1)P(\hat{d}=1)}{P(\hat{c}=0)P(\hat{d}=1)+P(\hat{c}=1)P(\hat{d}=0)} \tag{9.46}$$

分子分母同时除以 $P(\hat{c}=1)P(\hat{d}=1)$，得

$$\begin{aligned}LR(\hat{a})&=\frac{P(\hat{a}=0)}{P(\hat{a}=1)}\\&=\frac{\dfrac{P(\hat{c}=0)P(\hat{d}=0)+P(\hat{c}=1)P(\hat{d}=1)}{P(\hat{c}=1)P(\hat{d}=1)}}{\dfrac{P(\hat{c}=0)P(\hat{d}=1)+P(\hat{c}=1)P(\hat{d}=0)}{P(\hat{c}=1)P(\hat{d}=1)}}\\&=\frac{1+LR(\hat{c})LR(\hat{d})}{LR(\hat{c})+LR(\hat{d})}\end{aligned} \tag{9.47}$$

对 $\hat{a}$ 的判决依据为

$$\hat{a}=\begin{cases}0, & LR(\hat{a})>1\\1, & LR(\hat{a})<1\end{cases} \tag{9.48}$$

这样我们就可计算出 $\hat{a}$，再进一步计算 $\hat{b}$，即已知 $\hat{a}$ 的情况下计算 $\hat{b}$ 的值。由图 9.10(b)可知

$$\hat{a}=\hat{c}+\hat{b}\quad\Rightarrow\quad\hat{b}=\hat{a}+\hat{c} \tag{9.49}$$

$$\hat{b}=\hat{d} \tag{9.50}$$

如果 $\hat{a}=0$，要想使 $\hat{b}=0$，则必须 $\hat{c}=0$，要想使 $\hat{b}=1$，则必须 $\hat{c}=1$，即

$$\begin{cases}P_{\hat{a}=0}(\hat{b}=0)=P(\hat{c}=0)P(\hat{d}=0)\\P_{\hat{a}=1}(\hat{b}=1)=P(\hat{c}=1)P(\hat{d}=1)\end{cases} \tag{9.51}$$

$\hat{b}$ 的似然值计算为

$$LR_{\hat{a}=0}(\hat{b})=\frac{P_{\hat{a}=0}(\hat{b}=0)}{P_{\hat{a}=0}(\hat{b}=1)}=\frac{P(\hat{c}=0)P(\hat{d}=0)}{P(\hat{c}=1)P(\hat{d}=1)}=LR(\hat{c})LR(\hat{d}) \tag{9.52}$$

同理，我们可得到已知 $\hat{a}=1$ 时 $\hat{b}$ 的似然值计算公式，为

$$LR_{\hat{a}=1}(\hat{b})=\frac{P_{\hat{a}=1}(\hat{b}=0)}{P_{\hat{a}=1}(\hat{b}=1)}=\frac{P(\hat{c}=1)P(\hat{d}=0)}{P(\hat{c}=0)P(\hat{d}=1)}=\frac{LR(\hat{d})}{LR(\hat{c})} \tag{9.53}$$

将式(9.52)和式(9.53)统一成一个公式，可写为

$$LR(\hat{b})=(LR(\hat{c}))^{1-2\hat{a}}LR(\hat{d}) \tag{9.54}$$

为了表达方便，后面我们用 a,b,c,d 代替 $\hat{a},\hat{b},\hat{c},\hat{d}$。

例 9.7　假设译码单元如图 9.11 所示，如果 $LR(c)=10$，$LR(d)=0.1$，求 a 和 b 的值。

首先根据式(9.47)计算 a 的似然值：

$$LR(a)=\frac{P(a=0)}{P(a=1)}=\frac{1+LR(c)LR(d)}{LR(c)+LR(d)}=\frac{1+10\times0.1}{10+0.1}\approx0.2$$

根据式(9.48)可知 $a=1$。

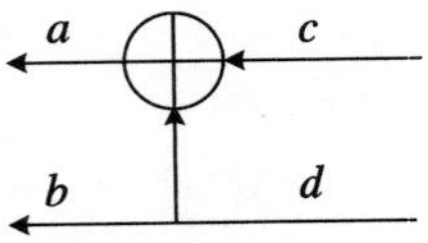

图 9.11 译码单元

已经知道了 $a=1$,因此可根据式(9.54)计算 b 的似然值:

$$LR(b)=\frac{P(b=0)}{P(b=1)}=(LR(c))^{1-2a}LR(d)=\frac{0.1}{10}=0.01$$

判决可知 $b=1$。

例 9.8 假设译码单元如图 9.12 所示,如果 $LR(e)=0.1, LR(f)=10$,求 a,b,c,d 的值。

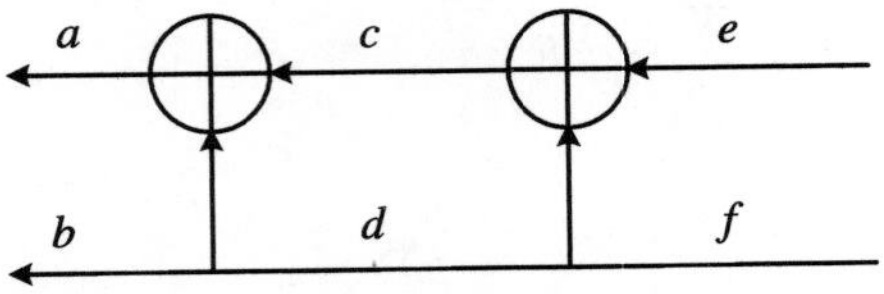

图 9.12 译码单元

首先计算 c 的似然值:

$$LR(c)=\frac{1+LR(e)LR(f)}{LR(e)+LR(f)}=\frac{1+0.1\times 10}{0.1+10}\approx 0.2$$

判决可得 $c=1$。

已知 $c=1$,计算 d 的似然值:

$$LR(d)=(LR(e))^{1-2a}LR(f)=\frac{10}{0.1}=100$$

判决可得 $d=0$。

$$LR(a)=\frac{1+LR(c)LR(d)}{LR(c)+LR(d)}=\frac{1+0.2\times 100}{0.2+100}\approx 0.2$$

判决可得 $a=1$。

$$LR(b)=(LR(c))^{1-2a}LR(d)=\frac{100}{0.2}=500$$

判决可得 $b=0$。

9.3.1 基于树图的连续消除译码算法

我们用 $N=4$ 的编解码框图来阐述基于树图的连续消除译码算法,编码器框图如图 9.13 所示,信息序列 $\boldsymbol{u}=[u_1 \quad u_2 \quad u_3 \quad u_4]$经过编码后,得到编码序列 $\boldsymbol{x}=[x_1 \quad x_2 \quad x_3 \quad x_4]$,经过信道后,译码器收到的序列为 $\boldsymbol{y}=[y_1 \quad y_2 \quad y_3 \quad y_4]$。

译码器首先根据接收到的 $\boldsymbol{y}=[y_1 \quad y_2 \quad y_3 \quad y_4]$,计算出各 x_i 的似然值 $LR(x_i)$,再利用类似于图 9.12 的译码计算过程,译出信息序列 $\boldsymbol{u}=[u_1 \quad u_2 \quad u_3 \quad u_4]$,如图 9.14 所示。

我们知道,线性分组码、循环码等的译码,是一次性将编码序列译出,再提取出信息序列，极化码译码时是逐比特进行的，先译出 u_1，再译出 u_2，直至译出整个信息序列。

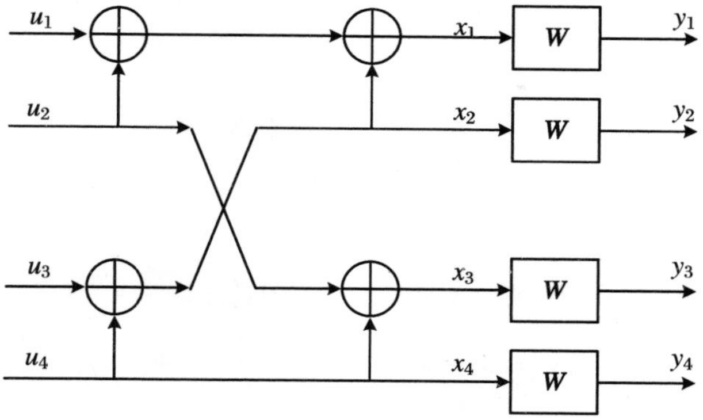

图 9.13　编码器($N=4$)

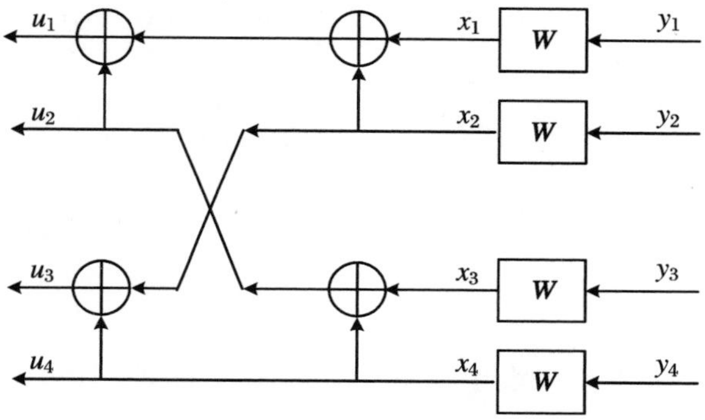

图 9.14　译码器($N=4$)

1. 译码 u_1

对 u_1 进行译码时，译码路径如图 9.15 所示。

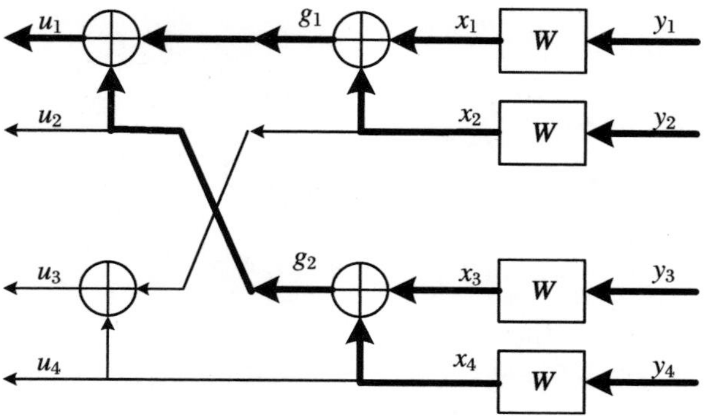

图 9.15　u_1 的译码路径

为了便于观察，可将加粗的路径整理成一个树图，如图 9.16 所示。

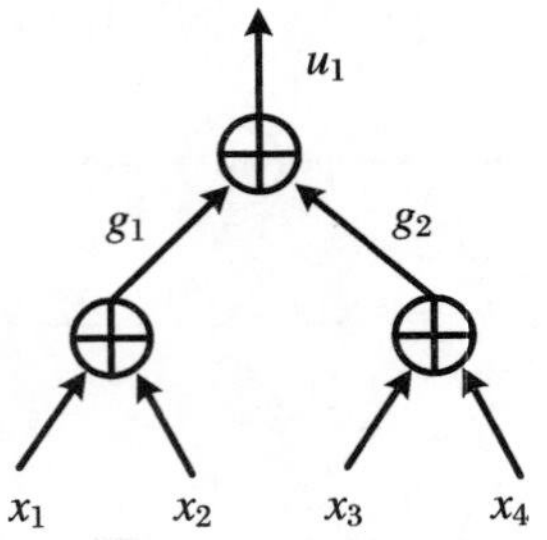

图 9.16 u_1 的译码树图结构

已知各 x_i 的似然值 $LR(x_i)$，根据式(9.47)我们可计算出 g_1 和 g_2 的似然值 $LR(g_1)$ 和 $LR(g_2)$，为

$$LR(g_1)=\frac{1+LR(x_1)LR(x_2)}{LR(x_1)+LR(x_2)}$$

$$LR(g_2)=\frac{1+LR(x_3)LR(x_4)}{LR(x_3)+LR(x_4)}$$

再根据 $LR(g_1)$ 和 $LR(g_2)$，计算出 u_1 的似然值 $LR(u_1)$，为

$$LR(u_1)=\frac{1+LR(g_1)LR(g_2)}{LR(g_1)+LR(g_2)}$$

最后根据 $LR(u_1)$ 的值，判决得到 u_1 的值，即 $LR(u_1)>1, u_1=0$；$LR(u_1)<1, u_1=1$。

2. 译码 u_2

译出 u_1 后，再对 u_2 进行译码，其译码路径如图 9.17 所示，对应的译码树图结构如图 9.18 所示。

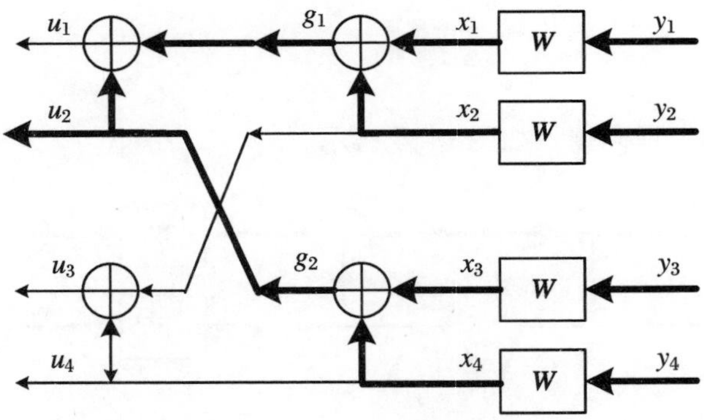

图 9.17 u_2 的译码路径

此时要注意，对 u_2 进行译码时，u_1 已经是已知信息了，因此从 u_2 的译码树图结构(图 9.18)能够看出，与 u_1 的译码树图结构(图 9.16)是不同的，这个不同就体现在计算 u_2 的似然值公式上，为

$$LR(u_2)=(LR(g_1))^{1-2u_1}LR(g_2)$$

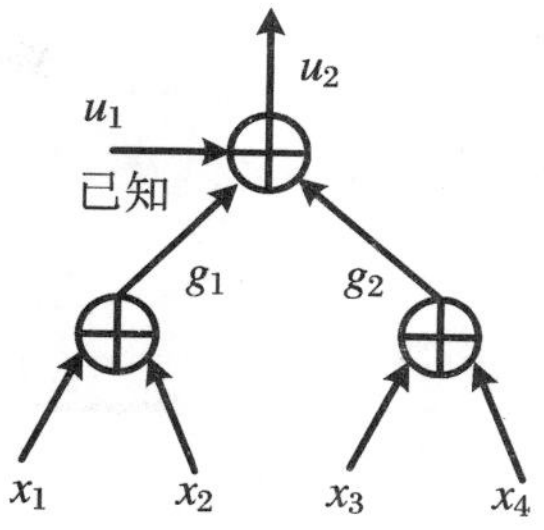

图 9.18　u_2 的译码树图结构

3. 译码 u_3

对 u_3 进行译码时，其译码路径如图 9.19 所示。此时因为已知了 u_1 和 u_2，因此在计算 g_1 和 g_2 的似然值 $LR(g_1)$和 $LR(g_2)$时，要注意信息的及时更新。

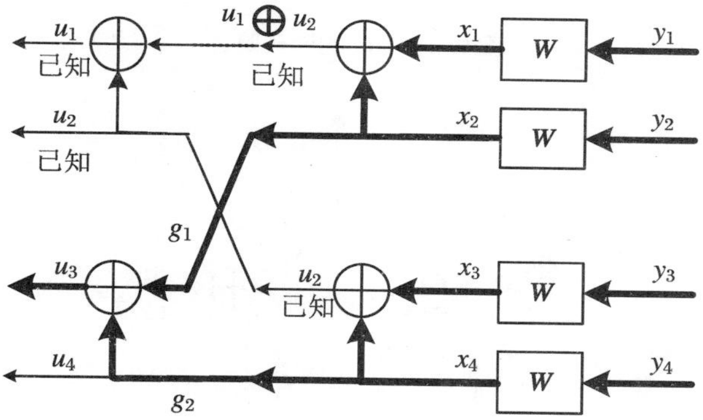

图 9.19　u_3 的译码路径

相应地，u_3 的译码树图结构也改变，如图 9.20 所示。

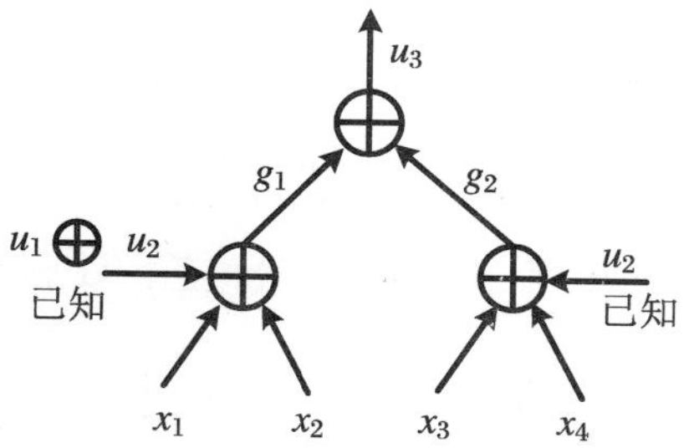

图 9.20　u_3 的译码树图结构

g_1 和 g_2 的似然值 $LR(g_1)$和 $LR(g_2)$计算为

$$LR(g_1) = (LR(x_1))^{1-2(u_1 \oplus u_2)} LR(x_2)$$

$$LR(g_2) = (LR(x_3))^{1-2u_2} LR(x_4)$$

最后得到 u_3 的似然值 $LR(u_3)$为

$$LR(u_3) = \frac{1 + LR(g_1)LR(g_2)}{LR(g_1) + LR(g_2)}$$

4. 译码 u_4

对 u_4 进行译码时，此时因为已知了 u_1，u_2 和 u_3，其译码路径和译码树图分别如图9.21和图 9.22 所示。

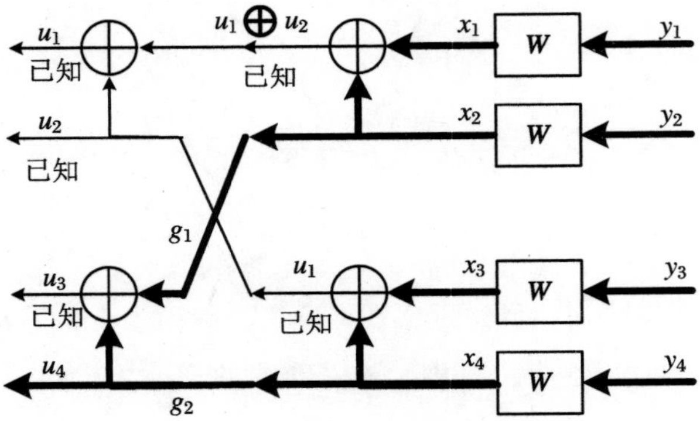

图 9.21 u_4 的译码路径

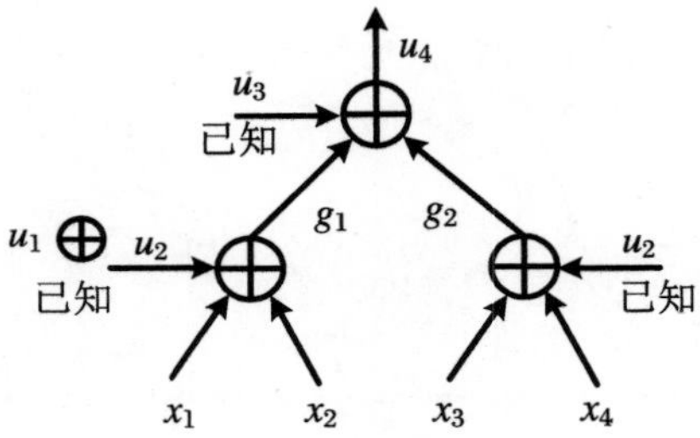

图 9.22 u_4 的译码树图结构

g_1 和 g_2 的似然值 $LR(g_1)$和 $LR(g_2)$计算为

$$LR(g_1) = (LR(x_1))^{1-2(u_1 \oplus u_2)} LR(x_2)$$

$$LR(g_2) = (LR(x_3))^{1-2u_2} LR(x_4)$$

最后得到 u_4 的似然值 $LR(u_4)$为

$$LR(u_4) = (LR(g_1))^{1-2u_3} LR(g_2)$$

当 $N=8$ 时，如果信息比特 $u_1 \sim u_7$ 都已经译出，对最后一个信息比特 u_8 进行译码时，其译码树图如图 9.23 所示。

从图 9.23 中可以看出，这些已知的信息比特在中间节点上的分布是有规律的。在第 2 层共有 4 个中间节点，每个节点上的已知信息是按照生成矩阵 $\boldsymbol{G}_4 = \begin{bmatrix} 1 & 0 & 0 & 0 \\ 1 & 0 & 1 & 0 \\ 1 & 1 & 0 & 0 \\ 1 & 1 & 1 & 1 \end{bmatrix}$ 的列进行排列的，即第 1 个中间节点上，已知信息为 $u_1 \oplus u_2 \oplus u_3 \oplus u_4$，对应于 $\boldsymbol{G}_4$ 中的第 1 列；第 2 个中间节点上，已知信息为 $u_3 \oplus u_4$，对应于 $\boldsymbol{G}_4$ 中的第 2 列，依次类推。

在第 1 层共有 2 个中间节点，每个节点上的已知信息是按照生成矩阵 $\boldsymbol{G}_2 = \begin{bmatrix} 1 & 0 \\ 1 & 1 \end{bmatrix}$ 的列

进行排列的，即第1个中间节点上，已知信息为 $u_5 \oplus u_6$，对应于 $\boldsymbol{G}_2$ 中的第1列；第2个中间节点上，已知信息为 u_6，对应于 $\boldsymbol{G}_2$ 中的第2列。

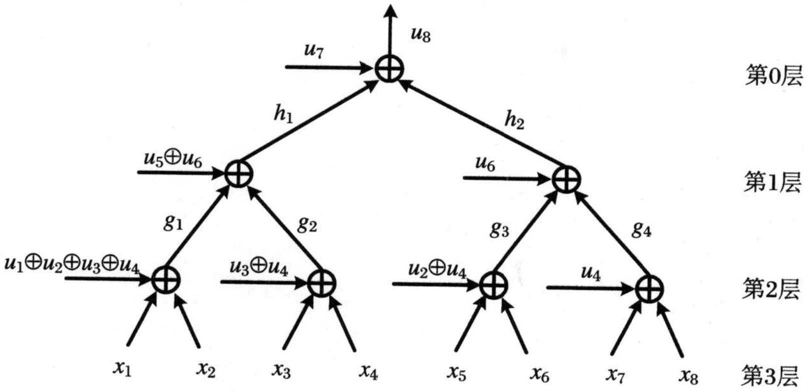

图 9.23　u_8 的译码树图结构($N=8$)

在第0层只有1个中间节点，已知信息是按照生成矩阵 $\boldsymbol{G}_1=[1]$的列进行排列的。

当我们用生成矩阵来计算已译码比特在不同节点上的分布情况时，假设已译码比特为 L 个，即 $\boldsymbol{u}_1^L=[u_1 \quad u_2 \quad \cdots \quad u_L]$($L<N$)，把 L 分解为

$$L = 2^{k_m}+2^{k_{m-1}}+\cdots+2^{k_i}+\cdots+2^{k_1}, \quad k_m>k_{m-1}>\cdots>k_i\cdots>k_1 \tag{9.55}$$

可知这 L 个比特分布在第 $k_1\sim k_m$ 层，其中第 k_i 层对应的节点数为 $L_i=2^{k_i}$($m\geqslant i\geqslant 1$)。把这 L 个比特按照相应的分层节点数进行划分，如图 9.24 所示。

$$[\underbrace{u_1 \quad u_2}_{L_m} \quad \underbrace{\cdots \ \cdots \ \cdots}_{L_i} \quad \underbrace{\cdots \ \cdots \ \cdots \ u_L}_{L_1}]$$

图 9.24　对已知信息比特进行划分

假设长度为 L_i 的已知信息比特向量为 $\boldsymbol{v}_{L_i}$，这样，在第 k_i 层 L_i 个节点数上的值可计算为

$$\boldsymbol{b}_{L_i} = \boldsymbol{v}_{L_i}\boldsymbol{G}_{L_i} \tag{9.56}$$

例 9.9　$N=16$，已知7个信息比特，为 $\boldsymbol{u}_1^7=[u_1 \quad u_2 \quad u_3 \quad u_4 \quad u_5 \quad u_6 \quad u_7]$，现在要对第8个比特进行译码。

由式(9.55)可知，$7=2^2+2^1+2^0$，对这7个信息比特进行划分，为

$$\boldsymbol{u}_1^7 = [\underbrace{u_1 \quad u_2 \quad u_3 \quad u_4}_{4} \quad \underbrace{u_5 \quad u_6}_{2} \quad \underbrace{u_7}_{1}]$$

根据图 9.24 及式(9.56)，可计算出相应层各节点上的值：

$$\boldsymbol{b}_4 = \boldsymbol{v}_4\boldsymbol{G}_4 = [u_1 \quad u_2 \quad u_3 \quad u_4]\begin{bmatrix}1&0&0&0\\1&0&1&0\\1&1&0&0\\1&1&1&1\end{bmatrix}$$

$$= [u_1\oplus u_2\oplus u_3\oplus u_4 \quad u_3\oplus u_4 \quad u_2\oplus u_4 \quad u_4]$$

这表明在第2层4个节点上的值从左到右依次为 $u_1\oplus u_2\oplus u_3\oplus u_4$，$u_3\oplus u_4$，$u_2\oplus u_4$，$u_4$。

$$\boldsymbol{b}_2 = \boldsymbol{v}_2\boldsymbol{G}_2 = [u_5 \quad u_6]\begin{bmatrix}1 & 0\\1 & 1\end{bmatrix} = [u_5 \oplus u_6 \quad u_6]$$

这表明在第 1 层 2 个节点上的值从左到右依次为 $u_5 \oplus u_6$，u_6。

$$\boldsymbol{b}_1 = \boldsymbol{v}_1\boldsymbol{G}_1 = u_7[1] = u_7$$

这表明在第 0 层 1 个节点上的值为 u_7。

这 7 个已知信息比特在译码树图中的分布情况如图 9.25 所示。

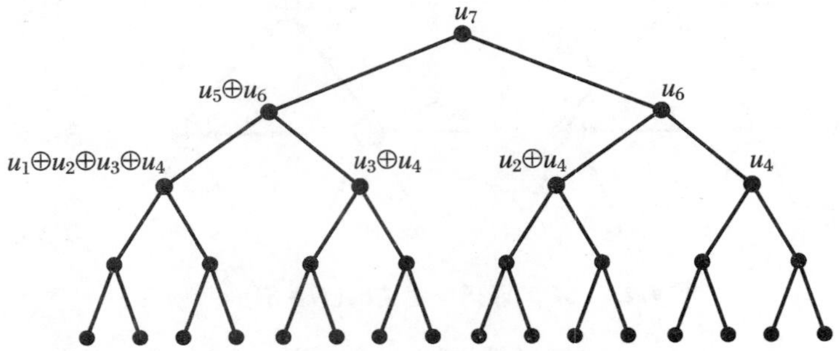

图 9.25 7 个已知信息比特在译码树图中的分布情况

9.3.2 树图分层与比特分布的确定

我们通过 $N=16$ 来说明译码树图的分层情况，如图 9.26 所示，可以看出该树图一共有 5 层，第 0 层 1 个节点，第 1 层 2 个节点，第 2 层 4 个节点，第 3 层 8 个节点，第 4 层 16 个节点。

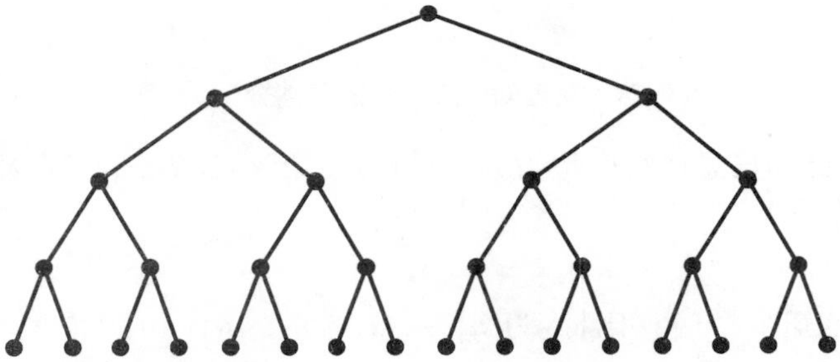

图 9.26 $N=16$ 时译码树图的层级

由此可知，对码长为 $N(N=2^n)$的极化码，进行译码时，其树图结构共有$\log_2 N+1$ 层，即从第 0 层到第$\log_2 N$ 层，第 i 层有 2^i 个节点。比如 $N=128$，可知其树图结构有$\log_2 128+1=8$ 层，第 5 层有 $2^5=32$ 个节点。

假设已经译出了 L 个比特，现在对第 $L+1$ 比特进行译码。首先要了解这 L 个比特分布在哪几层，即

$$L = \sum_i 2^i \tag{9.57}$$

例 9.10 已知 $N=16$，$L=11$，现在对第 12 个信息比特进行译码。

分析 $N=16$，可知其译码树图共有 5 层，已译码 11 个比特，根据式(9.55)，$11=2^0+2^1+2^3$，可知这些比特分布在第 0 层、第 1 层和第 3 层，如图 9.27 所示。

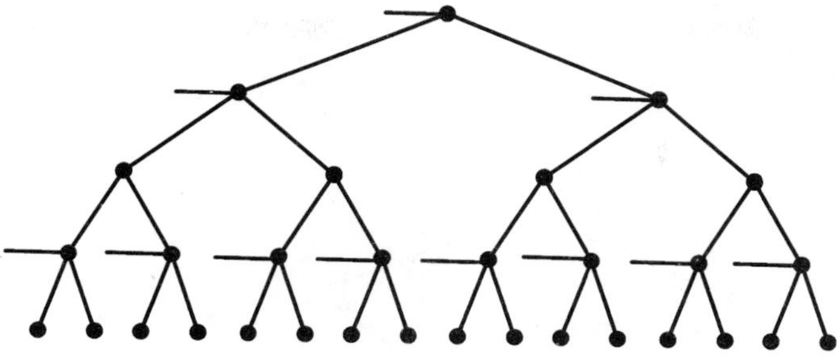

图 9.27　$N=16, L=11$ 时的译码树图

在译码树图中，每个父节点又可向下分为左边子节点和右边子节点，如图 9.28 所示。

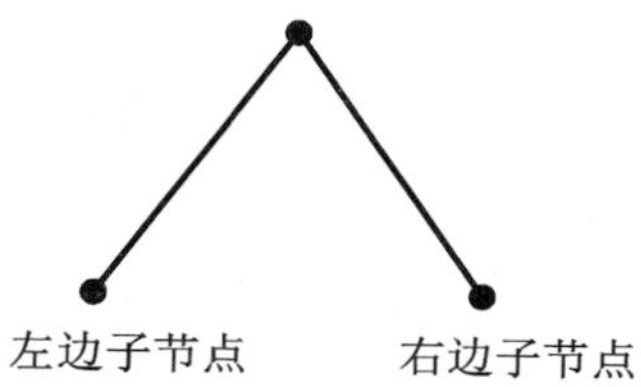

图 9.28　父节点和子节点的关系

具体的已译码比特在节点上的分布算法流程如图 9.29 所示。

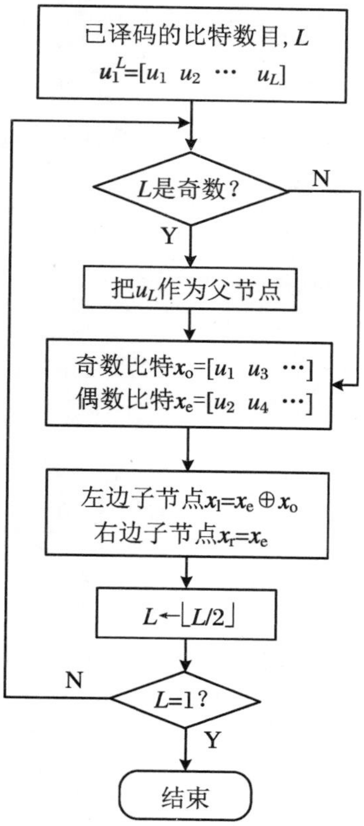

图 9.29　基于树图的比特分布算法

例 9.11 $N=8$,已经译出 5 个信息比特,其值为 $\boldsymbol{u}_1^5=[1\quad 0\quad 1\quad 1\quad 1]$,现在要对第 6 个比特进行译码。

已知译出了 5 个信息比特,即 $L=5=2^0+2^2$,可知分布在第 0 层的 1 个节点和第 2 层的 4 个节点,如图 9.30 中的三角形所示。

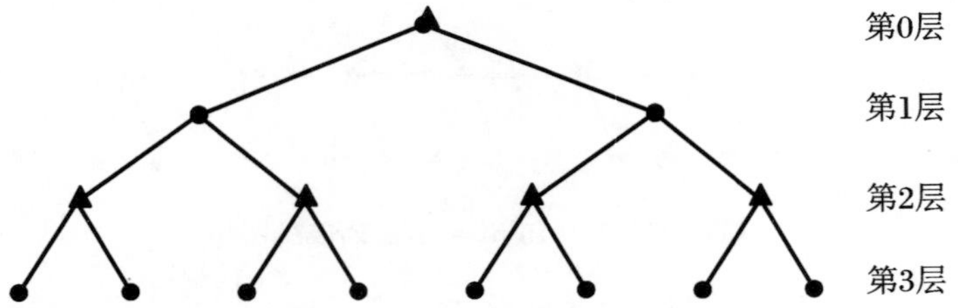

图 9.30 已译码比特在树图中的分布情况

已知 $\boldsymbol{u}_1^5=[u_1\quad u_2\quad u_3\quad u_4\quad u_5]=[1\quad 0\quad 1\quad 1\quad 1]$,因为 $L=5$,所以把 $u_5=1$ 安排在父节点,剩余的 $u_1\sim u_4$ 按照奇数比特$[u_1\quad u_3]$和偶数比特$[u_2\quad u_4]$分开,即奇数比特为[1 1]、偶数比特为[0 1],第 1 层的左边子节点得到的值为奇数比特与偶数比特的异或,即 $11\oplus 01=10$,第 1 层的右边子节点的值即为偶数比特,即 01,如图 9.31 所示。

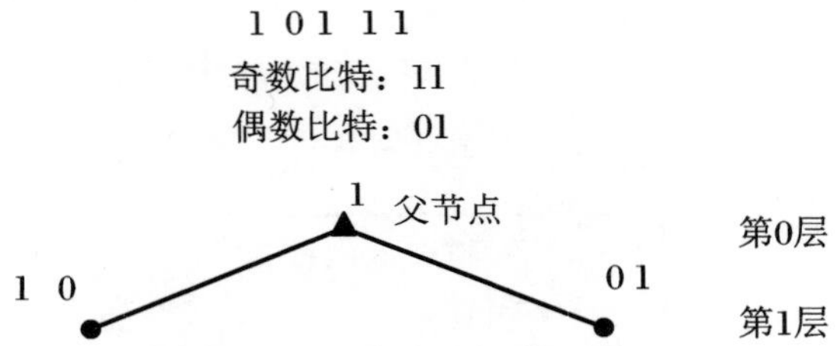

图 9.31 已译码比特在树图第 0 层到第 1 层的分布情况

在第 1 层左边子节点收到[1 0]后,判断有 2 个比特,父节点就没有比特分布,按照奇数比特 1 和偶数比特 0 分开,第 2 层的左边子节点得到的值为奇数比特与偶数比特的异或,即 $1\oplus 0=1$,第 2 层的右边子节点的值即为偶数比特,即 0。

在第 1 层右边子节点收到[0 1]后,判断有 2 个比特,父节点就没有比特分布,按照奇数比特 0 和偶数比特 1 分开,第 2 层的左边子节点得到的值为奇数比特与偶数比特的异或,即 $0\oplus 1=1$,第 2 层的右边子节点的值即为偶数比特,即 1,如图 9.32 所示。

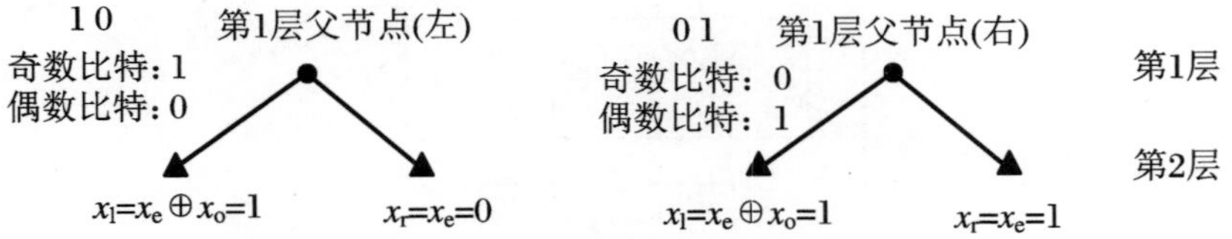

图 9.32 已译码比特在树图第 1 层到第 2 层的分布情况

至此,5 个已知的信息比特在译码树图中的分布已经完成,整体情况如图 9.33 所示。

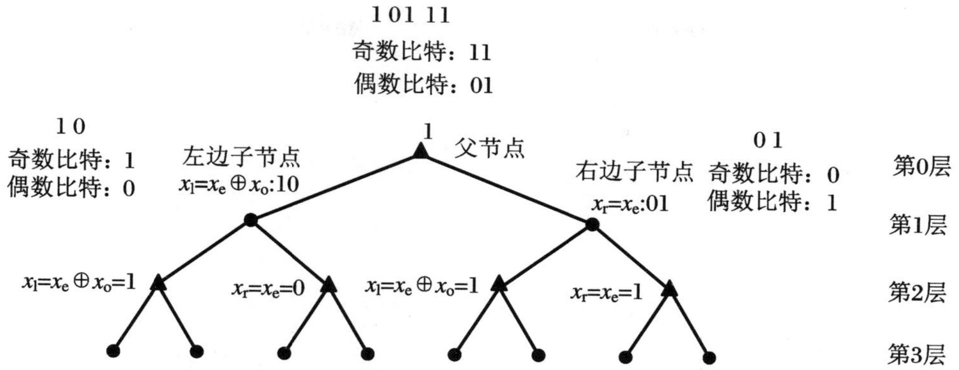

图 9.33 5 个已译码比特在译码树图中的整体分布情况

根据前面的知识，容易验证第 2 层 4 个中间节点上的值即为 $\boldsymbol{u}_1^4 \cdot \boldsymbol{G}_4 = [1\ \ 0\ \ 1\ \ 1]\begin{bmatrix}1&0&0&0\\1&0&1&0\\1&1&0&0\\1&1&1&1\end{bmatrix} = [1\ \ 0\ \ 1\ \ 1]$，第 0 层 1 个节点的值即为 $u_5 \cdot \boldsymbol{G}_1 = [1]$。

例 9.12 $N=16$，已经译出 11 个信息比特，其值为

$$\boldsymbol{u}_1^{11} = [1\ \ 0\ \ 1\ \ 1\ \ 1\ \ 0\ \ 1\ \ 1\ \ 0\ \ 0\ \ 1]$$

现在要对第 12 个比特进行译码。

已知 $L=11=2^0+2^1+2^3$，可知分布在第 0 层的 1 个节点、第 1 层的 2 个节点和第 3 层的 8 个节点上，如图 9.34 所示。

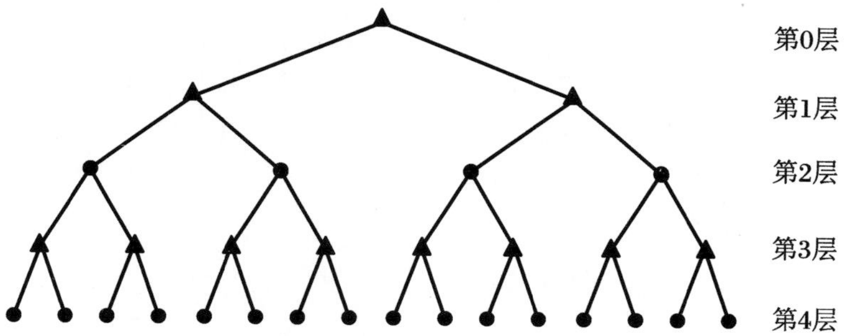

图 9.34 已译码比特在树图中的分布情况

已知 $\boldsymbol{u}_1^{11} = [1\ \ 0\ \ 1\ \ 1\ \ 1\ \ 0\ \ 1\ \ 1\ \ 0\ \ 0\ \ 1]$，因为 $L=11$，所以把 $u_{11}=1$ 安排在父节点，剩余的 $u_1 \sim u_{10}$ 按照奇数比特 $[u_1\ \ u_3\ \ u_5\ \ u_7\ \ u_9]$ 和偶数比特 $[u_2\ \ u_4\ \ u_6\ \ u_8\ \ u_{10}]$ 分开，即奇数比特为 $[1\ \ 1\ \ 1\ \ 1\ \ 0]$、偶数比特为 $[0\ \ 1\ \ 0\ \ 1\ \ 0]$，第 1 层的左边子节点得到的值为奇数比特与偶数比特的异或，即 $11110 \oplus 01010 = 10100$，第 1 层的右边子节点的值即为偶数比特，即 01010，如图 9.35 所示。

在第 1 层左边子节点收到 $[1\ \ 0\ \ 1\ \ 0\ \ 0]$ 后，判断有 5 个比特，就把最后一个比特“0”作为父节点，然后再按照奇数比特 11 和偶数比特 000 分开，第 2 层的左边子节点得到的值为奇数比特与偶数比特的异或，即 $11 \oplus 00 = 11$，第 2 层的右边子节点的值即为偶数比特，即 00。

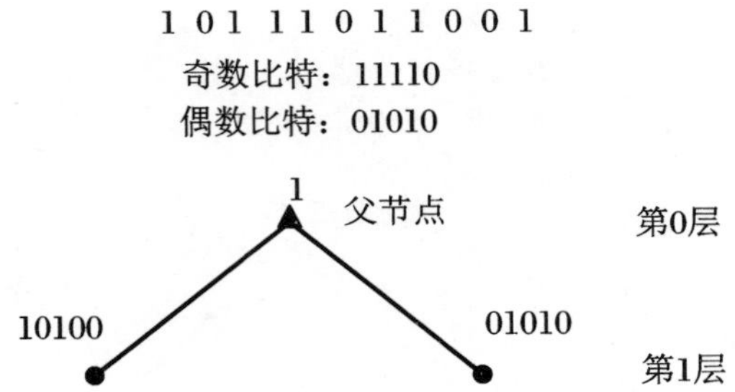

图 9.35 已译码比特在树图第 0 层到第 1 层的分布情况

在第 1 层右边子节点收到[0 1 0 1 0]后，判断有 5 个比特，就把最后一个比特“0”作为父节点，然后再按照奇数比特 00 和偶数比特 11 分开，第 2 层的左边子节点得到的值为奇数比特与偶数比特的异或，即 00⊕11 = 11，第 2 层的右边子节点的值即为偶数比特，即 11，如图 9.36 所示。

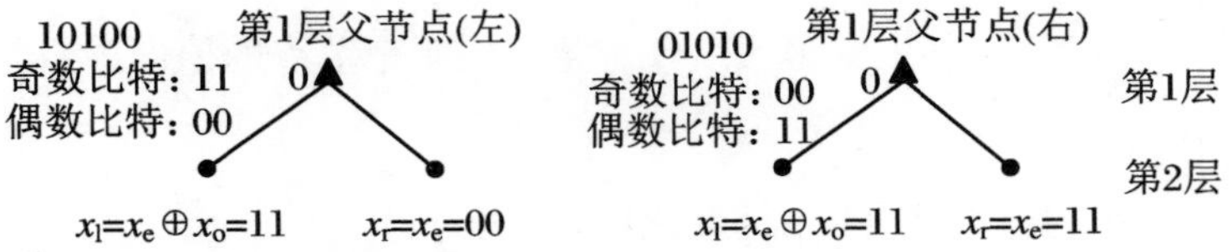

图 9.36 已译码比特在树图第 1 层到第 2 层的分布情况

在第 2 层的第 1 个父节点处收到的值为[1 1]，父节点就没有比特分布，按照奇数比特 1 和偶数比特 1 分开，第 3 层的左边子节点得到的值为奇数比特与偶数比特的异或，即 1⊕1 = 0，第 3 层的右边子节点的值即为偶数比特，即 1。

在第 2 层的第 2 个父节点处收到的值为[0 0]，父节点没有比特分布，按照奇数比特 0 和偶数比特 0 分开，第 3 层的左边子节点得到的值为奇数比特与偶数比特的异或，即 0⊕0 = 0，第 3 层的右边子节点的值即为偶数比特，即 0。

在第 2 层的第 3 和第 4 个父节点处收到的值为[1 1]，其计算情况与第 2 层的第 1 个父节点处相同，如图 9.37 所示。

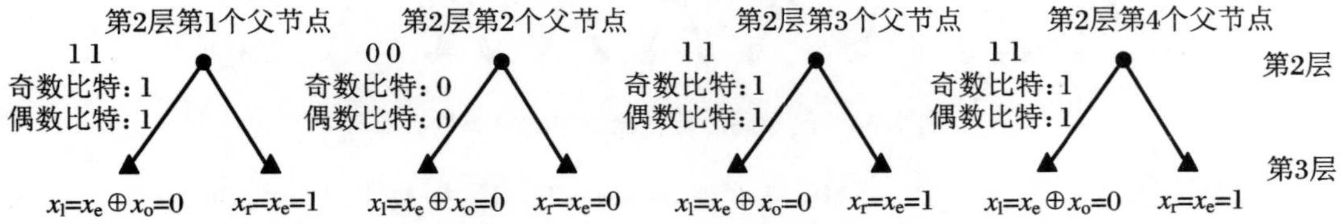

图 9.37 已译码比特在树图第 2 层到第 3 层的分布情况

至此，11 个已知的信息比特在译码树图中的分布已经完成，整体情况如图 9.38 所示。

根据前面的知识，容易验证第 3 层 8 个中间节点上的值即为

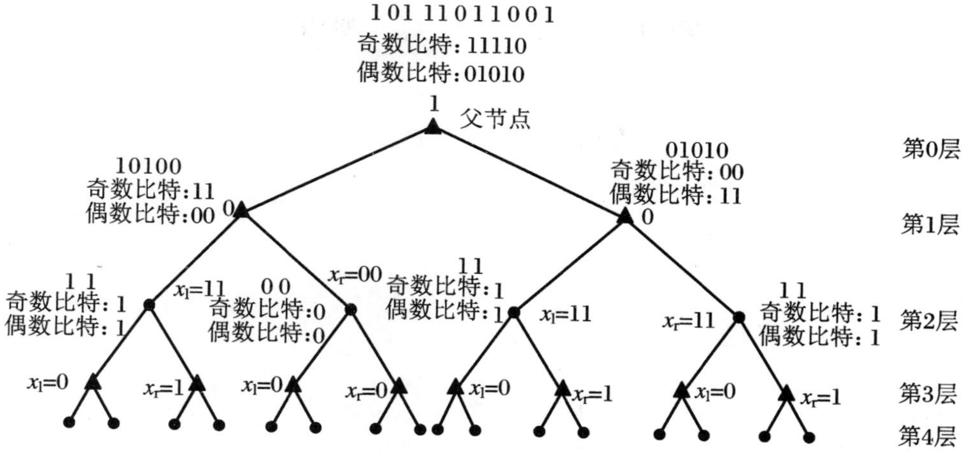

图 9.38 11 个已译码比特在译码树图中的整体分布情况

$$u_1^8 \cdot G_8 = \begin{bmatrix}1 & 0 & 1 & 1 & 1 & 0 & 1 & 1\end{bmatrix}\begin{bmatrix}1 & 0 & 0 & 0 & 0 & 0 & 0 & 0\\1 & 0 & 0 & 0 & 1 & 0 & 0 & 0\\1 & 0 & 1 & 0 & 0 & 0 & 0 & 0\\1 & 0 & 1 & 0 & 1 & 0 & 1 & 0\\1 & 1 & 0 & 0 & 0 & 0 & 0 & 0\\1 & 1 & 0 & 0 & 1 & 1 & 0 & 0\\1 & 1 & 1 & 1 & 0 & 0 & 0 & 0\\1 & 1 & 1 & 1 & 1 & 1 & 1 & 1\end{bmatrix}$$

$$= \begin{bmatrix}0 & 1 & 0 & 0 & 0 & 1 & 0 & 1\end{bmatrix}$$

第 1 层 2 个节点的值即为

$$u_9^{10} \cdot G_2 = \begin{bmatrix}0 & 0\end{bmatrix}\begin{bmatrix}10\\11\end{bmatrix} = \begin{bmatrix}0 & 0\end{bmatrix}$$

第 0 层的 1 个节点的值为 $u_{11} \cdot G_1 = [1]$。

例 9.13 在图 9.39 中，$N=8$，已知 $LR_{x_1} \sim LR_{x_8}$，并已知 5 个信息比特，求父节点的似然值。

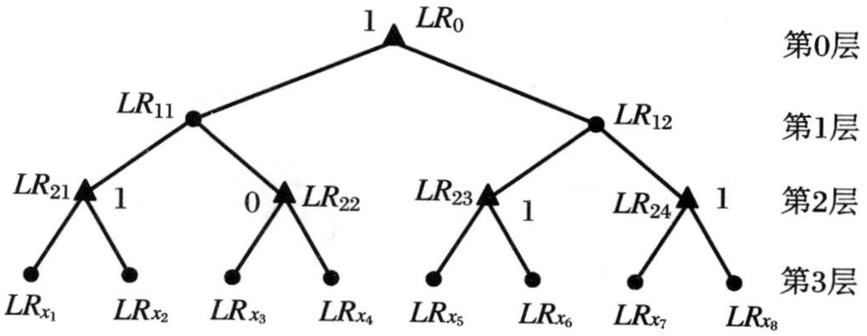

图 9.39 已知 5 个信息比特的译码树图

由已知信息可计算出

$$\begin{cases} LR_{21} = LR_{x_2}/LR_{x_1} \\ LR_{22} = LR_{x_3} \cdot LR_{x_4} \\ LR_{23} = LR_{x_6}/LR_{x_5} \\ LR_{24} = LR_{x_8}/LR_{x_7} \end{cases}$$

$$\begin{cases} LR_{11} = \dfrac{1 + LR_{21} \cdot LR_{22}}{LR_{21} + LR_{22}} \\ LR_{12} = \dfrac{1 + LR_{23} \cdot LR_{24}}{LR_{23} + LR_{24}} \end{cases}$$

最后得到父节点的似然值

$$LR_0 = LR_{12}/LR_{11}$$

下面通过较为完整的译码例子，巩固译码算法。

例 9.14 假设 $N=8$，BEC，$p=0.5$，信道容量排序 $\boldsymbol{C}=[8\quad 7\quad 6\quad 4\quad 5\quad 3\quad 2\quad 1]$，编码码率 $R=0.5$，接收序列为 $\boldsymbol{y}=[0\quad 1\quad 1\quad -1\quad -1\quad 0\quad 0\quad -1]$，译出信息比特。

分析 因为 $N=8$，编码码率为 0.5，所以需要 4 个有效信息比特。根据信道容量排序，我们会将 4 个有效信息比特放在信道容量序号为 1～4 的位置，其余位置为已知信息 0，即 $\boldsymbol{u}_1^8=[u_1\quad u_2\quad u_3\quad u_4\quad u_5\quad u_6\quad u_7\quad u_8]$中 u_1，u_2，u_3，u_5 均为 0，变为 $\boldsymbol{u}_1^8=[0\quad 0\quad 0\quad u_4\quad 0\quad u_6\quad u_7\quad u_8]$。

编码序列为 $\boldsymbol{x}_1^8=[x_1\quad x_2\quad x_3\quad x_4\quad x_5\quad x_6\quad x_7\quad x_8]=\boldsymbol{u}_1^8\cdot\boldsymbol{G}_8$。

编码序列经过 BEC 后，译码器接收到的序列 $\boldsymbol{y}=[0\quad 1\quad 1\quad -1\quad -1\quad 0\quad 0\quad -1]$，根据式(9.43)，可计算出对应各 x_i 的似然值 $LR(x_i)$，为

$$LR(x_1) = LR(x_6) = LR(x_7) = 100$$
$$LR(x_2) = LR(x_3) = 0$$
$$LR(x_4) = LR(x_5) = LR(x_8) = 1$$

由于已知 $u_1=u_2=u_3=0$，现在要对第 4 个信息比特 u_4 进行译码，其译码树图如图 9.40 所示。

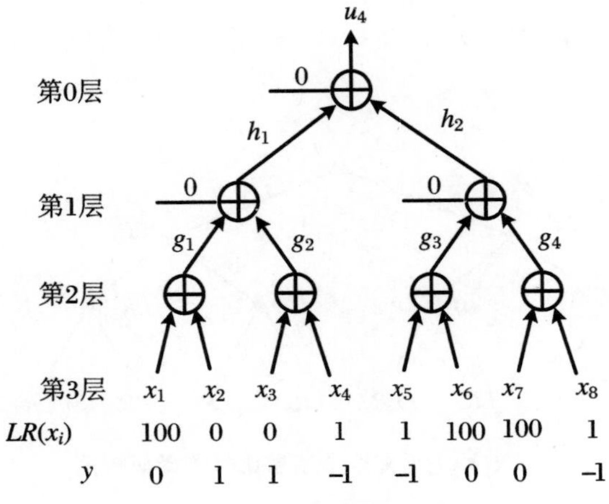

图 9.40 u_4 的译码树图

根据式(9.47)和式(9.54)，可计算得到

$$LR(g_1)=\frac{1+LR(x_1)LR(x_2)}{LR(x_1)+LR(x_2)}=\frac{1+100\times 0}{100+0}=0.01$$

$$LR(g_2)=\frac{1+LR(x_3)LR(x_4)}{LR(x_3)+LR(x_4)}=\frac{1+0\times 1}{0+1}=1$$

$$LR(g_3)=\frac{1+LR(x_5)LR(x_6)}{LR(x_5)+LR(x_6)}=\frac{1+1\times 100}{1+100}=1$$

$$LR(g_4)=\frac{1+LR(x_7)LR(x_8)}{LR(x_7)+LR(x_8)}=\frac{1+100\times 1}{100+1}=1$$

$$LR(h_1)=LR(g_1)LR(g_2)=0.01\times 1=0.01$$

$$LR(h_2)=LR(g_3)LR(g_4)=1\times 1=1$$

$$LR(u_4)=LR(h_1)LR(h_2)=0.01\times 1=0.01$$

由于 $LR(u_4)=0.01<1$，因此判决 $u_4=1$。由于 $u_5=0$，已知信息比特为[0　0　0　1　0]，对第 6 个信息比特 u_6 进行译码，其对应的比特分布及译码树图如图9.41所示。

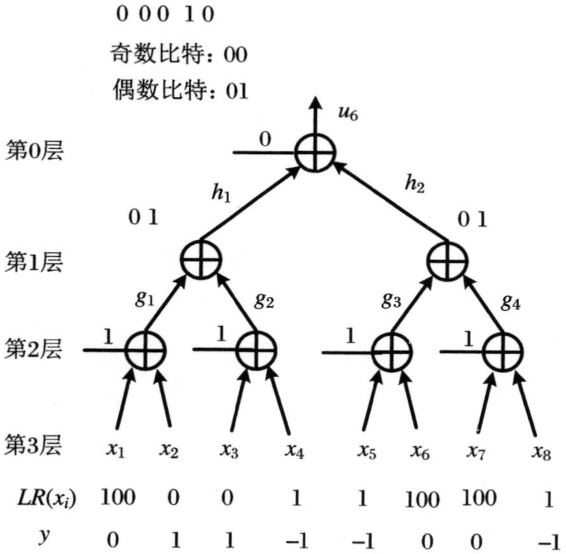

图 9.41　u_6 的译码树图

计算相应节点的似然值，为

$$LR(g_1)=\frac{LR(x_2)}{LR(x_1)}=\frac{0}{100}=0$$

$$LR(g_2)=\frac{LR(x_4)}{LR(x_3)}=\frac{1}{0}=100$$

$$LR(g_3)=\frac{LR(x_6)}{LR(x_5)}=\frac{100}{1}=100$$

$$LR(g_4)=\frac{LR(x_8)}{LR(x_7)}=\frac{1}{100}=0.01$$

$$LR(h_1)=\frac{1+LR(g_1)LR(g_2)}{LR(g_1)+LR(g_2)}=\frac{1+0\times 100}{0+100}=0.01$$

$$LR(h_2)=\frac{1+LR(g_3)LR(g_4)}{LR(g_3)+LR(g_4)}=\frac{1+100\times 0.01}{100+0.01}\approx 0.02$$

$$LR(u_6)=LR(h_1)LR(h_2)=0.01\times0.02=0.0002$$

由于 $LR(u_6)=0.0002<1$，因此判决 $u_6=1$。现在变为已知信息比特，为 $[0\ \ 0\ \ 0\ \ 1\ \ 0\ \ 1]$，对第7个信息比特 u_7 进行译码，其对应的比特分布及译码树图如图9.42所示。

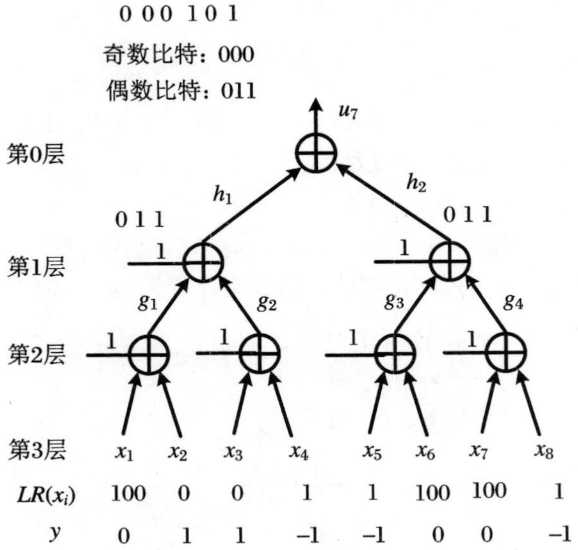

图9.42 u_7 的译码树图

计算相应节点的似然值，为

$$LR(g_1)=\frac{LR(x_2)}{LR(x_1)}=\frac{0}{100}=0$$

$$LR(g_2)=\frac{LR(x_4)}{LR(x_3)}=\frac{1}{0}=100$$

$$LR(g_3)=\frac{LR(x_6)}{LR(x_5)}=\frac{100}{1}=100$$

$$LR(g_4)=\frac{LR(x_8)}{LR(x_7)}=\frac{1}{100}=0.01$$

$$LR(h_1)=\frac{LR(g_2)}{LR(g_1)}=\frac{100}{0}=100$$

$$LR(h_2)=\frac{LR(g_4)}{LR(g_3)}=\frac{0.01}{100}=0.0001$$

$$LR(u_7)=\frac{1+LR(h_1)LR(h_2)}{LR(h_1)+LR(h_2)}=\frac{1+100\times0.0001}{100+0.0001}\approx0.01$$

由于 $LR(u_7)=0.01<1$，因此判决 $u_7=1$。现在变为已知信息比特，为 $[0\ \ 0\ \ 0\ \ 1\ \ 0\ \ 1\ \ 1]$，对第8个信息比特 u_8 进行译码，其对应的比特分布及译码树图如图9.43所示。

计算相应节点的似然值，为

$$LR(g_1)=\frac{LR(x_2)}{LR(x_1)}=\frac{0}{100}=0$$

$$LR(g_2)=\frac{LR(x_4)}{LR(x_3)}=\frac{1}{0}=100$$

$$LR(g_3)=\frac{LR(x_6)}{LR(x_5)}=\frac{100}{1}=100$$

$$LR(g_4)=\frac{LR(x_8)}{LR(x_7)}=\frac{1}{100}=0.01$$

$$LR(h_1)=\frac{LR(g_2)}{LR(g_1)}=\frac{100}{0}=100$$

$$LR(h_2)=\frac{LR(g_4)}{LR(g_3)}=\frac{0.01}{100}=0.0001$$

$$LR(u_8)=\frac{LR(h_2)}{LR(h_1)}=\frac{0.0001}{100}=0.000001$$

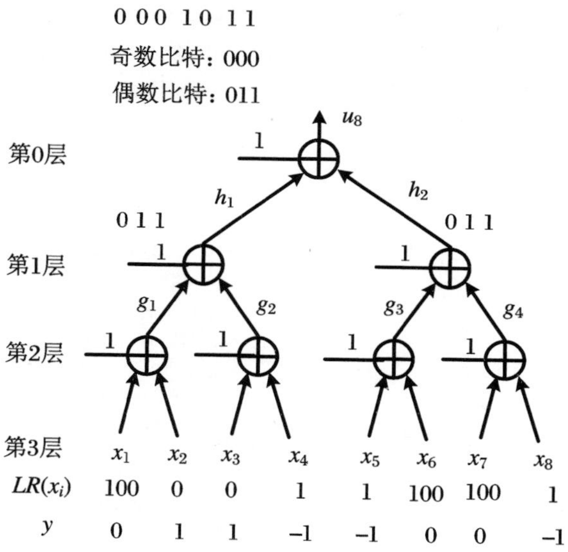

图 9.43　u_8 的译码树图

由于 $LR(u_8)=0.000001<1$，因此判决 $u_8=1$。至此，信息比特就全部译码出来了，为 $[u_4\quad u_6\quad u_7\quad u_8]=[1\quad 1\quad 1\quad 1]$。

本章小结

极化码利用信道的极化现象进行数据传输，它是第一种数学上严格证明能够达到信道容量的编码方案。本章首先对信道极化的基本原理进行了描述，举例说明了信道合并与信道分解的详细过程，阐明了基于极化信道如何进行编码，最后给出了在 BEC 下基于树图的连续消除译码算法，以及如何进行树图分层和比特分布的确定。

习题

9.1　极化码生成矩阵公式为 $\boldsymbol{G}_N=\boldsymbol{B}_N\boldsymbol{F}^{\otimes n}$，其中 $\boldsymbol{B}_N=\boldsymbol{R}_N(\boldsymbol{I}_2\otimes\boldsymbol{B}_{N/2})$，请计算 $N=8$

时的生成矩阵 $\boldsymbol{G}_8$。

9.2 极化码的译码框图如题图 9.1 所示，如果 $LR(e)=10$，$LR(f)=0.1$，求 a，b，c，d 的值。

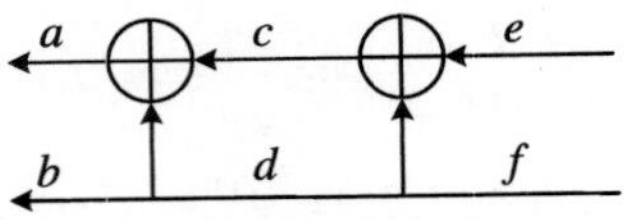

题图 9.1

9.3 $N=16$，已经译出 13 个信息比特，其值为

$$\boldsymbol{u}_1^{13}=[1\quad 0\quad 1\quad 1\quad 1\quad 0\quad 1\quad 1\quad 0\quad 0\quad 1\quad 1\quad 0]$$

请画出译码比特在树图中的分布情况。

9.4 当 $N=4$ 时，分解的信道按照容量升序排列为 $\boldsymbol{C}=[4\quad 2\quad 3\quad 1]$，基于此进行 1/2 编码码率的 Polar 编码，编码序列经过 $p=0.5$ 的 BEC 传输后，接收到的序列为 $\boldsymbol{y}=[1\quad 0\quad 1\quad -1]$，请用基于树图的连续消除译码算法译出信息序列。

参考文献

[1] Arikan E. Channel polarization: a method for constructing capacity-achieving codes[C]. IEEE International Symposium on Information Theory(ISIT), Toronto, Canada, July 6-11, 2008.

[2] Details of the polar code design[C]. R1-1611254. 3GPP TSG RAN WG1 Meeting #87, Reno, USA, November 10-14, 2016.

[3] Details of the Polar code design[C]. R1-16113301. 3GPP TSG RAN WG1 Meeting #87, Reno, USA, November 14-18, 2016.

[4] Arikan E. Channel polarization: a method for constructing capacity-achieving codes for symmetric binary-input memoryless channels[J]. IEEE Transactions on Information Theory, 2009, 55(7): 3051-3073.

[5] Gazi O. Polar codes: a non-trivial approach to channel coding[M]. Singapore: Springer Nature, 2019.

[6] Marshall. Polar code[J]. https://marshallcomm.cn/2017/03/01/polar-code-1-summary/.

[7] 陈凯. 极化编码理论与实用方案研究[D]. 北京:北京邮电大学,2014.

[8] Lin S, Li J. Fundamentals of classical and modern error-correcting codes[M]. Cambridge: Cambridge University Press, 2022.